材料科学与工程实验与实践系列规划教材

新型无机非金属材料制备与性能测试表征

吴 音 刘蓉翾 主编

清华大学出版社
北京

内 容 简 介

本书为高等院校无机非金属材料专业的实验教材，全书共分6章，内容包括绪论、新型无机非金属材料制备基本实验技术及相关实验训练、材料结构性能基本表征测试技术、材料粉体合成与表征实验、材料制备工艺与性能测试实验以及综合实验等内容。

本书可作为无机非金属材料专业的实验教学用书，也可作为无机非金属材料专业工程技术人员的参考书。

图书在版编目(CIP)数据

新型无机非金属材料制备与性能测试表征/吴音，刘蓉翾主编.—北京：清华大学出版社，2016(2022.3重印)
(材料科学与工程实验与实践系列规划教材)
ISBN 978-7-302-45775-6

Ⅰ.①新… Ⅱ.①吴… ②刘… Ⅲ.①无机非金属材料－材料制备－高等学校－教材 ②无机非金属材料－性能检测－高等学校－教材 Ⅳ.①TB321

中国版本图书馆CIP数据核字(2016)第290561号

责任编辑：赵 斌
封面设计：常雪影
责任校对：刘玉霞
责任印制：丛怀宇

出版发行：清华大学出版社
网 址：http://www.tup.com.cn，http://www.wqbook.com
地 址：北京清华大学学研大厦A座 **邮 编：**100084
社 总 机：010-83470000 **邮 购：**010-62786544
投稿与读者服务：010-62776969，c-service@tup.tsinghua.edu.cn
质量反馈：010-62772015，zhiliang@tup.tsinghua.edu.cn
印 装 者：北京建宏印刷有限公司
经 销：全国新华书店
开 本：185mm×260mm **印 张：**12.5 **字 数：**304千字
版 次：2016年12月第1版 **印 次：**2022年3月第3次印刷
定 价：36.00元

产品编号：072219-01

序
PREFACE

新型无机非金属材料是近代发展起来的新型材料，也是新型陶瓷材料的同义词，是材料科学与工程中一类重要的新型材料。众所周知，材料科学与工程是一门实验性很强的学科，而材料的制备技术是材料学研究的重要内容之一。作为材料科学与工程学科的学生，除了掌握相关理论基础知识外，必须具备材料基本实验过程的动手能力和解决实际问题的实验研究能力，掌握最新的实验技能，具备创新能力。新型陶瓷材料因其具有优异的力学性能和特有的光、声、电、磁、热等性能，在高技术产业和国防军工等领域发挥着越来越大的作用，广泛应用于通信、电子、航空、航天、军事和医疗等高技术领域。预期通过本课程实际实验操作训练，可提高学生实验动手能力，使其初步掌握新型陶瓷材料制备的基本技术；培养学生理论联系实际、分析问题和解决问题的能力，以及在实验研究中严谨的态度与求实的作风，为今后的工作和进一步学习奠定良好的基础。

本书主编吴音有多年教学经历，不仅精通新型陶瓷材料各类系列实验原理和过程，而且具有指导学生实验的丰富经验。本书涉及的系列实验是以新型陶瓷材料为研究对象的全过程训练。课程内容涉及新型陶瓷材料粉体合成、成型、烧结，以及结构和性能的测试和表征技术。本书编写采用基础实验和综合性研究型实验相结合的模式，在整个实验过程中，学生可以得到各种材料的制备技术训练，而且可以掌握多种材料结构与性能的测试技术及实验结果的表征，并具备研究新材料基本素质，使学生得到全面的训练和培养。本书具有以下三方面的突出特点：

特点之一是重视加强基础实验，基础实验通过教师讲解和演示制备某种材料，要求学生深入了解材料制备工艺、结构和性能表征方法及原理，以及材料制备常用仪器设备基本操作和基本技能，并能规范操作材料合成制备中常用仪器和设备。

特点之二，在完成以上基础实验的基础上，进行综合性研究型实验：由学生独立设计实验内容、制定实验方案、完成实验操作、整理分析实验结果、撰写出准论文形式的综合实验报告。

特点之三，鼓励学生将目前最新科研成果的部分内容转化为本课程综合性研究型实验，通过这种形式把科研工作的新进展、国际上相关研究的最新内容及时补充到教学实验中，充实实验教学内容，使其具有前沿性和挑战性。此外，学生在教学实验过程中得到了参与科研的亲身体验，可进一步引导他们对本学科的兴趣。

本书是一部内容丰富而且实用性很强的实验指南优秀著作，可作为无机非金属材料专业的实验教学用书，即实验课程的教材，也可作为科研工作中无机非金属材料性能检测的参考书，并可供无机非金属材料专业的工程技术人员阅读。相信该书的出版将对教学质量的提高和高质量学生培养起到积极的作用。

清华大学材料学院

黄勇教授

2016年12月

前言
FOREWORD

材料科学与工程是一门实验性很强的学科，而材料制备技术是材料学研究的重要内容之一，是材料研究工作者必须掌握的技术。作为材料科学与工程学科的学生，除了掌握相关理论基础知识外，必须具备材料基本实验过程的动手能力和解决实际问题的能力。另外，针对材料制备技术日新月异的发展，学生还必须跟上科技发展的步伐，掌握最新的实验技能，具备创新能力。新型无机非金属材料因其具有优异的力学性能和特有的光、声、电、磁、热等性能，在高技术产业和国防军工等领域发挥着越来越大的作用，广泛应用于通信、电子、航空、航天、军事和医疗等高技术领域，是新材料的一个重要组成部分。在材料学专业开设新型无机非金属材料制备技术实验是非常重要和必要的，通过本课程实际操作训练，可提高学生实验动手能力，使其初步掌握新型无机非金属材料制备的基本技术；对新型无机非金属材料制备工艺、组成、结构与性能之间的相互关系及其规律有更加明确和深刻的认识，培养学生理论联系实际、分析问题和解决问题的能力，以及在实验研究中严谨的态度与求实的作风，为今后的工作和进一步学习奠定良好的基础。

在多年为本科生开设“材料化学实验”和“新型无机非金属材料制备”课程的讲义基础上，作者编写了本书。本书共分 6 章：第 1 章绪论介绍实验过程的要求及对学生的要求。第 2 章基本实验技术及相关实验训练，由操作练习材料合成与制备中常用的仪器设备组成，培养学生相关仪器设备的基本操作和基本技能。它将贯穿于整个实验课程。第 3 章材料结构性能测试与表征，介绍了新型无机非金属材料微观结构及各种物理性能的常用的基本表征测试技术，这些表征测试技术大多在实验制备出样品后用到。第 4 章粉体合成及性能表征实验，选取目前新型无机非金属材料常用的合成方法，合成具有代表性的新型无机非金属材料，并对其进行性能表征。第 5 章材料制备工艺及性能测试实验，通过制备典型的新型无机非金属材料，掌握该材料的制备工艺，包括不同的成型方法、烧结工艺等。本章除了介绍新型无机非金属材料制备的常规工艺技术，还将本领域中的一些新的制备技术编入教材，如浸渗掺杂技术、薄膜制备等。第 6 章综合性研究型实验，在完成前面实验的基础上，将目前最新科研成果的部分内容转化为本课程综合性研究型实验，通过这种形式把科研工作的新进展、国际上相关研究的最新内容及时补充到教学实验中，充实实验教学内容，使其具有前沿性和挑战性。这对学生实验动手能力、解决实际问题能力和创新思维能力的培养将起到积极的作用。此外，学生在教学实验过程中得到了参与科研的亲身体验，可进一步引导他们对本学科的兴趣。

本教材由吴音、刘蓉翾主编，全书共分6章，各章节编写分工如下：第3章中的现代技术表征和电学性能表征部分由成婧、张玉骏编写，第5章中的实验十、实验十一由李铮编写，其他章节由吴音编写。

本教材获得清华大学教改项目和清华大学材料学院资助；清华大学黄勇教授和张中太教授对本书进行了认真的审阅并提出宝贵的修改意见；清华大学司文捷博士对部分章节提出了许多好的建议和意见；本书的责任编辑清华大学出版社赵斌老师为本书的出版做了大量的工作，谨在此一并表示衷心感谢！

本书在编写过程中参考了国内外相关教材、专著、期刊、专利及会议论文集，列在各章参考文献部分，在此向本书所引用参考文献的原作者表示敬意和感谢！

由于编写时间紧，加之编者水平有限，书中不足之处在所难免，敬请读者批评指正！

吴　音

2016年10月

目录
CONTENTS

第1章 绪论

1.1 实验内容及形式

本书的系列实验是以新型无机非金属材料为研究对象的全过程训练。课程内容涉及新型无机非金属材料粉体合成、成型、烧结，以及结构和性能的测试和表征技术。在整个实验过程中，学生需要在各个阶段使用包括颗粒尺寸测试、烧结体密度测试、显微组织观察、物理性能检测等在内的多种材料检测手段，对所设计的材料制备工艺以及所制备的材料进行评价。

实验由基础实验和综合实验两个方面组成。基础实验通过教师讲解和演示制备某种材料，了解材料制备工艺、结构和性能表征方法及原理，以及材料制备常用仪器设备基本操作和基本技能，并能规范操作材料合成制备中常用仪器和设备。在完成以上基础实验的基础上，进行综合性研究型实验，由学生独立设计实验内容、制定实验方案、完成实验操作、整理分析实验结果、进行答辩并撰写出论文形式的综合实验报告。

1.2 课程要求

1.2.1 预习

实验课要求学生既动手做实验，又动脑思考问题，因此实验前必须做好预习。对实验过程心中有数，使实验顺利进行，达到预期的效果。预习时应做到：认真阅读实验教材及有关参考资料，查阅相关数据；明确实验目的和基本原理，了解实验内容和实验时应注意的地方。

综合实验要求完整的实验方案。实验方案的拟定是根据所选择的专题搜集阅读文献资料，在综合文献基础上拟订实验方案，通过小组讨论，在与指导教师充分讨论的基础上形成《实验方案设计报告》。

实验方案设计基本要求：①科学性(首要原则)：实验原理、操作程序和方法应该正确。②安全性：避免使用有毒药品和进行具有危险性实验操作。③可行性：选用的药品、仪器、设备和方法在现有的实验条件下能够满足。④简约性：简单的装置、较少的步骤和药品、较短的时间。

《实验方案设计报告》内容应该包括：文献综述、研究内容、实验原理(拟采取的技术路线)、需要的实验条件(仪器、药品及规格)、实验步骤(包括仪器装配和操作)、实验安排(时间安排)以及人员分工等内容。

1.2.2 实验

基础实验：在教师的指导下进行实验是实验课的主要教学环节，也是训练学生正确掌握实验技术达到培养能力目的的重要手段。实验原则应按教材所提示的步骤、方法和试剂用量进行，若提出新的实验方案，应经教师的批准方可实验。

综合实验：按照《实验方案设计报告》开展实验。

1.2.3 研究笔记

科学论据和实验结果的交流是一项重要的任务。交流链条上的第一个环节就是将实验情况精确而详细地记录下来。做这种记录的目的是使你或其他人能从你的实验工作中学到东西并帮助你或他们重复你的成功，避免你的失败。实验中的详细资料是为那些希望重复你的实验的人所极为珍视的。记录应包括足以使你或者其他人顺利重复你的实验更为详细的内容。如果实验失败应把过程详细地记录，使你能对实验步骤做出明智的纠正，以增加下次实验成功的机会。由于这些原因，你的记录中应有实验仪器的附图、实验观察情况，如颜色变化、反应温度等。所有实验细节都应记录下来。

1.2.4 团队配合

由于实验是分组实验，这有别于个人作业，实验需要一组人配合完成。如何统筹安排每个人的工作和时间、提高实验效率是一个需要解决的问题。在安排每个人各尽所能的同时，又能让每个人都能了解实验的全过程。这是一个团队配合的问题，需要大家的互相协作、体谅和帮助，这对将来从事无论怎样的工作都是相当有帮助的。

1.3 实验安全规程

进入实验室首先要考虑的是人身安全，其次是仪器设备安全，然后再开始进行实验。必须遵守实验安全规程：

(1) 禁止用湿手接触电器及开关；电器使用完毕立即关闭电源；水龙头应随手关闭。

(2) 一切涉及有毒、有害和刺激性气体的实验，应在通风橱内进行。

(3) 使用易燃物(如乙醇、丙酮等)应远离火源、热源，用毕应立即盖紧瓶塞，防止泄漏。

(4) 使用强酸、强碱等腐蚀性试剂,切勿溅在人体、衣物上,特别注意保护眼睛;一旦发生以上意外,应立即用大量清水冲洗,必要时应及时到医务部门做进一步处理。

(5) 使用有毒试剂(如汞、砷、铅等化合物,氰化物等),不得接触皮肤和伤口;实验后的废液应倒入指定的容器内集中处理。

(6) 稀释浓硫酸时,应将浓硫酸慢慢注入水中,并不断搅拌。切勿将水倒入浓硫酸中,以免溅出,造成灼伤。

(7) 严禁做未经教师允许的实验和任意混合各种药品,以免发生意外事故。

(8) 切勿直接俯视容器中的化学反应或正在加热的液体。

(9) 严禁在实验室内饮食、抽烟或把食具带入实验室。

(10) 实验室所有药品、仪器不得带出室外。

(11) 离开实验室前应检查确保关闭电源、水龙头、门窗。

1.4 良好实验室工作习惯

良好的工作作风和习惯不仅是做好实验、搞好学习和工作所必要的,而且也反映一个人的修养和素质。通过本实验的培养和训练,要逐步养成以下几项实验室工作的良好习惯。

(1) 初步养成认真、仔细、紧张、有序地进行实验的习惯。

(2) 养成节约药品、水、电和爱护仪器的习惯。进入实验室后首先要熟悉实验室环境、布置和各种设施的位置,清点仪器。实验中要用的大多数仪器设备其他学生在课程进行中的某个时候也要使用,所以在每个实验告一段落时务必保证所有的仪器设备处于良好的状态。如损坏了任何仪器设备必须立即向教师报告。

(3) 养成保持整洁实验工作环境的习惯。保持实验室卫生、整洁,不得乱扔纸屑、瓶罐。实验结束后,应将台面清理干净,将仪器洗刷干净,放回原来位置,并将所有实验用品整理好,以免影响后续实验进行。手洗净后再离开实验室。

1.5 危险品的管理

1.5.1 实验室内常见危险品

实验室危险品是指具有毒害、腐蚀、爆炸、燃烧、助燃等性质,对人体、设施、环境具有危害的物品。实验室常见危险品有:

(1) 爆炸品:当受到高热摩擦、撞击、震动等外来因素的作用或其他性能相抵触的物质接触,就会发生剧烈的化学反应,产生大量的气体和高热,引起爆炸。例如,三硝基甲苯、苦味酸、硝酸铵、叠氮化物、雷酸盐及其他超过三个硝基的有机化合物等。

(2) 氧化剂:具有强烈的氧化性,按其不同的性质遇酸、碱、受潮、强热或与易燃物、有机物、还原剂等性质有抵触的物质混存能发生分解,引起燃烧和爆炸。例如,碱金属和碱土金属的氯酸盐、硝酸盐、过氧化物、高氯酸及其盐、高锰酸盐、重铬酸盐、亚硝酸盐等。

(3) 压缩气体和液化气体:气体压缩后储于耐压钢瓶内,具有危险性。钢瓶如果在太阳下曝晒或受热，当瓶内压力升高至大于容器耐压限度时，即能引起爆炸。

(4) 自燃物品：此类物质暴露在空气中，依靠自身的分解、氧化产生热量，使其温度升高到自燃点即能发生燃烧。如白磷等。

(5) 遇水燃烧物品：遇水或在潮湿空气中能迅速分解，产生高热，并放出易燃易爆气体，引起燃烧爆炸。如金属钾、钠、电石等。

(6) 易燃液体：这类液体极易挥发成气体，遇明火即燃烧。可燃液体以闪点作为评定液体火灾危险性的主要根据，闪点是在液体表面能产生足够的蒸气与空气形成可燃烧混合物的最低温度。依此定义，可燃液体在闪点以下，如遇到很小的火星时它不会燃烧，且闪点越高则越不易燃烧。反之，闪点越低越易引起燃烧。闪点在45℃以下的称为易燃液体，在45℃以上的称为可燃液体(可燃液体不纳入危险品管理)。易燃液体根据其危险程度分为：

一级易燃液体试剂：闪点在−4℃以下，如汽油；

二级易燃液体试剂：闪点在−4～21℃，如乙醇、甲醇；

三级易燃液体试剂：闪点在21～45℃，如柴油、松节油、煤油。

(7) 易燃固体：此类物品着火点低，如受热、遇火星、受撞击、摩擦或氧化剂作用等能引起急剧的燃烧或爆炸，同时放出大量毒害气体。如赤磷、硫磺、萘、硝化纤维素等。固体试剂分为两级：

一级易燃固体试剂：在常温或遇水后就能自燃的物质，如钾、钠、黄磷等；

二级易燃固体试剂：一般不自燃，但遇火后就能迅速燃烧的物质，如硫磺、红磷等。

(8) 毒害品：具有强烈的毒害性，少量进入人体或接触皮肤即能造成中毒甚至死亡。例如，汞和汞盐、砷和砷化物、磷和磷化物、铅和铅盐、氢氰酸(HCN)和氰化物(NaCN，KCN)，以及氟化钠、四氯化碳、三氯甲烷等。有毒气体，如醛类、氨气、氢氟酸、二氧化硫、三氧化硫和铬酸等。

(9) 腐蚀性物品：具强腐蚀性，与人体接触会引起化学烧伤。有的腐蚀物品有双重性和多重性。如苯酚既有腐蚀性又有毒性和燃烧性。腐蚀物品有硫酸、盐酸、硝酸、氢氟酸、氟酸、冰醋酸、甲酸、氢氧化钠、氢氧化钾、氨水、甲醛、液溴等。

1.5.2　化学危险品的储存及管理

(1) 危险化学品应储存在专用储存室或储存柜内，并应设专人管理。

(2) 危险化学品应当分类分项存放，相互之间保持安全距离。

(3) 所有危险化学品的容器上都应有正确的标签，并保持标签完整，不能撕掉或毁损，当危险化学品转移到新容器后，要在新容器上粘贴正确标签。

(4) 遇火、遇潮容易燃烧、爆炸或产生有毒气体的危险化学品，不得在露天、潮湿、漏雨或低洼容易积水的地点存放。

(5) 受阳光照射易燃烧、爆炸或产生有毒气体的危险化学品和桶装、罐装等易燃液体、气体应当在阴凉通风地点存放。

(6) 化学性质、防护和灭火方法相互抵触的危险化学品，不得在同一储存柜存放。

1.5.3　化学易燃试剂的保管及使用

在本实验中较多地使用到化学易燃试剂，其保管及使用注意如下：

(1) 挥发性易燃试剂应放在通风良好的地方或放在冰箱内。如汽油、乙醚、丙酮、二硫化碳、苯、乙醇及其他低沸点的物质。

(2) 当室温过高时，开启试剂瓶时应事前冷却。尤其在夏季，不可使瓶口对准自己和他人。

(3) 排除易挥发的有机溶剂时，加热应在水浴锅或电热煲中缓慢进行，严禁用火焰或在电炉上直接加热。

1.6　实验室事故急救处理

(1) 创伤：一般轻伤应及时挤出污血，并用消过毒的镊子从伤口中取出异物，用蒸馏水洗净伤口，涂上碘酒，再用创可贴或绷带包扎；大伤口应立即用绷带扎紧伤口上部，使伤口停止流血，急送医院就诊。

(2) 烫伤：应立即将伤口处用大量水冲洗或浸泡，从而迅速降温避免温度烧伤。若起水泡则不宜挑破，应用纱布包扎后送医院治疗。对轻微烫伤，可在伤处涂些鱼肝油或烫伤油膏或万花油后包扎。

(3) 皮肤被酸灼伤：立即用大量流动清水冲洗(皮肤被浓硫酸沾污时切忌先用水冲洗，以免硫酸水合时强烈放热而加重伤势，应先用干抹布吸去浓硫酸，然后再用清水冲洗)，彻底冲洗后可用2wt%～5wt%的碳酸氢钠溶液或肥皂水进行中和，最后用水冲洗，涂上药品凡士林。若创面起了水泡，不宜把水泡挑破。重伤者经初步处理后，急送医务室。

(4) 皮肤被碱液灼伤：立即用大量流动清水冲洗，再用2wt%醋酸或3wt%硼酸溶液进一步冲洗，最后用水冲洗，涂上药品凡士林。若创面起了水泡，不宜把水泡挑破。重伤者经初步处理后，急送医务室。

(5) 酸液、碱液或其他异物溅入眼中：①酸液溅入眼中，立即用大量清水冲洗，再用1wt%碳酸氢钠溶液冲洗。②碱液溅入眼中，立即用大量清水冲洗，再用1wt%硼酸溶液冲洗。洗眼时要保持眼皮张开，可由他人帮助翻开眼睑，持续冲洗15min。重伤者经初步处理后立即送医院治疗。③若木屑、尘粒等异物入眼，可由他人翻开眼睑，用消毒棉签轻轻取出异物，或任其流泪，待异物排出后，再滴入几滴鱼肝油。若玻璃屑进入眼睛内，绝不可用手揉擦，也不要让别人翻眼睑，尽量不要转动眼球，可任其流泪，有时碎屑会随泪水流出。用纱布，轻轻包住眼睛后，立即将伤者急送医院处理。

(6) 固体或液体毒物中毒：误食碱者，先饮大量水，然后服用醋或酸果汁，再喝些牛奶。误食酸者，先喝水，再服 $Mg(OH)_2$ 乳剂，最后饮些牛奶。不要用催吐药，也不要服用碳酸盐或碳酸氢盐。重金属盐中毒者，喝一杯含有几克 $MgSO_4$ 的水溶液，立即就医。不要服催吐药，以免引起危险或使病情复杂化。砷和汞化物中毒者，必须紧急就医。

(7) 吸入刺激性或有毒气体：吸入氯气、氯化氢气体时，可吸入少量乙醇和乙醚的混合蒸气使之解毒。吸入硫化氢或一氧化碳气体而感到不适时，应立即到室外呼吸新鲜空气。

但应注意氯、溴中毒不可进行人工呼吸，一氧化碳中毒不可使用兴奋剂。

(8) 毒物进入口内：把10～15mL稀硫酸铜溶液加入一杯温水后，内服，然后用手指伸入咽喉部，促使呕吐，吐出毒物，然后送医院诊治。

(9) 触电：首先切断电源，必要时进行人工呼吸并送医院治疗。

(10) 起火：如不慎起火，首先立即切断室内一切火源和电源，然后根据具体情况正确地进行抢救和灭火，实验室常用的灭火器及其适用范围见表1-6-1。衣服着火时，应立即用石棉布或厚外衣盖熄，或者迅速脱下衣服，火势较大时，应卧地打滚以扑灭火焰。电器设备导线等着火时，应用二氧化碳或四氯化碳灭火器灭火，不能用水及泡沫灭火器，以免触电。汽油、乙醚、甲苯等有机溶剂着火时，应用石棉布或干砂扑灭，绝对不能用水，否则反而会扩大燃烧面积。金属钾、钠或锂着火时，绝对不能用水、泡沫灭火器、二氧化碳、四氯化碳等灭火，可用干砂、石墨粉扑灭。如火势较大难以控制时，应及时打119报警。

表1-6-1 实验室常用的灭火器及其适用范围

灭火器种类	主要成分	适用范围
泡沫灭火器	$Al_2(SO_4)_3$ 和 $NaHCO_3$	适用于非油类起火
二氧化碳灭火器	液态 CO_2	适用于电器起火，油类及忌水化学品失火
干粉灭火器	$NaHCO_3$ 等盐类物质与适量的润滑剂和防潮剂	油类、可燃性气体、电器、精密仪器、图书及遇水易燃物品引起的火灾

为了对实验室意外事故进行紧急处理，实验室应配备急救药箱。常备药品如下：

(1) 医用酒精、碘酒、红药水、紫药水、止血粉，凡士林、烫伤油膏(或万花油)，1wt%硼酸溶液或2wt%醋酸溶液，1wt%碳酸氢钠溶液等。

(2) 医用镊子、剪刀、纱布、药棉、棉签、创可贴、绷带等。

1.7 实验报告要求

完成实验报告是对所学知识进行归纳提高的过程，也是培养严谨的科学态度、实事求是精神的重要措施。实验报告包括基础实验报告、综合实验报告、实验方案设计报告。基础实验：要求以论文的形式写出。字数不少于1500，以实验内容、步骤和结果及讨论为主。综合实验：要求以论文的形式写出。字数不少于4000字，内容包括研究背景、实验原理、实验内容及步骤、实验结果及讨论、结论、参考文献。撰写时可根据自己的兴趣和具体的实验情况进行侧重和处理。

参考文献

[1] 吴泳.大学化学新体系实验[M].北京：科学出版社，1999.
[2] 徐如人，庞文琴.无机合成与制备化学[M].北京：高等教育出版社，2002.
[3] 刘祖武.现代无机合成[M].北京：化学工业出版社，1999.
[4] 浙江大学，等.综合化学实验[M].北京：高等教育出版社，2001.
[5] 郑春生.基础化学实验[M].天津：南开大学出版社，2001.
[6] 周健儿.高技术陶瓷产业发展前景与热点技术[J].中国陶瓷工业，2010，17(4)：50-54.

第2章

基本实验技术及相关实验训练

从事材料制备的研究工作者，除了深入掌握材料的物理化学特点、合成反应的原理等理论知识，必须具有熟练的实验技能和技巧，掌握一般材料制备实验仪器的使用方法。本章由操作练习材料合成与制备中常用的仪器设备组成。通过基本操作和基本技能的训练，使学生能规范操作这些材料合成制备中常用的仪器和设备。仪器设备的操作将贯穿于相关的一系列实验过程中。

2.1 常用玻璃仪器的使用、洗涤及干燥

2.1.1 常用玻璃仪器及使用

1. 反应类常用玻璃仪器及使用

1）烧杯

烧杯通常为玻璃质，分硬质和软质，有一般型和高型，有刻度和无刻度的几种。一般情况下，烧杯用做常温或加热情况下配制溶液、溶解物质和较大量物质的反应容器。在操作时，经常会用玻璃棒或者磁力搅拌器来进行搅拌。

使用注意事项：①反应液体不得超过烧杯容量的2/3，防止搅动时或沸腾时液体溢出。②加热前要将烧杯外壁擦干，烧杯底要垫石棉网，防止玻璃受热不均匀而破裂。③加热腐蚀性药品时，可将一表面皿盖在烧杯口上，以免液体溅出。④不可用烧杯长期盛放化学药品，以免落入尘土和使溶液中的水分蒸发。⑤不能用烧杯量取液体。⑥用玻璃棒搅拌时，不要触及杯底或杯壁。

2）烧瓶

烧瓶为玻璃质，从形状分，有圆形、茄形、梨形，有细口、厚口、磨口，平底、圆底，短颈、长颈等。圆底烧瓶因受热面积大、耐压大，在常温或加热条件下通常用作反应容器。平底烧瓶通常用于配制溶液、作洗瓶或代替圆底烧瓶用于化学反应，它因平底而放置平稳。它不耐

压，不能用于减压蒸馏。

使用注意事项：①使用时为防止受热破裂或喷溅，一般要求盛放液体量为1/3～2/3。②加热前要固定在铁架台上，不能直接加热，应当下垫石棉网等软性物。③放在桌面上时，下面要有木环或石棉环。

3）试管

试管用作少量试剂的反应容器，也可用于收集少量气体。试管根据其用途常分为平口试管、翻口试管和具支试管等。平口试管适宜于一般化学反应，翻口试管适宜加配橡胶塞，具支试管可作气体发生器，也可作洗气瓶或少量蒸馏用。试管的大小一般用管外径与管长的乘积来规定，常用为10mm×100mm、12mm×100mm、15mm×150mm、18mm×180mm、20mm×200mm和32mm×200mm等。

使用注意事项：①使用试管时，应根据不同用量选用大小合适的试管。徒手使用试管应用拇、食、中三指握持试管上沿处。振荡时要腕动臂不动。②反应液体不应超过容积的1/2，加热时不超过1/3，并与桌面成45°角，管口不要对着自己或别人。若要保持沸腾状，可加热液面附近。③盛装粉末状试剂，要用纸槽送入管底，盛装粒状固体时，应将试管倾斜，使粒状物沿试管壁慢慢滑入管底。④夹持试管应在距管口1/3处。加热时试管外部应擦干水分，不能手持试管加热。加热后，要注意避免骤冷以防止炸裂。⑤加热固体试剂时，管口略向下倾斜，完毕时，应继续固定或放在石棉网上，让其自然冷却。

4）锥形瓶

锥形瓶通常为玻璃质，分硬质和软质、有塞（磨口）和无塞、广口和细口等几种。可用作反应容器、接收容器、滴定容器（便于振荡）和液体干燥等。

使用注意事项：①反应液体不得超过锥形瓶容量的2/3，以防振荡时溅出。②加热前锥形瓶底要垫石棉网，防止玻璃受热不均匀而遭破裂。③锥形瓶塞子及瓶口边缘的磨砂部分注意勿擦伤，以免产生漏隙。④滴定时打开塞子，用蒸馏水将瓶口塞子上的液体洗入瓶中。

5）坩埚

坩埚为瓷质，也有石英、石墨、氧化锆、铁、镍、银或铂制品。用于高热、灼烧固体，根据固体的性质选用不同质地的坩埚。

使用注意事项：①灼烧时放在泥三角上或马弗炉中强热。②加热后应用坩埚钳取下（出），以防烫伤；热坩埚取出后应放在石棉网上，防止骤冷破裂或烫坏桌面。

2. 计量类常用玻璃仪器及使用

1）量筒

量筒通常为玻璃质，是量度液体体积的仪器。通常有10mL、25mL、50mL、100mL、250mL、500mL、1000mL等规格。向量筒里注入液体时，应用左手拿住量筒，使试剂略倾斜，右手拿试剂瓶，使试剂瓶口紧挨着量筒口，使液体缓缓流入。待注入的量比所需要的量稍少时，应把量筒水平正放在桌面上，并改用胶头滴管逐滴加入到所需要的量。注入液体后，等1～2min，使附着在内壁上的液体流下来，再读出刻度值。否则，读出的数值偏小。读取液体的体积数，应把量筒放在平整的桌面上，观察刻度时，视线与量筒内液体的凹液面的最低处保持水平，再读出所取液体的体积数，如图2-1-1所示。否则，读数会偏高或偏低。量筒越大，管径越粗，其精确度越小，由视线的偏差所造成的读数误差也越大。此外，分次量取也能引起误差。所以,实验中应根据所取溶液的体积,尽量选用能一次量取的最小规格的量筒。量筒面的刻度是指温度在20℃时的体积数。温度升高,量筒发生热膨胀,容积会增大。由此,量筒是不能加热的,也不能用于量取过热的液体,更不能在量筒中进行化学反应或配制溶液。

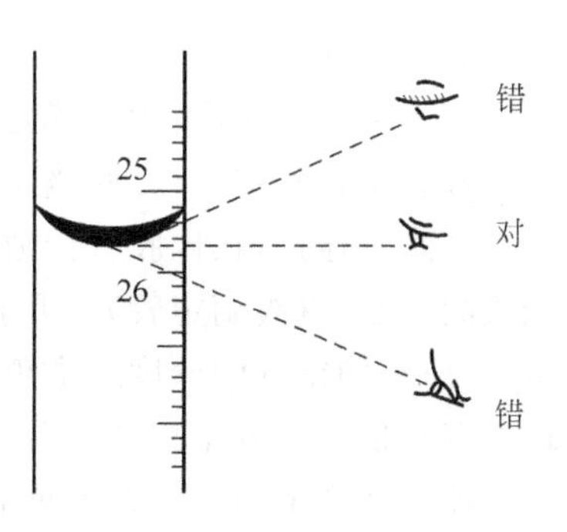

图 2-1-1　量筒读数视线位置

2) 容量瓶

容量瓶通常为玻璃质,主要用于准确地配制一定浓度的溶液。它是一种细长颈、梨形的平底玻璃瓶,配有磨口塞。瓶颈上刻有标线,瓶上标有它的容积和标定时的温度。当瓶内液体在所指定温度下达到标线处时,其体积即为瓶上所注明的容积数。使用容量瓶配制溶液的方法是:

(1) 使用前检查瓶塞处是否漏水(新购入清洗后检查)。具体操作方法是:在容量瓶内装入半瓶水,塞紧瓶塞,用右手食指顶住瓶塞,另一只手五指托住容量瓶底,将其倒立(瓶口朝下),观察容量瓶是否漏水。若不漏水,将瓶正立且将瓶塞旋转180°后,再次倒立,检查是否漏水,若两次操作,容量瓶瓶塞周围皆无水漏出,即表明容量瓶不漏水。经检查不漏水的容量瓶才能使用。

(2) 把准确称量好的固体溶质放在烧杯中,用少量溶剂溶解。然后把溶液转移到容量瓶里。为保证溶质能全部转移到容量瓶中,要用溶剂多次洗涤烧杯,并把洗涤溶液全部转移到容量瓶里。转移时要用玻璃棒引流。方法是将玻璃棒一端靠在容量瓶颈内壁上,注意不要让玻璃棒其他部位触及容量瓶口,防止液体流到容量瓶外壁上。加入适量溶剂后,振摇,进行初混。

(3) 向容量瓶内加入的液体液面离标线0.5～1cm时,应改用滴管小心滴加,最后使液体的弯月面与标线正好相切。若加水超过刻度线,则需重新配制。

(4) 盖紧瓶塞,用倒转和摇动的方法使瓶内的液体混合均匀。静置后如果发现液面低于刻度线,这是因为容量瓶内极少量溶液在瓶颈处润湿所损耗,所以并不影响所配制溶液的浓度,故不要在瓶内添水,否则将使所配制的溶液浓度降低。

(5) 开盖回流:混合后,小心打开容量瓶盖,让瓶盖与瓶口处的溶液流回瓶内,再盖好瓶盖,再用倒转和摇动的方法使瓶内的液体混合均匀。在处理小体积样品时此点非常重要。

使用注意事项:①容量瓶购入后都要清洗后进行校准,校准合格后才能使用。②易溶解且不发热的物质可直接在容量瓶中溶解,其他物质应将溶质在烧杯中溶解后再转移到容量瓶里。③对于水与有机溶剂(如甲醇等)混合后会放热、吸热或发生体积变化的溶液要注意,对于发热的要加入适量溶剂(距瓶刻线约0.5cm处),放冷至室温再定容至刻度;对于体积发生变化的要加入适量溶剂(不要加至细颈处,以方便振摇),振摇,再加入至距瓶刻线约0.5cm处,放置一段时间后再定容至刻度。④容量瓶不能进行加热。如果溶质在溶解过程中放热,要待溶液冷却后再进行转移,因为一般的容量瓶是在20℃的温度下标定的,若将温度较高或较低的溶液注入容量瓶,容量瓶则会热胀冷缩,所量体积就会不准确,导致所配制的溶液浓度不准确。⑤容量瓶只能用于配制溶液,不能长时间储存溶液,因为溶液可能会对瓶体进行腐蚀(特别是碱性溶液),从而使容量瓶的精度受到影响。⑥容量瓶用完后,应立即用水洗净。若长期不用,磨口处应洗净擦干,并用纸将磨口隔开。

3）滴定管

滴定管为玻璃质，用于滴定分析或量取较准确体积的液体，属量出式量器，分碱式和酸式两种。碱式滴定管（无阀滴定管）：用于盛装碱性溶液，滴定管的下部用一小段橡胶管将管身与滴头连接，在橡胶管内放入一个外径大于橡胶管内径的玻璃珠，起封闭液体的作用。酸式滴定管（有阀滴定管）：用于盛装酸性溶液，滴定管的下部带有磨砂活动玻璃阀（常称活塞）。所有滴定管的分度表数值都是由上而下均匀地递增排列在表的右侧，零刻度在上方，最大容积值在下方，每10条分度线有一个数字。常用25mL和50mL两种规格。

使用注意事项：①酸式滴定管可盛除碱性及对玻璃有腐蚀作用以外的液体，碱式滴定管只盛碱液。②滴定管在使用之前应检查玻璃活塞是否转动良好，玻璃珠挤压是否灵活。有无漏液现象及阻塞情况。③滴定管在注入溶液时，应用所盛的溶液润洗2～3次，以保证其浓度不被稀释。注入溶液后，管内不能留有气泡。若有气泡，必须排除。其方法是：打开酸式滴定管活塞，让溶液急速下流冲出气泡，或将碱式滴定管的橡胶管向上弯曲、挤压玻璃珠，使溶液从滴头喷出而排出气泡。④操作酸式滴定管阀门的标准手法，是手放置在阀门旋钮对侧，用手指绕过整个阀门去旋动旋钮。旋动旋钮的时候，应该同时施加一个让活塞塞紧的力。不得双手操作活塞。

4）移液管

移液管又叫吸管或吸量管，玻璃质，它是用来准确移取一定体积液体的量器，属量出式量器，比量筒和滴定管的精度要高。根据移液管有无分度，可将其分为无分度吸管和分度吸管两类。无分度吸管常用为大肚吸管，它只有一条位于吸管上方的环形标线，标志吸管的最大容积量。它属于完全流出式。分度吸管常为直形，它有完全流出式、不完全流出式和吹出式三种，分度表的刻法也不尽相同。其中不完全流出式的分刻表与滴定管相似，而吹出式的管上标有"吹"字，只有吹出式移液管在溶液放尽后，才须将尖嘴部分残留液吹入容器内。完全流出式移液管，其规格以最大吸液容积量区分，常用2mL、5mL、20mL等多种。

使用注意事项：①使用前需用移取液润洗2～3次。②移取液体时，管尖应插入液面下，并始终保持在约1cm。用嘴或吸气橡皮球（又称洗耳球）抽吸液体至刻度线以上2cm处时，迅速用食指按住上口，辅以拇指和中指配合，保持吸管垂直，并左旋动或右旋动同时稍松食指，使液面下降至所需刻度（弯月面底部与标线相切）。若管尖挂有液滴，可使其与容器壁接触让其落下。③放出液体时，保持吸管垂直，其下端伸入倾斜的容器内，管尖与容器内壁接触。放开食指，使液体自然流出，除吹出式吸管外，残留在管尖的液滴均不能用外力使之移入容器内。④移液管用后，若短期内不再使用它吸取同一溶液，应及时用水洗净并上下各加一纸套后存放在架上。

3. 分离类常用玻璃仪器及使用

1）吸滤瓶

吸滤瓶又称抽滤瓶，玻璃质，用于减压过滤。

使用注意事项：①不能直接加热。②和布氏漏斗配套使用，其间应用橡皮塞连接，确保密封性良好。

2）漏斗

漏斗多为玻璃质，分短颈与长颈两种。用于过滤或倾注液体。

使用注意事项：①不可直接加热。②过滤时漏斗颈尖端应紧靠承接滤液的容器壁。

③用长颈漏斗往气体发生器加液时颈端应插至液面以下,以防气体泄漏。

3）分液漏斗

分液漏斗为玻璃质,有球形、梨形、筒形之分。用于加液或互液体分离、洗涤和萃取。

使用注意事项：①漏斗间活塞应用细绳系于漏斗颈上,防止滑出跌碎。②使用前,将活塞涂一薄层凡士林,插入转动直至透明。如凡士林少了,会造成漏液；太多会溢出沾污仪器和试液。③萃取时,振荡初期应放气数次,以免漏斗内气压过大。④不能加热。

4. 容器类常用玻璃仪器及使用

1）滴瓶

滴瓶通常为玻璃质,分无色和棕色(防光)两种,其规格均以容积大小表示,通常有30mL、60mL、125mL、250mL等几种规格。滴瓶是由带胶帽的磨砂滴管和内磨砂瓶颈的细口瓶组成。用于盛放少量液体试剂或溶液,便于取用。滴管为专用,不得弄脏弄乱,以防沾污试剂。滴管不能吸得太满或倒置,以防试剂腐蚀乳胶夹。

使用注意事项：①棕色滴瓶用于盛装见光易变质的液体试剂。②滴管不能互换使用。滴瓶不能长期盛放碱性液体,以免腐蚀、黏结。③使用滴管加液时,滴管不能伸入容器内,以免污染试液及撞伤滴管尖。④胶帽老化后不能吸液,要及时更换。

2）称量瓶

称量瓶是用于使用分析天平称量固体试剂的容器。常用有高型和扁型的两种。无论哪种称量瓶都成套配有磨砂盖,以保证被称量物不被散落或污染。称量瓶的规格以瓶外径与瓶高乘积表示。高型称量瓶常用25mm×40mm、30mm×50mm和30mm×60mm三种,扁型称量瓶常用25mm×25mm、50mm×30mm和60mm×30mm三种。

使用注意事项：①盖子与瓶子务必配套使用,切忌互换。②称量瓶使用前必须洗涤洁净、烘干、冷却后方能用于称量。③称量时要用洁净干燥结实的纸条围在称量瓶外壁进行夹取,严禁直接用手拿取称量瓶。④不用时应洗净,在磨口处垫一小纸条。

3）试剂瓶

试剂瓶是实验室里专用来盛放各种液体、固体试剂的容器,形状主要有细口、广口之分。因为试剂瓶只用作常温存放试剂使用,一般都用钠钙普通玻璃制成。为了保证具有一定强度,所以瓶壁一般较厚。试剂瓶除分细口、广口外,还有无色、茶色(棕色)两种,有塞、无塞两类。其中有玻璃塞者,无论细口、广口,均应有内磨砂处理工艺。无塞者可不作内磨砂,而配以一定规格的非玻璃塞,如橡胶塞、塑料塞、软木塞等。试剂瓶的规格以容积大小表示,小至30mL、60mL,大至几千至几万毫升不等。

使用注意事项：①所有试剂瓶都不能用于加热。②根据盛装试剂的理化性质选用所需试剂瓶的一般原则是：盛装固体试剂选用广口瓶,盛装液体试剂选用细口瓶,盛装见光易分解或变质的试剂选用棕色瓶,盛装低沸点易挥发的试剂选用磨砂玻璃试剂瓶。若试剂具有上述多项理化指标时,则可根据以上原则综合考虑,选用适宜的试剂瓶。③有些特殊试剂,如氢氟酸等则不能用任何玻璃试剂瓶而应选用塑料瓶盛装。④磨口瓶不能放置碱性物,因碱性物会使磨口瓶和塞粘连。做气体燃烧实验时应在瓶底放薄层的水或沙子,以防破裂。⑤有塞试剂瓶不使用时,要在瓶塞与瓶口磨砂面间夹上纸条,防止粘连打不开。⑥取用试剂时,瓶盖应倒放在桌子上,不能弄脏、弄乱。

5. 其他常用玻璃仪器及使用

1) 研钵

研钵为瓷质,也有玻璃、玛瑙、石头或铁制品,通常用于研碎固体,或固-固、固-液的研磨。

使用注意事项:①放入物体量不宜超过容积的1/3,以免研磨时把物质甩出。②只能研,不能舂,以防击碎研钵或研杵,避免固体飞溅。③易爆物只能轻轻压碎,不能研磨,以防爆炸。

2) 蒸发皿

蒸发皿为瓷质,也有玻璃、石英、铂制品,有平底和圆底之分。用于蒸发液体、浓缩。一般放在石棉网上加热使其受热均匀。注意防止骤冷骤热,以免破裂。

3) 表面皿

表面皿通常为玻璃质,多用于盖在烧杯上,防止杯内液体迸溅或污染。使用时不能直接加热。

4) 培养皿

培养皿以玻璃底盖外径(cm)表示,放置固体样品,可放在干燥器或烘箱中烘干。

5) 干燥器

干燥器又叫保干器,它是保持物质干燥的一种仪器。化学分析中常用于保存基准物质。它的结构为一具有磨口盖子的厚质玻璃器皿,磨口上涂有一薄层凡士林,使其更好地密合。干燥器有常压干燥器和真空干燥器两种。真空干燥器的盖顶具有抽气支管与抽气机相连。两种干燥器的器体均分为上下两层。下层(又叫座底)放干燥剂,中间放置有孔瓷板,上层(又叫座身)放置欲干燥的物质。

使用注意事项:①干燥器的盖子和座身上口磨砂部分需涂少量凡士林,使盖子滑动数次以保证涂抹均匀,使其盖住后严密而不漏气。②干燥器在开启、合盖时,左手按住器体,右手握住盖顶"玻球",沿器体上沿轻推或拉动。切勿用力上提。盖子取下后要仰放桌上,使玻球在下,但要注意防止盖子滚动。③将要干燥的物质先盛在容器中,再放置于有孔瓷板上面,盖好盖子。④根据干燥物的性质和干燥剂的干燥效率选择适宜的干燥剂放在瓷板下面的容器中,所盛量约为容器容积的一半。⑤搬动干燥器时,必须两手同时拿住盖子和器体,以免打翻器中物质和滑落器盖。

2.1.2 玻璃仪器的洗涤及干燥

材料制备实验中常常因使用了带有污物和杂质的玻璃仪器,而得不出正确的结果,因此,为了得到正确的实验结果,实验所用的玻璃仪器必须是洁净的,一般来说还要将其干燥。仪器是否洗净可通过器壁是否挂有水珠来检查。将洗净后的仪器倒置,如果器壁透明、不挂水珠,则说明已洗净;如果器壁有不透明处或油斑或附有水珠,则表明未洗净应重洗。洗净后的仪器,不可用布或纸擦拭,而应用晾干或烘烤的方法使之干燥。

1. 仪器的洗涤方法

在一般情况下,用试管刷蘸取去污粉或洗涤剂刷洗,然后用自来水冲洗。当仪器内壁附有难溶物质，无法清洗干净时，应根据附着物的性质，选用合适的洗涤剂，使附着物溶解后，去掉洗涤残液，再用试管刷刷洗，最后用自来水冲洗干净。如附着物为碱性物质，可选用稀盐酸或稀硫酸，使附着物发生反应而溶解；如附着物为酸性物质，可选用氢氧化钠溶液，使附着物发生反应而溶解；若附着物为不易溶于酸或碱的物质，但易溶于某些有机溶剂，则选用这类有机溶剂作洗涤剂，使附着物溶解。

2. 几种常用的洗涤液的配制

(1) 铬酸洗液的配制：称取 10g 工业级重铬酸钾放入烧杯，加入 30mL 热水溶解，冷却后在不断搅拌下慢慢加入 170mL 浓 H_2SO_4，即得暗红色铬酸洗液。用于去除器壁残留油污，用少量洗液刷洗或浸泡一夜，洗液可重复使用。当洗液使用至变绿色后，就表明其已失去洗涤能力。

(2) 盐酸洗液的配制：用于洗去碱性物质及大多数无机物残渣，配制方法略。

(3) 碱性洗液(氢氧化钠(钾)-乙醇溶液)的配制：把约 250mL95%的乙醇加到含有 30g 氢氧化钠(钾)的 30mL 水溶液中，就成为一种去污力很强的洗涤剂。玻璃磨口长期暴露在这种洗液中易被损坏。

(4) 氢氧化钠-高锰酸钾洗液的配制：称取 4g 高锰酸钾和 10g 氢氧化钠，放于 250mL 的烧杯中，量取 100mL 蒸馏水，分次加入并不断搅拌，使高锰酸钾和氢氧化钠充分溶解。

(5) 草酸洗液的配制：称取 5～10g 草酸溶于 100mL 水中，加入少量浓盐酸。洗涤高锰酸钾洗液后产生的二氧化锰，必要时加热使用。

3. 仪器的干燥方法

(1) 晾干：不急等用的仪器，可在蒸馏水冲洗后在无尘处倒置控去水分，然后自然干燥。可用安有木钉的架子或带有透气孔的玻璃柜放置仪器。

(2) 烘干：将洗净的仪器倒置稍沥去水滴，放在烘箱内烘干，烘箱温度为 105～110℃烘 1h 左右。也可放在红外灯干燥箱中烘干。此法适用于一般仪器。带实心玻璃塞的极厚壁仪器烘干时要注意慢慢升温并且温度不可过高，以免破裂。

(3) 吹干：用易挥发的有机溶剂(常用乙醇和丙酮)倒入已控去水分的仪器中摇洗，然后用电吹风去吹，开始用冷风吹 1～2min，当大部分溶剂挥发后吹入热风至完全干燥，再用冷风吹去残余蒸气，不使其又冷凝在容器内。

注意：带有刻度的剂量仪器，不能用加热的方法进行干燥，否则会影响仪器的准确度。

4. 干燥箱(烘箱)的使用

图 2-1-2　电热鼓风干燥箱

在材料制备实验过程中，常常要对物料进行烘焙、干燥、热处理，电热鼓风干燥箱是实用方便的设备(图 2-1-2)。空气循环系统采用双电机水平循环送风方式，风循环均匀高效。风源由循环送风电机(采用无触点开关)带动风轮经由电热器，而将热风送出，再经由风道至烘箱内室，再将使用后的空气吸入风道成为风源再度循环，加热使用。确保室内温度均匀性。当因开关门动作引起温度值发生摆动时，送风循环系统迅速恢复操作状态，直至达到设定温度值。

电热鼓风干燥箱(DHG-9146A)的使用方法如下：

(1) 把需干燥处理的物品放入干燥箱内，关好箱门。

(2) 把电源开关拨至"1"处，此时电源指示灯亮，控温仪上有数字显示。

(3) 温度设定：当所需加热温度与设定温度相同时不需重新设定，反之则需重新设定。先按控温仪的功能键"SET"进入温度设定状态，此时SV设定显示一闪一闪，再按移位键配合加键或减键进行设定，按一下功能键"SET"确认，温度设定结束。

(4) 设定结束后，各项数据长期保存。此时干燥箱进入升温状态，加热指示灯亮。当箱内温度接近设定温度时，加热指示灯忽亮忽熄，反复多次，控制进入恒温状态。

(5) 根据不同的需要，选择干燥时间和干燥温度。

(6) 干燥结束后，把电源开关拨至"0"处，如马上打开箱门取出物品时，小心烫伤。

注意事项：

(1) 烘箱要按照铭牌上所规定的温度范围使用，烘箱必须保持接地良好。

(2) 易燃、易爆和易挥发的样品不得放入干燥箱(如含乙醇等)。

(3) 经过汽油、煤油、乙醇、香蕉水易燃液洗涤过的零件及物品，应在室温下放置15～30min，待绝大部分易燃液体挥发后，才能放入烘箱内烘烤，室内应注意通风。

(4) 每间隔30min应观察一下干燥箱工作状态，需隔夜工作时要有人值守。

(5) 打开烘箱前，必须先关掉电源开关才能开烘箱。

(6) 烘箱附近不得堆放油盆、油桶、棉纱、布屑等易燃物品，不得在烘箱旁进行洗涤、刮漆和喷漆等工作。

(7) 要防止其他物件落入烘箱底部与电阻丝接触造成短路。

(8) 烘箱在工作时不得进行清洁工作，更不得用汽油擦拭。

(9) 烘箱工作前必须将通风闸门打开，以防爆炸。

(10) 使用前要检查自控装置、指示信号是否灵敏有效、电气线路绝缘是否完好可靠。

2.2 溶剂的作用、分类与选择

2.2.1 溶剂的作用与分类

溶剂的作用：溶解溶质，在进行材料合成反应时，使化学平衡和化学反应速度发生改变。通过选择溶剂可使反应朝着人们希望的方向进行。

溶剂的分类：至今研究过的溶剂在500种以上，其液态范围为－100～1000℃(或更高)。从不同的角度来看，对于溶剂有多种分类方法。如按溶剂基团分类，可分为水系、氨系溶剂。按酸碱性分类可分为酸性溶剂、碱性溶剂、两性溶剂和中性溶剂。按性质分类：以溶剂的亲质子性能为依据的分类方法，一般来说可分为质子溶剂(protic solvents)、非质子溶剂(惰性溶剂)(aprotic solvents)、熔盐三大类，这种分类法与酸碱质子理论紧密联系。

1. 质子溶剂

这类溶剂都能自身电离，这种电离是通过溶剂的一个分子把一个质子转移到另一个分

子上而进行的，结果形成一个溶剂化的质子和一个去质子的阴离子。例如

$$2H_2O \rightleftharpoons H_3O^+ + OH^-$$

$$2NH_3(l) \rightleftharpoons NH_4^+ + NH_2^-$$

$$2HF(l) \rightleftharpoons H_2F^+ + F^-$$

根据溶剂亲质子的性能不同，又可把质子溶剂分为三类：

(1) 碱性溶剂：容易接受质子、形成溶剂化质子的溶剂。如氨、肼、胺类及其衍生物、吡啶及某些低级醚类。

(2) 酸性溶剂：易给出质子，但很难与质子结合为溶剂化质子的溶剂，如无水 H_2SO_4、醋酸、氟化氢等。

(3) 两性溶剂：既能接受质子，又能给出质子的溶剂，水和羟基化合物是这类溶剂的突出代表，液氨和醋也可以是两性的。事实上，大多数质子溶剂在不同条件下都显示两性，它们的差别仅在于亲质子性能的强弱上。

2. 非质子溶剂(惰性溶剂)

既不给出质子又不接受质子的溶剂。根据这类分子有无极性又可分为极性惰性溶剂，如二甲基亚砜(DMSO)、丙酮、二甲基替甲酰胺、乙腈、二氧化硫等；非极性惰性溶剂，如苯、四氯化碳、环乙烷等。

3. 熔盐

从液体结构看，熔盐可以分为两类：

(1) 离子键化合物的熔盐：如碱金属卤化物，熔融时它们很少发生变化，因存在着大量的离子，这些熔盐是很好的电解质。

(2) 以共价键为主的化合物的熔盐：如 HgX_2，这些化合物熔化后可以发生自身电离：

$$2HgX_2 = HgX^+ + HgX_3^-$$

2.2.2　溶剂的选择

进行无机材料合成时，选择溶剂必须同时考虑反应物的性质、生成物的性质、溶剂的性质。具体来说，选择溶剂应遵循以下几个原则：

1. 反应物在溶剂中的溶解度较大

一个溶剂应使反应物充分溶解，充分接触，而它自己并不参加反应。当反应物溶解在溶剂里，形成一个均相溶液，则易流动、易搅拌，加热和冷却过程中也容易达到热量的均匀分散。

对于一个反应物来说，选择什么样的溶剂，才能使其全部溶解达到溶液状态。由于对物质溶解度的定量预测理论发展的限制，无法预测固体等在溶剂中的溶解度，因此通常运用结构理论中的一般原理来估计不同溶质在某溶剂中的相对溶解度。常用的预测溶解度原理有：

1)“相似相溶”原理

“相似”是指溶质与溶剂在结构上相似，“相溶”是指溶质与溶剂彼此互溶。对于两种液体而言，具有相似结构，即分子间力类似的液体可以按任何比例彼此相溶。如水-甲醇、乙

醇,苯-甲苯等。对于固体溶于液体的情况,固体的熔点离溶剂的熔点越近,其分子间力应越接近,因而也越易溶于液体溶剂,也就是说,在指定温度下,低熔点固体将比具有类似结构的高熔点固体更容易溶解,表 2-2-1 列出了四种烃类溶质在苯中的溶解度。

表 2-2-1 固体烃类在苯中的溶解度(25℃)

溶　质	熔　点		溶解度（固体在饱和溶液中的摩尔分数）
	℃	K	
蒽	218	491	0.008
菲	100	373	0.21
萘	80	353	0.26
联二苯	69	342	0.39

2）规则溶液理论

对溶解度预测最成功的理论是规则溶液理论。如两种液体的混合热为零,混合物中的分子处于完全无序的状态,并遵守 Raoult 定理,则称该溶液为理想溶液。如苯与甲苯的混合物。而规则溶液是指一种溶液,它偏离理想溶液有一个有限的混合热,但它的熵值与理想溶液相同。在规则溶液中化学作用、缔合作用、氢键、偶极作用都可忽略不计。

规则溶液理论定义了溶解度参数 δ,它是根号下的结合能密度。对于两种物质而言,它们的溶解度参数值越接近,它们的溶液越理想化,它们的相互溶解度就越大。例如,聚乙烯的溶解度参数为 $7.9\text{cal}^{1/2}\text{cm}^{-3/2}$,它可以选择的溶剂有乙醚($7.62\text{cal}^{1/2}\text{cm}^{-3/2}$)和正己烷($7.24\text{cal}^{1/2}\text{cm}^{-3/2}$)。这一原则提供了选择溶剂的简单有效判据。对于碳氢化合物而言,利用溶解度参数预测可获得满意的结果,当 $\Delta\delta\leqslant\pm2$ 时可无限互溶。但要记住,规则溶液理论应用的前提是非极性材料,同时混合物不存在化学反应和溶剂效应。

3）溶剂化能和 Born 方程

当固体溶解后以离子状态存在时,离子晶体必须克服晶格能。而共价化合物需使价键断裂。这两种作用都要消耗很大的能量。因此,溶质和溶剂的作用能必须很大时才能使溶质溶解于溶剂中。这种作用能被称为溶剂化能。

1920 年,Born 提出了只考虑离子-溶剂间静电作用的简单物理模型,据此导出了 Born 方程。

$$\Delta G=-\frac{N_A z^2 e^2}{8\pi\varepsilon_0 r_i}\left(1-\frac{1}{\varepsilon_r}\right) \tag{2-2-1}$$

式中,ΔG 为溶剂化能;N_A 为阿伏伽德罗常数;z 为离子电荷数;e 为基本电荷;ε_0 为真空介电常数;r_i 为离子有效半径;ε_r 为溶剂介电常数。

对于溶质,离子半径越小,溶剂化能越大。因此半径较小的阳离子盐(尤以阴离子半径较大时),可溶于介电常数较小的溶剂。

溶剂的介电常数及熔、沸点等物理性质,对选择溶剂也很有帮助。介电常数越大,溶剂化能越大,但当 $\varepsilon_r>30$ 时,它对溶剂化能的影响就不太显著。如果将一个离子性化合物制成溶液,就需要介电常数高的溶剂。离子间的库仑引力和溶剂的介电常数成反比:

$$F=\frac{Q_1 Q_2}{4\pi\varepsilon r^2}=\frac{Q_1 Q_2}{4\pi\varepsilon_0\varepsilon_r r^2} \tag{2-2-2}$$

式中，Q_1 和 Q_2 分别为离子 1 和离子 2 的电荷；ε_0 为真空介电常数；ε_r 为溶剂介电常数；r 为离子间距离。

因水的 $\varepsilon_r=\varepsilon/\varepsilon_0=81.7$，故两个离子之间的引力在水中将比真空中小约 80 倍。所以，介电常数较大的溶剂是离子化合物的较好的溶剂。此外，溶剂的熔点、沸点等物理性质对选择溶剂也有很大的帮助。它决定了溶剂液态的温度范围，也决定了化学操作的温度范围。

2. 反应物、产物不能与溶剂作用

由于水的反应活性较高，有些反应不能在水溶液中进行，但可在其他介质中进行。例如格氏(Grignard)试剂反应。

格氏试剂是一种金属有机化合物，其制备反应是：

$$RX+Mg \xrightarrow{\text{无水乙醚}} RMgX$$

其中 RX 代表有机卤化物，RMgX 代表格氏试剂。

这个反应是绝对不能选用水作溶剂的，因为产物格氏试剂与水一经接触就发生下列反应：

$$RMgX+H_2O \longrightarrow RH+HOMgX$$

这是因为格氏试剂是一种呈强碱性的金属有机化合物，其中一个碳原子带有负电荷($R^- Mg^{2+} X^-$)，很容易从水中接受质子，结果试剂分解，生成碳氢化物和镁的碱式盐。而乙醚与格林试剂不发生反应，因此采用乙醚作溶剂。

另外一个例子是用电解法制备活泼金属和活泼非金属，也不能在水溶液中进行，如电解 NaCl、CaF_2 的产物 Na、Ca、F_2 等活泼金属和非金属都能与水反应而得不到所需产品。但在熔盐中可以顺利完成。

此外，有些反应在缺少溶剂时反应猛烈，易发生危险，若能选择不与产物、反应物作用的溶剂，不但能控制反应速率，而且也能减少副反应，得到预期产物。

3. 使副反应最小

合适的溶剂的选择可避免副反应的发生，从而提高产品的产率和纯度。仍以格氏试剂的制备反应为例来说明。前已述及，为了避免格氏试剂与水的反应，采用乙醚来作溶剂。除此之外，用乙醚作溶剂还有其他优点。

格氏试剂能与空气中的 O_2、CO_2 等发生副反应

$$2RMgX+O_2 \longrightarrow 2ROMgX$$

$$RMgX+CO_2 \longrightarrow RCO_2MgX$$

实验中采用某些预防措施就可以减少上述副反应。如在惰性气氛(氮气或氦气)下进行就可防止格氏试剂与氧气和二氧化碳的接触。但当对产物规格要求不高时，用乙醚作溶剂，由于其蒸气压高(沸点低)，可以排除反应器中的一部分空气，无须惰性气氛也可。

4. 溶剂与产物易于分离

所选择的溶剂要使反应物、产物和副产物在其中溶解度不同，从而使产物和副产物易达到分离的目的。很多无机化合物通过结晶沉淀法来制备就是根据这一原理。

2.3 溶液的配制及标定

2.3.1 溶液的配制

在实验室里常常因为化学反应性质和要求不同而需配制不同的溶液。有关溶液浓度的计算公式如下：

$$质量分数 = \frac{溶质的质量}{溶液的质量} \times 100\% \tag{2-3-1}$$

$$物质的量浓度\ C_B(mol/L) = n_B/V \tag{2-3-2}$$

式中，n_B 为溶质 B 的物质的量，V 为溶液的体积。

溶液浓度的配制有两种方法：一是由准确浓度的浓溶液稀释成具有准确浓度的稀溶液；二是由基准物质(即已知纯度的，其组成与化学式完全相符的高纯物质，在保存和称量时组成和质量稳定不变，且摩尔质量较大的物质)直接溶解配制。基准物质在使用前应经一定方法干燥处理，然后放在干燥器内保存备用。

由固体试剂配制溶液时，一般是先用分析天平称量固体试剂，然后将固体试剂放入烧杯，加适量的水使之溶解，最后再转移到量器中，加水稀释到所需的体积。配制酸液时务必养成先在烧杯中加适量的水，然后再把酸液逐渐注入水中溶解的习惯。

2.3.2 溶液浓度的标定

溶液浓度通常可采用滴定的方法来标定(或测定)。做法是用已知浓度的溶液(常称为标准溶液)来滴定一定体积未知浓度的溶液(也可反过来做)，当反应达到终点时(即正好完全反应)，根据所消耗的标准溶液的体积可计算出被测溶液的浓度：

$$C_{测} = C_{标} \cdot V_{标} / V_{测} \tag{2-3-3}$$

式中，下标"测"表示被测溶液；C 为浓度；V 为体积。

滴定反应的终点可以借助指示剂的变色来确定。如强碱滴定强酸时可用酚酞作指示剂，开始时溶液呈酸性加入酚酞指示剂溶液仍显无色，随反应终点的来到溶液渐从酸性转为碱性，而酚酞的变色 pH 范围为 8.2～10.0，故当溶液从无色变成粉色的时候，就意味着滴定反应到达了终点。一些常用的酸碱滴定的指示剂，变色 pH 范围及终点颜色可通过查阅有关参考书了解到。

2.4 化学试剂的等级标准

化学试剂一般分为无机试剂和有机试剂两大类。通常认为：含有碳的试剂为有机试剂，其余为无机试剂。但这个分界很难严格确定，如 H_2CO_3、HCN，按上述定义应属有机试剂，但习惯上仍属无机试剂。

随着配位化学和金属有机化学的发展，有机和无机的界限变得越来越难以分开。近代化学试剂正在向高纯方向发展,新的试剂领域正在不断扩大。开展无机合成工作离不开化学试剂,必须具备一定的化学试剂基础知识。

2.4.1 化学试剂的等级标准

不同等级的同一试剂,其质量是不同的,即便是同一等级的同一试剂,由于生产的国家、厂商、组织不同,试剂的质量也不尽相同。每个国家各行其是,目前还没有各国都承认的标准。各国生产化学试剂的大公司,均有自己的试剂标准,我国也有我国的化学试剂标准。为了便于国际交流,必须建立统一的标准。近年来,我国化学试剂标准委员会正在逐步修正我国的试剂标准,尽可能与国际接轨,统一标准。

1. 我国的化学试剂标准

我国的化学试剂标准分国家标准、部颁标准和企业标准三种。

(1) 国家标准:由化学工业部提出,国家标准局审批和发布,其代号是“GB”。《化学试剂国家标准》是我国最权威的一部试剂标准。

(2) 部颁标准:由化学工业部组织制定、审批和发布,报送国家标准局备案,其代号是“HG”。除部颁标准外,还有部颁暂行标准,是化工部发布暂行的标准,代号是“HGB”。

(3) 企业标准:由省化工厅(局)或省、市级标准局审批、发布,在化学试剂行业或一个地区内执行。企业标准的代号采用分数形式“Q/HG”。

三种标准中,部颁标准不得与国家标准相抵触;企业标准不得与国家标准和部颁标准相抵触。

2. 国外几种重要化学试剂标准

对我国化学试剂工业影响较大的国外试剂标准有《默克标准》《罗津标准》《ACS规格》:

(1)《ACS规格》,全称为《化学试剂—美国化学学会规格》(*Reagent Chemical-Americal Chemical Society Specifications*),由美国化学学会分析委员会编纂,是当前美国最有权威性的一部试剂标准。

(2)《默克标准》(*Merck Standards*),其前身为1888年出版的伊默克公司化学家克劳赫(Krauch)博士编著的《化学试剂纯度检验》。伊默克是世界上第一个制订和公布试剂标准的公司,也是第一个用百分数表示试剂最低含量和杂质最高允许含量的公司。可以说,世界上试剂标准的基本款式是由伊默克最早确立的。

(3)《罗津标准》,全称为《具有试验和测定方法的化学试剂及其标准》(*Reagent Chemical and Standards with Methods of Testing and Assaying*),作者约瑟夫·罗津(Joseph Rosin)为美国化学会会员,美国药典修订委员会前任首席化学家和伊默克公司化学指导。

(4)《阿纳拉实验室用化学药品标准》(*Analar Standards for Laboratory Chemicals*),英国BDH公司、霍普金和威廉公司实行。

2.4.2 我国化学试剂的等级标准

共分7种,即高纯、光谱纯、基准、分光纯、优级纯、分析纯和化学纯。而国家和主管部门颁布具体指标要求的只有优级纯、分析纯和化学纯三种：

(1) 优级纯，又称一级品，纯度最高，99.8%，适于精密分析工作和科学研究工作；

(2) 分析纯，又称二级品，纯度较一级略低，99.7%，适用于重要分析工作及一般研究工作；

(3) 化学纯，又称三级品，纯度与二级相差较大，≥ 99.5%，适用于工矿、学校一般分析工作。

因为不同等级的试剂其标签的颜色不同，参见表 2-4-1。因此只要看看标签的颜色就可知道试剂是属何级品了。

表 2-4-1 我国化学试剂等级标志

级别	一级品	二级品	三级品	实验试剂医用	生物试剂
中文标志	保证试剂优级纯	分析试剂分析纯	化学纯	—	—
代号	GR	AR	CP	LR	BR 或 CR
瓶签颜色	绿色	红色	蓝色	标色或其他颜色	黄色或其他色

注：所列等级标志，是指的包装(或以瓶为单位的包装)标志。

在文献资料和进口的化学试剂方面，有的等级与我国现行等级不太一致，下面将几种常遇到的分级标准对照列成表 2-4-2。

表 2-4-2 国内外化学试剂的几种分级对照

国别	1	2	3	4	5
中国	一级品保证试剂优级纯(GR)	二级品分析试剂分析纯(AR)	三级品化学纯(CP)	实验试剂医用(LR)	生物试剂(BR 或 CR)
欧、美、日等国	GR	AR	CP	—	—
俄罗斯等国	化学纯	分析纯	纯	—	—

国外试剂纯度级别说明：

ultra pure：超纯，与 GR 级相近。

high purity：高纯，与 AR 级相近。

biotech：生物技术级，与 BR 级相近。

reagent：试剂级，与 CP 级相近。

ACS：美国化学学会标准，与 AR 级相近。

USP：药用级。

2.5 纯水的制备

自来水中常含有 K^+，Na^+，Mg^{2+}，CO_3^{2-}，SO_4^{2-}，Cl^-，HCO_3^- 及某些气体等杂质。用之配制溶液时这些杂质可能会与溶液中的溶质起化学反应而使溶液变质失效；也可能会对实验现象或结果产生不良的干扰和影响。因而除非实验对水质要求不高或确认自来水中所含的杂质对实验结果无影响，一般情况下，溶液的配制都要用纯水，即经过提纯的水，其方法主要有蒸馏法、离子交换法、膜分离法和电渗析法等。实验室中常用的纯水为蒸馏水或用离子交换法制备的去离子水。

2.5.1 蒸馏水制备技术

原理是水的蒸发与冷凝，将自来水经过蒸馏器蒸馏，所产生的蒸汽冷凝即得到蒸馏水。由于绝大部分无机盐都不挥发，因此蒸馏水较纯净，适用于一般溶液的配制(若需纯度更高，可将第一次蒸馏得到的蒸馏水再次进行蒸馏)。

2.5.2 离子交换树脂制备纯水的有关技术

离子交换法制备纯水是利用离子交换树脂活性基团上具有离子交换能力的 H^+ 和 OH^- 与水中阳、阴离子杂质进行交换，将水中的阳、阴离子杂质截留在树脂上，进入水中的 H^+ 和 OH^- 重新结合成水而达到纯化水的目的。

凡能与阳离子起交换作用的树脂称为阳离子交换树脂，与阴离子起交换作用的树脂则称为阴离子交换树脂。它们都为固态有机高分子聚合物(其骨架用 R 表示)。如实验室用含有磺酸基团的强酸型离子交换树脂 R-SO_3H 和含有季铵盐基团的强碱型离子交换树脂 R-$N(CH_3)_3OH$ 就分别为阳离子交换树脂和阴离子交换树脂，其与水中的阳、阴离子杂质的交换反应为

$$2R-SO_3H+Ca^{+} \longrightarrow (R-SO_3)_2Ca+2H^{+}$$

$$R-N(CH_3)_3OH+Cl^{-} \longrightarrow R-N(CH_3)_3Cl+OH^{-}$$

$$H^{+}+OH^{-} \longrightarrow H_2O$$

制备纯水时，树脂是装在离子交换柱内的，图 2-5-1 为联合床式离子交换制纯水装置的示意图。其柱 1 装阳离子交换树脂，用以去除自来水的阳离子杂质；柱 2 装阴离子交换树脂，用以去除自来水中的阴离子；柱 3 是一定量的阴、阳离子交换树脂混装，用以进一步脱除水中的杂质离子，以提高出水的纯度，同时保持出水中性。

树脂使用一个阶段后因活性基团上的 H^+，OH^- 都被交换用完，便会失效。此时可分别用强酸或强碱浸泡再生，脱除树脂上所截留的阳、阴离子，使之重新转型为 H^+，OH^-，才可再用来制备纯水。

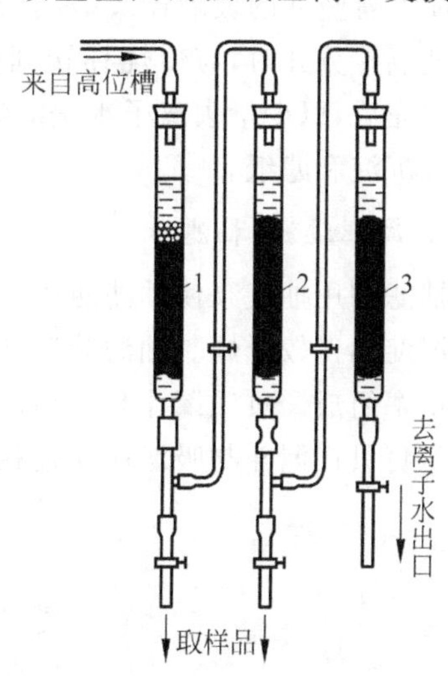

图 2-5-1 制备纯水离子交换装置示意图

1—阳离子交换树脂；2—阴离子交换树脂；3—阴、阳离子交换树脂

2.6 固-液分离技术

从原理上讲，固-液分离过程可以分为两大类：一是沉降分离，如倾析法、离心分离；一是过滤分离，如常压过滤、减压过滤和压滤。

2.6.1 倾析法

当沉淀的结晶颗粒较大或相对密度较大时，静置后能沉降到容器底部，可用此法分离。等溶液和沉淀分层后，倾斜器皿，把上部慢慢倾入另一容器中，即能达到分离的目的。如沉淀需要洗涤，则往沉淀中加入少量去离子水(或其他洗涤液)用玻璃棒充分搅拌、静置、沉降，倾去去离子水。重复洗涤几次，即可洗净沉淀。

2.6.2 过滤法(常压过滤、减压过滤和压滤)

1. 常压过滤(普通过滤)

过滤前，将圆形滤纸对折两次。将滤纸打开成圆锥形，放入玻璃漏斗中。滤纸边沿应略低于漏斗边沿3～5mm。用手按住滤纸，以少量去离子水润湿，轻压四周，使其紧贴在漏斗上(标准漏斗的内角是60°，能与上法折叠的滤纸密合。若漏斗的内角略大于或小于60°，则应适当改变滤纸折叠成的角度，才能使两者密合)。

将贴好滤纸的漏斗放在漏斗架上，并使漏斗管末端与容器内壁接触。将烧杯中的溶液和沉淀沿着竖立的玻璃棒缓缓倒入漏斗中。漏斗中的液面应低于滤纸边沿约1cm。欲使烧杯与玻璃棒分开时，应使烧杯转到直立的方向，然后移开烧杯，并将玻璃棒放回该烧杯中。溶液滤完后，以少量去离子水洗涤烧杯和玻璃棒，并将此洗涤液也过滤。最后用少量去离子水冲洗沉淀和滤纸。

2. 减压过滤(抽滤)

抽滤利用抽气泵使抽滤瓶中的压强降低，达到固液分离的目的。抽滤法可加速过滤，并能使沉淀抽得较干燥。抽滤装置如图2-6-1所示，由吸滤瓶、贝氏漏斗、真空泵、耐压橡皮管和橡皮塞组成。贝氏漏斗是瓷质的，中间有许多小孔，以便使滤液通过滤纸从小孔流出。以橡皮塞将贝氏漏斗与吸滤瓶相连接。安装时贝氏漏斗斜口正对吸滤瓶支管。过滤前，先剪好一张比漏斗内径略小的圆形滤纸，用少量水润湿滤纸，打开真空泵，减压使滤纸与漏斗贴紧，然后将烧杯中的溶液和沉淀缓缓倒入漏斗中，开始抽滤。停止抽滤时应先拔下连接滤瓶与真空泵的橡皮管，再关闭真空系统，以防倒吸。取下漏斗倒扣在表面皿上，用洗耳球吹漏斗下口，使滤饼脱离漏斗。滤液应从滤瓶上口倒出。

图2-6-1 固液分离抽滤装置

3. 压滤

压滤是利用一种特殊的过滤介质(滤布)，对对象施加一定的压力，使得液体渗析出来的一种固液分离技术。通常压滤(压滤机)适用于生产规模大，且介质相对容易分离的情况，在湿法冶金中应用的相对较多。过滤机构由滤板、滤框、滤布、压榨隔膜组成，滤板两侧由滤布包覆，需配置压榨隔膜时，一组滤板由隔膜板和侧板组成。隔膜板的基板两侧包覆着橡胶隔膜,隔膜外边包覆着滤布,侧板即普通的滤板。物料从止推板上的时料孔进入各滤室,固体颗粒因其粒径大于过滤介质(滤布)的孔径被截留在滤室里,滤液则从滤板下方的出液孔流出。滤饼需要榨干时,除用隔膜压榨外,还可用压缩空气或蒸气,从洗涤口通入,气流冲去滤饼中的水分,以降低滤饼的含水率。

1）过滤方式

滤液流出的方式分明流过滤和暗流过滤。

（1）明流过滤：每个滤板的下方出液孔上装有水嘴,滤液直观地从水嘴里流出。

（2）暗流过滤：每个滤板的下方设有出液通道孔,若干块滤板的出液孔连成一个出液通道,由止推板下方的出液孔相连接的管道排出。

2）洗涤方式

滤饼需要洗涤时,有明流单向洗涤和双向洗涤,暗流单向洗涤和双向洗涤。

（1）明流单向洗涤,洗液从止推板的洗液进孔依次进入,穿过滤布再穿过滤饼,从无孔滤板流出,这时有孔板的出液水嘴处于关闭状态,无孔板的出液水嘴是开启状态。

（2）明流双向洗涤,洗液从止推板上方的两侧洗液进孔先后两次洗涤,即洗液先从一侧洗涤再从另一侧洗涤,洗液的出口同进口是对角线方向,所以又叫双向交叉洗涤。

（3）暗流单向洗涤,洗液从止推板的洗液进孔依次进入有孔板,穿过滤布再穿过滤饼,从无孔滤板流出。

（4）暗流双向洗涤,洗液从止推板上方的两侧的两个洗液进孔先后两次洗涤,即洗涤先从一侧洗涤,再从另一侧洗涤,洗液的出口是对角线方向,所以又叫暗流双向交叉洗涤。

3）滤布

滤布是一种主要过滤介质,滤布的选用和使用,对过滤效果有决定性的作用,选用时要根据过滤物料的 pH 值,固体粒径等因素选用合适的滤布材质和孔径以保证低的过滤成本和高的过滤效率,使用时,要保证滤布平整不打折,孔径畅通。

2.6.3　离心机分离技术

离心分离是借助于离心力,使密度不同的物质进行分离的一种方法。由于离心机等设备可产生相当高的角速度,使离心力远大于重力,于是溶液中的悬浮物便易于沉淀析出。对于两相密度相差较小、黏度较大、颗粒粒度较细的非均相体系,在重力场中分离需要很长时间,甚至不能完全分离。而用离心分离,由于转鼓高速旋转产生的离心力远远大于重力,可大大提高沉降速率,在较短的时间内即能获得大于重力沉降的效果,而且此法有利于迅速判断沉淀是否完全。另外,当被分离的溶液和沉淀的量很少时,用一般方法过滤会使沉淀粘在滤纸上难以取下,此时可用离心分离法代替过滤。

图 2-6-2　台式离心机

离心分离法是将待分离的沉淀和溶液装在离心试管中(图 2-6-2),然后放在离心机中高速旋转,使沉淀集中在试管底部,上层为清液,然后,用滴管把清液和沉淀分开。先用手指捏紧橡皮头,排除空气后将滴管轻轻插入清液(切勿在插入溶液以后再捏橡皮头），缓缓松手，溶液则慢慢进入滴管中，随试管中溶液的减少，将滴管逐渐下移至全部溶液吸入滴管为止。滴管末端接近沉淀时要特别小心，勿使滴管触及沉淀。

如果需洗涤沉淀，可将洗涤液滴入试管，用搅拌棒充分搅拌后，再进行离心分离。如此反复洗涤2～3遍即可。如果要检验是否洗净，方法是将一滴洗涤液放在点滴板上，加入适当试剂，检查是否还存在应分离出去的离子，决定是否还要进行洗涤。离心时间与转速根据沉淀的性质来决定。结晶型的紧密沉淀，转速大约1000r/min，时间1～2min；无定形疏松沉淀，转速一般为3500r/min，时间2～4min。

现将低速离心机（型号：DL-5-B）的使用简介如下：

1. 功能键简介

离心机功能键说明见表2-6-1。

表2-6-1 功能键说明

序号	名　　称	说　　明
1	左移键	数字换位，使数码管闪烁位左移一位
2	加、减键	使闪烁位数字加一或减一
3	选择键	选择转速、时间等功能
4	记忆键	保存用户设置的数据
5	离心键	使离心机开始运转
6	停止键	离心机停转，恢复复位状态
7	数码管	显示数据或状态

2. 转速设定与运转时间设定

（1）接好电源，打开电源开关。面板显示00000，数秒后闪烁上次设定的转速。

（2）按选择键，出现P0000，为转速设定项。

（3）按记忆键，显示仪器上次运转的转速。

（4）按加、减键和左移键，输入需要的工作转速（转速不能超过5000r/min）。

（5）必须按记忆键，存储设定的数值。仪器显示P0000。

（6）按加键，显示P0001，为时间设定项。

（7）按记忆键，显示上次运行的时间。

（8）按加、减键和左移键，输入需要的工作时间（min）。本机设定时间包括最高速运行时间和升速时间，不包括减速时间。

（9）必须按记忆键存储该设定值，显示P0001。

（10）按选择键，退出设定，显示00000并闪烁。

（11）按离心键，仪器工作并显示实际转速，在运转过程中时间窗口显示剩余时间，到设定时间，降速到00000在数秒钟内，盖门自动打开，可取出样品。如有需要在运行中中断仪器运转，可按停止键。

（12）若要对仪器的升速时间（P0002）和减速时间（P0003）做调整，请按照上面方法设定，然后按记忆键，按功能键退出即可（升降速时间设定以秒为单位，设定值应大于出厂设定值）。

3. 注意事项

（1）离心杯必须等量灌注，切不可在转子不平衡状态下运转。

(2) 不能在塑料盖上放置任何物品。

(3) 按离心键运转前,确保盖门已关好,门锁锁住。

(4) 不能在仪器运转过程中或者转子未停稳的情况下打开盖门。

(5) 除运转速度和时间外,请不要随意更改仪器的工作参数。

(6) 如果未能及时打开盖门,可按停止键,数秒后门锁自动弹开,再打开盖门。

(7) 离心机一次运行不要超过 60min。

2.7　实验室高温的获得及加热设备

高温技术是合成与制备新型无机非金属材料的重要手段,虽然在合成或制备某一产品的过程中并不是所有操作都需要在高温下进行,但许多化学反应都必须在高温下才能进行,特别是在合成新型高温材料时,要求达到的温度越来越高。对于高熔点金属粉末的烧结,难熔化合物的熔化和再结晶,陶瓷体的烧成等都需要很高的温度。在化学方法合成新型无机非金属材料时,经常需要对材料前驱体进行热处理,才能得到所需材料。有些为了避免氧化,还需要特殊的惰性气氛和真空。因此,为了进行高温下的合成,需要一些符合要求的产生高温的设备和手段。

2.7.1　高温的获得

实验室中常用的加热设备有煤气灯、酒精灯、酒精喷灯,它们是通过煤气和乙醇的燃烧来产生高温。此外还常有电炉、半球形的电热套来作为加热设备,它们利用电阻丝通电发热来获得高温。电热套通常配有温度控制器,控制器的作用是基于周期性地切断电流或用调压变压器来控制温度。电热套主要用来加热圆底烧瓶中的反应物。上述几种加热设备,通常只能获得几百摄氏度的高温,难以满足无机材料制备中对温度的更高的要求。表 2-7-1 列出其他一些产生高温的方法及其所能达到的温度。这些获得高温的手段中,最常用的是高温电阻炉。

表 2-7-1　获得高温的各种方法及达到的温度

获得高温的方法	温度/K	获得高温的方法	温度/K
各种高温电阻炉	1273～3273	激光	10^5～10^6
聚焦炉	4273～6273	原子核分裂和聚变	10^6～10^9
闪光放电炉	4273 以上	高温粒子	10^{10}～10^{14}
等离子体电炉	20000 以上		

2.7.2　高温电阻炉

高温电阻炉是实验室和工业中最常用的加热炉,它的优点是设备简单、使用方便、可以精确地控制温度,主要结构有箱式电阻炉和管式电炉两种。箱式电阻炉主要用于不需要控制气氛的高温反应,装有自己的温度控制器和热电偶高温计。管式电炉通常用于控制气氛下加热物质,它们往往没有自己的温度控制器,通常通过自耦变压器来控制输入电压,从而控制它的温度。高温电阻炉的电阻发热材料，称为发热体，它是高温电阻炉的最关键组成部分，是电炉设计中首先要考虑的因素。应用不同的电阻材料可以达到不同的高温限度。表 2-7-2 列出不同的电阻材料的最高工作温度。

表 2-7-2　电阻材料的最高工作温度

电阻材料名	最高工作温度/℃	备　　注
镍铬丝(80%Ni,20%Cr)	1060	
镍铬铁丝(60%Ni,16%Cr,24%Fe)	950	
堪塔耳(25%Cr,6.2%Al,19%Co,余 Fe)	1250～1300	
第 10 号合金(37%Cr,7.5%Al,55.5%Fe)	1250～1300	
硅碳棒	1400	
铂丝	1400	
铂(90%)铑(10%)合金丝	1540	
钼丝	1650	真空，还原气氛
硅钼棒	1700	
钨丝	1700	真空，还原气氛
ThO_2(85%)CeO_2(15%)	1850	
ThO_2(95%)La_2O_3(5%)	1950	
钽丝	2000	真空，还原气氛，惰性气体
ZrO_2	2400	
石墨棒	2500	真空，惰性气体
碳管	2500	真空，惰性气体
钨管	3000	真空，还原气氛

在高真空及还原气氛下，金属发热材料如钽、钨、钼等，已被证明是较为适用的。在氧化气氛中，氧化物的电阻发热体则是最为理想的材料。石墨作电阻材料在真空中可达到较高的温度，如在氧化或还原氨气下，石墨本身在使用过程中将逐渐损耗，与硅碳棒相同，也采用低电压强电流加热方式。

我们实验中常用的是镍铬丝电阻炉(最高加热温度为 1100℃)，硅碳棒电阻炉(最高加热温度为 1400℃)和硅钼棒电阻炉(最高加热温度为 1700℃)。使用温度应该低于其最高工作温度。如果在 1100℃以下使用，通常可用的电阻线是 Ni-Cr 合金，它电阻率高，而且抗氧化能力很强，如果不过热的话，寿命很长，这类电阻线应尽量避免接触损害它的表面氧化膜的物质，如硅藻土，可以在 Ni-Cr 线上涂一层铝土水泥作保护。如果在 700～1400℃范围内使用，可以用硅碳棒作电阻材料，当在炉膛温度超 1400℃以后，硅碳棒氧化速度加快，寿命缩短，使用时应该注意尽量不要让硅碳棒表面温度过高。如果在 1400～1700℃范围内使用，可以用硅钼棒作电阻材料，硅钼棒在高温氧化气氛下，表面会生成一层致密的石英(SiO_2)保护层以防止其继续氧化。当硅钼棒温度大于 1700℃时，由于硅钼棒表面张力的作用，硅钼棒表面被融掉从而失去保护作用。

以下介绍硅碳棒和硅钼棒电炉的使用及维护。

硅碳棒电炉及硅钼棒电炉在正常情况下使用是比较方便和稳定的，但在使用过程中必须符合各自的规律，并在使用前参阅说明书及有关资料。使用中须注意以下几点：

(1) 气氛：硅碳棒炉及硅钼棒炉最适宜于在空气介质中使用。硅钼棒发热元件在空气中使用时，不应长期处于400～700℃低温范围，因其在该条件下将发生低温氧化致使元件损坏。硅碳棒及硅钼棒应避免与氯气及硫蒸气接触。硅碳棒还应防止与水蒸气作用，以免发生反应，如果物料在煅烧过程中有此介质产生，则应时常开启炉门，以使水蒸气逸出。对于氢气，易使硅碳棒引起还原反应而发脆。

硅钼棒电炉在新使用前，应在空气中加热至1500℃保温1h以生成保护层。元件适宜于连续使用，当棒体表面产生白泡时，说明过负荷运行，应降压运行。硅钼棒电炉不能在氢气或真空中使用，在还原气氛工作条件下不宜超过1350℃，否则会使其产生碱性介质的物料。

(2) 煅烧物料的性质：易爆裂的物料不能放在炉膛中煅烧，因为发热元件不能经受爆裂物料碎片的冲击。任何物料都不能和发热元件接触，能熔融的物料要防止其飞溅，粉料也要注意其在高温下飞扬，停积于发热元件上。

(3) 升温速率：在低温时，温度很容易上升，为避免温度急剧变化可能造成对炉子的损坏和对煅烧物料的性能影响，均应按有关技术条件规定的升温速率加以控制。一般情况下，当物料无一定要求的升温速率时，也应控制在10℃/min的范围内。

(4) 电源合分顺序：要保证接通电源和切断电源均在无负荷的情况下进行。为此，使用炉子时要先合闸，后升压。使用完毕后，断电的顺序相反，即先降压，后关闸。

(5) 线路检验：一般易发生的故障常在于电线的连接处及发热元件与导线的连接处，对这些地方要经常检查，力求接触良好。

(6) 测温仪表的检验：测温仪表要定期校验，使其处于正常状态。否则，往往由于仪表本身不正常而控制不好温度，造成实验失败或损坏发热元件。

2.7.3　快速热处理炉

有些材料制备工艺(如集成电路制造工艺的某些工序)需要快速高温处理，如扩散、氧化、离子注入后的退火、薄膜淀积等。但是高温会使已经进入硅片的杂质发生不希望的再分布，对小尺寸器件的影响特别严重。减小杂质再分布的方法是快速热处理，即在极短的时间内使硅片表面加热到极高的温度(升温速率为100～200℃/s)，从而在较短的时间(10^{-3}～10^{2}s)内完成热处理。快速热处理系统通常都是单片式的。快速热处理工艺分为绝热型、热流型和等温型。目前常用的快速热处理系统都采用等温型设计，采用脉冲激光、连续激光、脉冲电子束与离子束、红外光、宽带非相干光源(如卤钨灯和高频加热)等对硅片表面进行加热，在瞬时内加热到极高的温度。在等温型快速热处理系统中，硅片放在反应腔内的石英支架上，用一组高强度光源来加热硅片(图2-7-1)。高强度光源采用卤钨灯或惰性气体长弧放电灯等。一个快速热处理系统常常需要13～30支卤钨灯。卤钨灯由密封的石英灯管和灯管中的螺旋形钨灯丝组成，灯管内充有$PNBr_2$等卤化气体。钨从加热的灯丝中挥发出来，淀积到石英管壁上。当石英管壁加热时，卤化气体与管壁上的钨发生反应生成可挥发的卤化钨，卤化钨扩散到比管壁热得多的灯丝上发生分解，再重新把钨淀积到灯丝上。这种反馈机制避免了钨在管壁上的过度淀积。

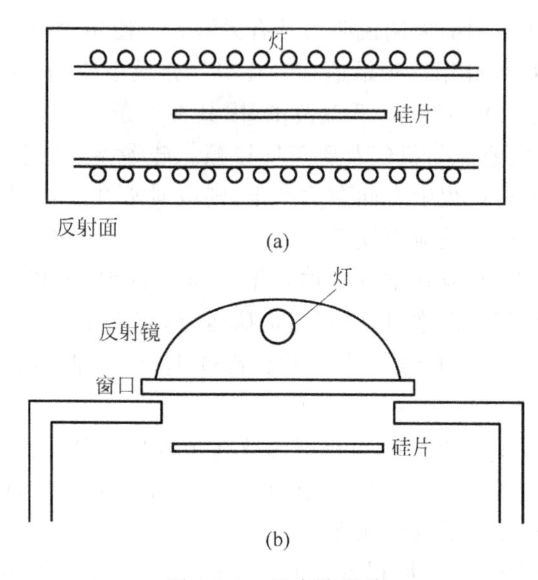

图 2-7-1 反应腔设计

(a) 双面加热式；(b) 单面加热式

以下介绍快速热处理炉(RTP300)操作步骤：

(1) 接通水源，电源，合上电源箱后面板上的主电源空气开关。ABC 三相指示灯应全亮，工作方式开关应放在准备位置。

(2) 打开电源面板上的钥匙开关，数字温度计显示室温。

(3) 按“复位”，显示“b”，再按一次显示“In”。

(4) 微机控制显示“In”，表示可以输入数据，按下“In”，显示“1”，输入第一段时间(s)再按“In”，显示“2”，输入第二段时间……，直至输入 0，设置时间完成。

(5) 温度设置，由调旋钮完成。

(6) 按“复位”，显示“b”。

(7) 按起动按钮，再按“Run”，即可按程序工作。

(8) 程序完成后显示“End”。

(9) 需要继续，返回步骤(2)。

(10) 热处理结束后，炉温降至 100℃以下，才可打开炉门取样品。

(11) 设备使用完成后关掉电源箱后面板上的主电源开关，关掉冷却水，以免发生意外。

2.7.4 高温热浴

当需要将容器加热到某一均匀温度时，就应该把它浸入作为传热介质的液体中。例如，对 200℃左右的温度可使用矿物油或液状石蜡；250℃左右的温度可使用有机硅油。Wood 合金浴(Bi-Pb-Sn-Cd 合金)可以从它的熔点(约 70℃)开始到 400℃左右。也可以使用各种盐(如 $PbCl_2$，熔点 510℃)或者盐的低熔混合物(如 $KNO_3/NaNO_3$)。常用热浴及它们所能达到的极限温度列于表 2-7-3 中。

表 2-7-3　常用热浴

热浴名称	所用热载体	在浴上加热的极限温度/℃	备　注
水浴	水	98	
油浴	液状石蜡	200	
	甘油	220	
	DC300 硅油[①]	280	
	DC500 硅油	250	
硫酸浴	浓硫酸	300	
石蜡浴	石蜡	300	熔点 30～60℃
空气浴	空气	300	
盐浴	55%(质量分数)KNO_3＋45%(质量分数)$NaNO_2$	550	熔点 137℃
	55%(质量分数)KNO_3＋45%(质量分数)$NaNO_2$	600	熔点 218℃
合金浴	伍德合金[②]	＞600	

注：① DC 为 DOW CORNING 即道康宁的缩写。

② 伍德合金成分为：50%Bi，25%Pb，12.5%Sn 及 12.5%Cd。

以下介绍恒温热水浴：

当实验要求被加热物质受热均匀，而温度又不超过 100℃，采用水浴加热。图 2-7-2 为 HH-4 数显恒温水浴锅，其内盛放的水量不超过其总容积的 2/3，在加热过程中要随时补充水以保持原体积，切不可烧干。不能把烧杯直接放在水浴中加热，而要放在锅内的金属架上，否则烧杯底会碰到高温的锅底，由于受热不均匀而使烧杯破裂。

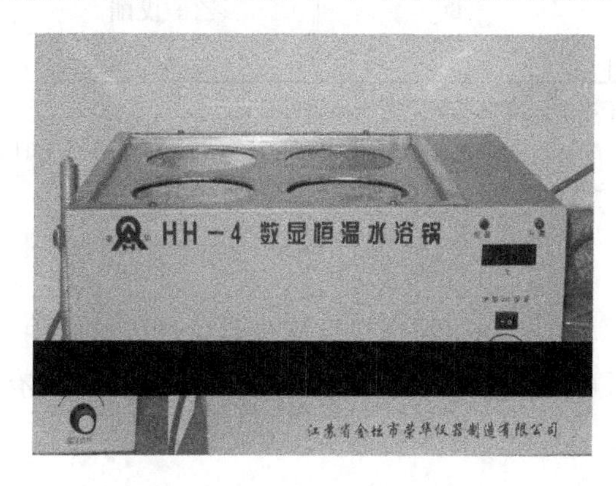

图 2-7-2　HH-4 数显恒温水浴锅

2.8　实验室低温的获得

将物质的温度降到低于环境温度的操作称为制冷或冷冻。室温以下的合成即低温合成。新材料是发展新技术的基础，要发展低温技术，必须研制适应低温下使用的低温合金材料，以克服普通材料随温度降低其韧性、塑性也降低的缺点，从而防止材料在低温脆裂；另一方面新技术的发展又促进了新材料的研制，超低温技术的进步，为低温合成提供了可能，没有低温技术就没有今天的超导材料。

低温技术的发展为挥发性化合物的合成及新型无机功能材料的合成开辟了一条新途径。

2.8.1 低温冷浴

1. 冰盐共熔体系

分别将冰块和盐磨细充分混合(通常用冰磨将其磨细)可以达到比较低的温度,如温度:

100g 冰＋33gNaCl　　－21℃

100g 冰＋124g$CaCl_2$　　－40℃

关于冰盐水体系所能达到的低温,不仅随不同盐类而变化,而且取决于盐的比例,每一冰盐体系均有一最低共熔点,具体可参阅有关物理化学教程中相图部分内容。

2. 干冰浴

这也是经常用的一种低温浴。它的升华温度－78.5℃,使用时常加一些惰性溶剂,如丙酮、醇、氯仿等,以使它的导热好一些。表2-8-1列出干冰与有机溶剂组成冷浴的温度。

表2-8-1 干冰与某些有机溶剂组成的冷浴

溶　剂	冷浴温度/℃	溶　剂	冷浴温度/℃
四氯化碳	－23	无水乙醇	－72
乙腈	－42	乙醚	－77
环己烷	－46	丙酮	－78
氯乙烷	－60	乙酸戊酯	－78
三氯甲烷	－61	一氯甲烷	－82

注:① 配制方法:一小块干冰加入有机溶剂中至于冰稍过量;

② 干冰加入无水乙醇,因乙醇的量不同而配制成－78～－50℃或更高一些温度的冷浴。而干冰加入不同浓度的$CaCl_2$-H_2O溶液中,可配制－50～0℃的冷浴。

3. 液氮浴

N_2的液化的温度是－195.8℃,在合成反应与物化性能试验中经常用的一种低温浴,用于冷浴时,使用温度最低可达－205℃(减压过冷液氮浴)。液氮与有机溶剂组成的冷浴列于表2-8-2中。

表2-8-2 液氮与某些有机溶剂组成的冷浴

溶　剂	冷浴温度/℃	溶　剂	冷浴温度/℃
四氯化碳	－23	甲醇	－98
氯苯	－45	二硫化碳	－112
三氯甲烷	－63	乙醇	－115
乙酸乙酯	－84	正戊烷	－130
甲苯	－95	异戊烷	－160

注:配制方法:将液氮缓慢注入盛有有机溶剂的杜瓦瓶中,并不断搅拌以避免加入的液氮的溶剂表面结壳,而导致杜瓦瓶胆的破裂。

2.8.2 相变致冷浴

这种低温浴可以恒定温度，如 CS_2 可达－111.53℃，这个温度是标准气压下二硫化碳的固液平衡点。经常用的固定相变冷浴见表2-8-3。

表2-8-3 一些常用的低温浴的相变温度

低温浴	温度/℃	低温浴	温度/℃
冰＋水	0	甲苯	－95
CCl_4	－22.8	CS_2	－111.53
液氨	－33.35	甲基环己烷	－126.3
氯苯	－45.6	正戊烷	－130
三氯甲烷	－63.5	异戊烷	－160
干冰	－78.5	液氧	－183
乙酸乙酯	－83.6	液氮	－195.8

除此之外液氨也是经常用的一种冷浴，它的正常沸点是－33.35℃，一般说来它的温度远低于它的沸点，用到－45℃时没有问题。需要注意的是它必须在一个具有良好通风设备的房间或装置下使用。

2.9 原料的粉碎与混合

2.9.1 固体原料的粉碎与混合

固体原料的粉碎与混合通常是采用球磨、振磨、气流磨、砂磨等粉碎机械。不论采用哪种手段，都必须考虑其粉碎效率和混杂情况等问题。所谓粉碎效率高，是指粉碎达到某一细度时，所耗能量少，时间短。混杂是指在粉碎过程中，碾磨机械中与粉料相接触部分的磨损，并混入粉料中的情况。这种混入的杂质，会影响到原料的纯度。实验室中常用的粉碎与混合手段是球磨和纳米砂磨。

1. 球磨

球磨是通过球磨机来完成的。球磨机是一种内装一定磨球的旋转筒体。筒体旋转带动磨球旋转，靠离心力和摩擦作用，将磨球带至一定高度，当离心力小于其自身质量时，磨球下落，撞击下部磨球或筒壁。而介于其间的粉料，便受到撞击或碾磨。故磨球和对粉料所做之功，大体可分为两部分：一为磨球相互之间以及磨球与筒体之间的摩擦滚碾；另一为磨球下落时的 mgh（m 为磨球的质量，g 为重力加速度，h 为落差）撞击功。球磨这两种研磨方式工作周期长，耗电量大，效率是比较低的。但其设备简单，混合均匀，粒形较好均是其优点。球磨的细度极限通常是 $1\mu m$，个别情况也可达 $0.1\mu m$。

球磨的方式可分为干磨和湿磨。干磨时球罐内只放磨球和粉料，添加少量增塑剂，使粉料分散，球磨以击碎为主，研磨为辅，故效果不是很好，特别是后期细磨时效果更差。在干磨后期还可能因为粉粒间的相互吸附作用，黏结成块，失去研磨作用。湿磨时球磨罐内除料粉和磨球外，还需加入适当的液体，通常为水、乙醇、丙酮等。通过毛细管及其他分子间力的作用，液体将深入粉料中所有可能渗入的缝隙，使粉料胀大、变软，这也是湿磨效率较高的主要原因之一。

目前实验室最常用的是行星式球磨机（图 2-9-1），行星式球磨机是一种相对较为高效的粉料研磨设备，能干、湿两用磨细或混合粒度不同、材料各异的固体颗粒、悬浮液和糊膏。行星式球磨机是在一个大盘上装有四只小球磨罐，当大盘旋转时（公转）带动球磨罐绕自己的转轴旋转（自转），从而形成行星运动。公转与自转的传动比为 1∶2。罐内磨球和磨料在公转与自转两个离心力的作用下互相碰撞、粉碎、研磨及混合粉料。图 2-9-2 是行星式球磨机运转状态简图。

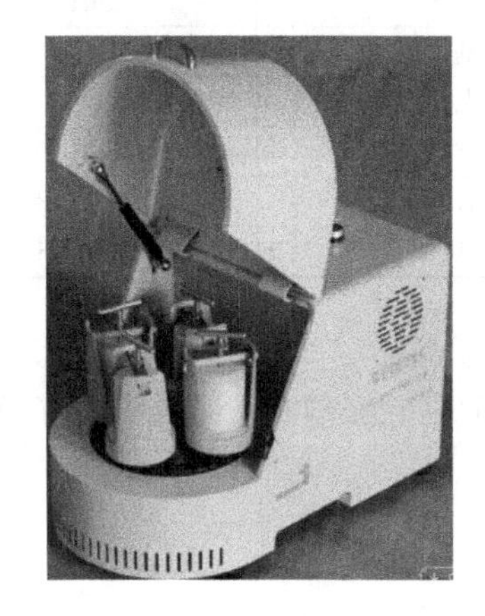

图 2-9-1　行星式球磨机

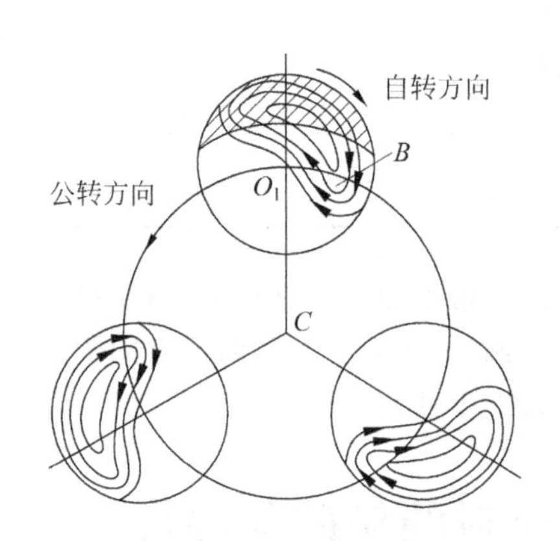

图 2-9-2　行星式球磨机运转状态简图

使用时要注意：①装料不超过罐容积的 3/4。②球磨罐装入球磨机拉马套内必须对称安装，可同时装四个球磨罐，也可对称安装两个，不允许只装一个或三个。③安装完毕，罩上保护罩，安全开关被接通后球磨机才可能正常运行。④安装时先拧紧 V 型螺栓，然后拧紧锁紧螺母。拆卸时先松开锁紧螺母，再松开 V 型螺栓。⑤球磨完毕，待冷却后，再拆卸，以免磨粉被高压喷出。

2. 纳米砂磨

纳米砂磨机适用于各种黏度产品的分散及纳米级物料的研磨。主要用于纳米材料、油漆及印刷油墨、高质量汽车漆、颜料和染料、纳米级研磨和制药等行业，通常加工细度可达到 100nm 以下。

纳米砂磨机是利用料泵将经过搅拌机预分散润湿处理后的固-液相混合物料输入筒体内，物料和筒体内的研磨介质一起被高速旋转的分散器搅动，然后使物料中的固体微粒和研磨介质相互间发生更加强烈的碰撞、摩擦、剪切作用，以达到加快磨细微粒和分散聚集体的目的。研磨分散后的物料经过动态分离器分离研磨介质，从出料管流出。卧式纳米砂磨机（图 2-9-3）特别适合分散研磨黏度高而粒度要求细的物料。

图 2-9-3　卧式纳米砂磨机

1. 分散原理

主电动机通过三角皮带带动分散轴做高速运动，分散轴上的分散盘带动研磨介质运动而产生摩擦和剪切力使物料得以研磨和分散。该设备由于采用了机械密封使之达到全密闭，从而消除了生产中溶剂挥发损失，减轻了环境污染。另外，由于防止了空气进入工作筒体，避免了物料在生产过程中可能形成的干固结皮。

2. 特色

研磨腔所有配置单元——研磨缸、涣散盘、衬套、压盖、前后盖封板、出料筛圈等全部由钇稳定氧化锆组成，高耐磨，稳定性好，无污染。研磨盘有较高的线速度，最高达 26m/s，配置较小的研磨微珠，最小为 0.2mm，高效的研磨使得物料能够达到纳米的细度。采用筛圈的分离作用，使物料和介质在研磨筒的尾端发生分离后出料。

3. 注意事项

(1) 使用前物料要充分分散和混合。

(2) 使用中注意不要将异物落入物料杯。

(3) 变频器周围不要有其他物体遮盖，保持变频器良好的通风散热。

(4) 注意不要有液体溅入变频器内部，以防发生意外。

2.9.2　液体原料的混合

1. 磁力搅拌器及其使用

磁力搅拌器是实验室理想的液体搅拌设备(图 2-9-4)。磁力搅拌器适用于搅拌或加热搅拌同时进行，适用于黏度不是很大的液体或者固-液混合物。利用了磁场和漩涡的原理将液体放入容器中后，将搅拌子同时放入液体，当底座产生磁场后，带动搅拌子成圆周循环运动从而达到搅拌液体的目的。其工作原理利用磁性物质同性相斥的特性，通过不断变换基座的两端的极性来推动磁性搅拌子转动，通过磁性搅拌子的转动带动样本旋转，使样本均匀混合。

图 2-9-4　磁力搅拌器

使用注意事项：

(1) 电源插座应采用三孔安全插座，必须妥善接地。

(2) 搅拌开始时，需慢慢旋转调速器，否则会使磁子磁力脱落，不能旋转。不允许高速挡直接起动，以免磁子不同步，引起跳动。

(3) 搅拌时如发现磁子跳动或不搅拌时，应切断电源检查容器底部是否平整，位置是否放正。

(4) 中速运转可连续工作 8h，高速运转可连续工作 4h，工作时防止剧烈震动。

(5) 仪器应保持清洁干燥，严禁溶液流入机内，以免损坏机器，不工作时应切断电源。

2. 电动搅拌器及其使用

电动搅拌器是一种液体混合搅拌的实验设备。运行状态稳定,连续使用性能好。驱动电机通常采用功率大结构紧凑的串激式微型电机,低速运行转矩输出大,运行状态控制采用数控触摸式无级调速器,输出增力机构采用多级非金属齿轮传递增力,转矩成倍增加,搅拌棒可以简便灵活卸装(图 2-9-5)。

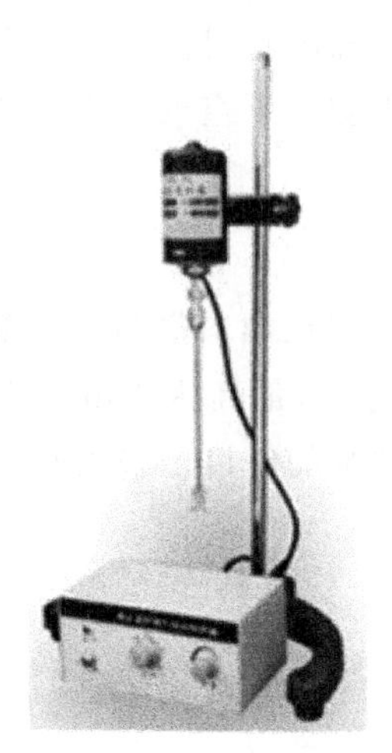
图 2-9-5 电动搅拌器

使用注意事项:

(1) 搅拌器使用时需要接地。

(2) 确保搅拌棒与电机旋钮以及高度定位旋钮旋紧,以防脱落。

(3) 调整搅拌棒至所需搅拌的溶液的高度,搅拌棒应于搅拌容器正中。避免搅拌叶碰到容器。

(4) 搅拌开始时,需慢慢旋转调速器,使搅拌棒从慢到快转动。

(5) 工作时如发现搅拌棒不同心,搅拌不稳的现象,请关闭电源调整支紧夹头,使搅拌棒同心。

2.10 pH 计及其有关技术

酸度计也称 pH 计,是测定溶液 pH 值的常用仪器。主要用来精密测量液体介质的酸碱度值,配上相应的离子,选择电极,也可测量离子电极电位离子电极电位值。pH 计的结构包括复合电极和电流计,复合电极也就是我们所说的玻璃电极和参比电极,玻璃电极的功能是对溶液内的氢离子敏感,以氢离子的变化而反映出电位差。参比电极的作用是提供恒定的电位,作为偏离电位的参照。在 pH 计的部件中,电流计是用于测量整体电位的,它能在电阻极大的电路中捕捉到微小的电位变化,并将这个变化通过电表表现出来。为了方便读数,pH 计都有显示功能,就是将电流计的输出信号转换成 pH 读数。

1. 工作原理

pH 计是以电位测定法来测量溶液 pH 值的,因此 pH 计的工作方式,除了能测量溶液的 pH 值以外,还可以测量电池的电动势。pH 是指物质中氢离子的活度,pH 值则是氢离子浓度的对数的负数。pH 计的主要测量部件是玻璃电极和参比电极,玻璃电极对 pH 敏感,而参比电极的电位稳定。将 pH 计的这两个电极一起放入同一溶液中,就构成了一个原电池,而这个原电池的电位,就是这玻璃电极和参比电极电位的代数和。在温度保持稳定的情况下,溶液和电极所组成的原电池的电位变化,只和玻璃电极的电位有关,而玻璃电极的电位取决于待测溶液的 pH 值,因此通过对电位的变化测量,就可以得出溶液的 pH 值。

目前实验室使用的电极都是复合电极,其优点是使用方便,不受氧化性或还原性物质的影响,且平衡速度较快。如 818 型酸度计,见图 2-10-1。

2. 电极准备

(1) 拔掉电极上的运输保护盖。

(2) 用蒸馏水冲洗电极以清除沉积盐。

(3) 新电极或久置不用的电极在使用前，必须在蒸馏水中浸泡数小时，使电极不对称电位降低达到稳定，降低电极内阻。

(4) 甩动电极以排除气泡。

(5) 将电极浸泡于 3mol/L 氯化钾溶液 2h 以活化电极。

(6) 将电极与测试仪连接。

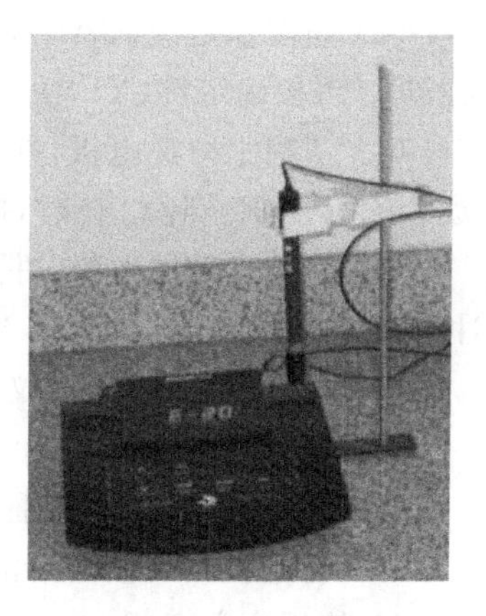

图 2-10-1　818 型酸度计

3. 标定及测量

因为 pH 测量是一种相对测量，它仅仅指示标准溶液与未知溶液之间的 pH 差别，测量时需要用标准缓冲溶液进行校准。尽管 pH 计种类很多，但其校准方法均采用两点校准法，即选择两种标准缓冲液：一种是 pH6.86 标准缓冲液，第二种是 pH9.18 标准缓冲液或 pH4.00 标准缓冲液。先用 pH6.86 标准缓冲液对电计进行定位，再根据待测溶液的酸碱性选择第二种标准缓冲液。如果待测溶液呈酸性，则选用 pH4.00 标准缓冲液；如果待测溶液呈碱性，则选用 pH9.18 标准缓冲液。

在校准前应特别注意待测溶液的温度。以便正确选择标准缓冲液，并调节电计面板上的温度补偿旋钮，使其与待测溶液的温度一致。不同的温度下，标准缓冲溶液的 pH 值是不一样的。校准后，对使用频繁的 pH 计一般在 48h 内仪器不需再次定标。

1) 仪器需要重新标定的情况

(1) 溶液温度与定标温度有较大的差异；

(2) 电极在空气中暴露过久，如 30min 以上；

(3) 定位或斜率调节器被误动；

(4) 测量过酸(pH<2)或过碱(pH>12)的溶液后。

2) 校准注意事项

(1) 标准缓冲溶液温度尽量与被测溶液温度接近。

(2) 定位标准缓冲溶液应尽量接近被测溶液的 pH 值。或两点标定时，应尽量使被测溶液的 pH 值在两个标准缓冲溶液的区间内。

(3) 校准后，应将浸入标准缓冲溶液的电极用水特别冲洗，因为缓冲溶液的缓冲作用，带入被测溶液后，会造成测量误差。

(4) 记录被测溶液的 pH 值时应同时记录被测溶液的温度值，因为离开温度值，pH 值几乎毫无意义。尽管大多数 pH 计都具有温度补偿功能，但仅仅是补偿电极的响应而已，也就是说只是半补偿，而没有同时对被测溶液进行温度补偿。

3) 双缓冲溶液校准

接通电源后需对主机预热 10min，以保证仪器处于最佳工作状态。

(1) 根据被测溶液的酸碱性，选择两点缓冲溶液值进行标定。第一点缓冲溶液的 pH 值应为 6.86，第二点缓冲溶液的 pH 值需与被测溶液的酸碱性一致，即选择 pH4.00 或 pH9.18 的缓冲溶液。

(2) 先按标定键(CAL),然后按确定键(YES),通过滚动键(^^)选择两点缓冲溶液(4-7或7-9),再按确定键(YES)。

(3) 蒸馏水冲洗电极,并用滤纸擦干,然后将电极置于pH6.86的缓冲溶液,搅动一下缓冲溶液,当Ready灯亮时,按确定键(YES)表示第一点已标定。

(4) 蒸馏水冲洗电极,并用滤纸擦干,然后将电极置于pH4.00或pH9.18的第二点缓冲溶液,搅动一下缓冲溶液,当Ready灯亮时,按确定键(YES)表示第二点已标定。

(5) 两点标定结束后,仪器进入斜率方式,并显示斜率值。

4) pH值的测量

(1) 标定结束后,用蒸馏水冲洗电极。

(2) 将电极放入被测溶液,并轻微搅动一下,当Ready灯亮时,记录pH值。

5) 使用注意事项

(1) 短期内不用时,可将电极充分浸泡在蒸馏水或3mol/L氯化钾溶液中。但若长期不用,应将其干放,切忌用洗涤液或其他吸水性试剂浸洗。

(2) 使用前,检查玻璃电极前端的球泡。正常情况下,电极应该透明而无裂纹;球泡内要充满溶液,不能有气泡存在。

(3) 测量浓度较大的溶液时,尽量缩短测量时间,用后仔细清洗,防止被测液黏附在电极上而污染电极。

(4) 清洗电极后,不要用滤纸擦拭玻璃薄膜,而应用滤纸吸干,避免损坏玻璃薄膜、防止交叉污染,以至于影响测量精度。

(5) 测量中注意电极的银-氯化银内参比电极应浸入到球泡内氯化物缓冲溶液中,避免电计显示部分出现数字乱跳现象。使用时,注意将电极轻轻甩几下。

(6) 电极不能用于强酸、强碱或其他腐蚀性溶液。

(7) 严禁在脱水性介质如无水乙醇中测量。

(8) 玻璃电极插座应保持干燥、清洁,严禁接触酸雾、盐雾等有害气体,严禁沾上水溶液,保证仪器的高输入阻抗。

(9) 不进行测量时,应将输入短路,以免损坏仪器。

2.11 电子天平及使用

电子天平用于称量物体质量,一般采用应变式传感器、电容式传感器、电磁平衡式传感器。应变式传感器,结构简单、造价低,但精度有限。电容式传感器称量速度快,性价比较高,但也不能达到很高精度。电磁平衡式传感器称量准确可靠、显示快速清晰并且具有自动检测系统、简便的自动校准装置以及超载保护等装置(图2-11-1)。

图2-11-1 电子天平

1. 电子天平的分类(按精度分)

(1) 超微量电子天平:超微量电子天平的最大称量是2~5g,其标尺分度值小于(最大)称量的10^{-6},如Mettler的UMT2型电子天平等属于超微量电子天平。

(2) 微量天平:微量天平的称量一般在3~50g,其分度值小于(最大)称量的 10^{-5},如 Mettler 的 AT21 型电子天平以及 Sartoruis 的 S4 型电子天平。

(3) 半微量天平：半微量天平的称量一般为 20～100g,其分度值小于(最大)称量的 10^{-5},如 Mettler 的 AE50 型电子天平和 Sartoruis 的 M25D 型电子天平等均属于此类。

(4) 常量电子天平：此种天平的最大称量一般为 100～200g,其分度值小于(最大)称量的 10^{-5},如 Mettler 的 AE200 型电子天平和 Sartoruis 的 A120S、A200S 型电子天平均属于常量电子天平。

(5) 分析天平：其实电子分析天平是常量天平、半微量天平、微量天平和超微量天平的总称。

(6) 精密电子天平：这类电子天平是准确度级别为Ⅱ级的电子天平的统称。

2. 电子天平的使用

(1) 调水平：天平开机前,应观察天平后部水平仪内的水泡是否位于圆环的中央,否则通过天平的地脚螺栓调节,左旋升高,右旋下降。

(2) 预热：天平在初次接通电源或长时间断电后开机时,至少需要 30min 的预热时间。因此,实验室电子天平在通常情况下,不要经常切断电源。

(3) 称量：按下 ON/OFF 键,接通显示器；等待仪器自检。当显示器显示零时,自检过程结束,天平可进行称量；放置称量纸,按显示屏两侧的 Tare 键去皮,待显示器显示零时,在称量纸加所要称量的试剂称量。称量完毕,按 ON/OFF 键,关断显示器。

3. 使用注意事项

(1) 称量前应检查天平是否正常,是否处于水平位置,玻璃框内外是否清洁。

(2) 称量物不能超过天平负载,不能称量热的物体。有腐蚀性或吸湿性物体必须放在密闭容器中称量。

(3) 同一化学试验中的所有称量,应自始至终使用同一架天平,使用不同天平会造成误差。

(4) 每架天平都配有固定的砝码,不能错用其他天平的砝码。应保持砝码清洁干燥。砝码应用镊子夹取,不能用手拿,用完应放回砝码盒内。

(5) 天平在安装时已经过严格校准,故不可轻易移动天平,否则校准工作需重新进行。

(6) 称量完毕,应检查天平梁是否托起,砝码是否已归位,指数盘是否转到“0”,电源是否切断,边门是否关好。最后罩好天平,填写使用记录。

(7) 严禁不使用称量纸直接称量！每次称量后,须清洁天平,必要时用软毛刷或绸布抹净或用无水乙醇擦净,避免对天平造成污染而影响称量精度。

(8) 天平内应放置干燥剂。称量不得超过天平的最大载荷量。

参考文献

[1] 王昕,田进涛.先进陶瓷制备工艺[M].北京：化学工业出版社,2009.

[2] 夏玉宇.化验员实用手册[M].北京：化学工业出版社,2001.

[3] 谢雄.压滤机控制系统和过滤机构的研究[D].呼和浩特：内蒙古工业大学,2007.

[4] 华中师范大学,东北师范大学,陕西师范大学,等.分析化学实验[M].4版.北京：高等教育出版社,2015.

[5] 谢淑红.中温固体氧化物燃料电池的制备工艺[D].武汉：华中科技大学，2004.
[6] 陈华.酸度计结构及其使用[J].西藏科技，2011(9)：55-56.
[7] 武汉大学化学与分子科学学院实验中心.无机化学实验[M].2版.武汉：武汉大学出版社，2012.
[8] 北京师范大学.无机化学实验[M].3版.北京：高等教育出版社，2006.
[9] 张岚.化学分析技能操作[M].厦门：厦门大学出版社，2015.
[10] 季红梅.水热/溶剂热法合成纳米材料的研究[D].南京：南京航空航天大学，2006.
[11] 张小康.化学分析基本操作[M].北京：化学工业出版社，2006.
[12] 王志坤.基础化学实验[M].北京：中国水利水电出版社，2010.
[13] 马晓宇.分析化学基本操作[M].北京：科学出版社，2011.
[14] 大连理工大学无机化学教研室.无机化学实验[M].2版.北京：高等教育出版社，2004.
[15] 武汉大学化学与分子科学学院实验中心.无机化学实验[M].2版.武汉：武汉大学出版社，2012.

第3章

材料结构性能测试与表征

本章涉及新型无机非金属材料微观结构及各种物理性能的基本表征测试技术，包括新型无机非金属材料粉体的基本表征，一般的电磁性能、力学性能和热性能的测试以及现代分析技术等。在完成粉体合成或材料制备实验后，进行结构性能测试表征时将用到上述技术。

3.1 粉体表征

3.1.1 粒度分析与测定

材料颗粒粒度分布特性测试，是粉体材料研究的重要分析实验手段之一，是在无机非金属领域中表征粉体颗粒特性的重要物理参数。

1. 粒度测试的基本知识

1）晶粒

晶粒指的是同一种晶体结构的最小单元，指物体在本质结构不发生改变的情况下，分散或细化而得到的固态基本颗粒。这种基本颗粒，一般是指没有堆积、絮联等结构的最小单元，即一次颗粒（一次粒径）。

2）颗粒

颗粒是组成粉体的基本单元，可能是一个或多个晶粒的团聚体。理论上应该是颗粒尺寸大于等于晶粒尺寸，是很难实现两者相等。即有一次粒径和二次粒径的说法，一次粒径应是指晶粒尺寸，二次粒径应是指颗粒尺寸。在实际应用的粉体原料中，往往都是在一定程度上团聚的颗粒，即所谓的二次颗粒。形成二次颗粒的原因，不外乎以下五种：①分子间的范德华力；②颗粒间的静电引力；③吸附水分的毛细管力；④颗粒间的磁引力；⑤颗粒表面不平滑引起的机械纠缠力。二次颗粒有软团聚和硬团聚之分。前者可以通过外力分散，后者则不可以。通常认为：一次颗粒直接与物质的本质联系，而二次颗粒则往往是作为研究和应用工作中的一种对颗粒的物态描述指标。

3）粉体

粉体由颗粒组成，分为单粒度体系和多粒度体系。单粒度体系（单分散体系）：颗粒系统的粒径相等，可以用单一粒径表征。多粒度体系（多分散体系）：颗粒系统的粒径不等，不可以用单一粒径进行表征，必须用粒径分布对其表征。实际的粉体大都为多粒度体系，是由大量的不同尺寸的颗粒组成的颗粒群。

4）粒度分布

粉体颗粒的大小叫作颗粒的粒度。粒度分布是指用特定的仪器和方法反映出的不同粒径颗粒占粉体总量的百分数。有区间分布和累计分布两种形式。区间分布又称微分分布或频率分布，它表示各粒径相对应的颗粒百分含量。累计分布也叫积分分布，它表示小于或大于某粒径相对应的颗粒占全部颗粒的百分含量。

5）粒度分布的表示方法

（1）表格法：用表格的方法将粒径区间分布、累计分布一一列出的方法。

（2）图形法：在直角坐标系中用直方图和曲线等形式表示粒度分布的方法。

（3）函数法：用数学函数表示粒度分布的方法。这种方法一般在理论研究时用。如著名的 Rosin-Rammler 分布就是函数分布。

6）粒径和等效粒径

粒径就是颗粒直径。众所周知，只有圆球体才有直径，其他形状的几何体是没有直径的，而组成粉体的颗粒又绝大多数不是圆球形的，而是各种各样不规则形状的，有片状的、针状的、多棱状的等。这些复杂形状的颗粒从理论上讲是不能直接用直径这个概念来表示它的大小的。而在实际工作中直径是描述一个颗粒大小的最直观、最简单的一个量，因此，在粒度测试的实践中引入了等效粒径这个概念。

等效粒径是指当一个颗粒的某一物理特性与同质的球形颗粒相同或相近时，就用该球形颗粒的直径来代表这个实际颗粒的直径。这个球形颗粒的粒径就是该实际颗粒的等效粒径。等效粒径具体有如下几种：

（1）等效体积径：与实际颗粒体积相同的球的直径。一般认为激光法所测的直径为等效体积径。

（2）等效沉速径：在相同条件下与实际颗粒沉降速度相同的球的直径。沉降法所测的粒径为等效沉速径，又叫 Stokes 径。

（3）等效电阻径：在相同条件下与实际颗粒产生相同电阻效果的球形颗粒的直径。库尔特法所测的粒径为等效电阻径。

（4）等效投影面积径：与实际颗粒投影面积相同的球形颗粒的直径。镜向法和图像法所测的粒径大多是等效投影面积直径。

7）表示粒度特性的几个关键指标

（1）$D50$：也叫中位径或中值粒径，这是一个表示粒度大小的典型值，该值准确地将总体划分为二等份，也就是说有 50％的颗粒超过此值，有 50％的颗粒低于此值。如果一个样品的 $D50=5\mu m$，说明在组成该样品的所有粒径的颗粒中，大于 $5\mu m$ 的颗粒占 50％，小于 $5\mu m$ 的颗粒也占 50％。

（2）$D97$：一个样品的累计粒度分布数达到 97％时所对应的粒径。它的物理意义是粒径小于它的颗粒占97%。D97常用来表示粉体粗端的粒度指标。其他如D25、D75、D90等参数的定义与物理意义与D97相似。

(3) 平均粒径：表示颗粒平均大小的数据。有很多不同的平均粒径的算法，根据不同的仪器所测量的粒度分布，平均粒径分为体积平均径、面积平均径、长度平均径、数量平均径等。D[4,3]是体积或质量动量平均值；D[V,0.5]是体积中值直径，有时表示为D50或D0.5；D[3,2]是表面积动量平均值。

(4) 最频粒径：是频率分布曲线的最高点对应的粒径值。如果是正态分布(高斯分布)，则平均值、中值和最频值将恰好处在同一位置。但是，如果这种分布是双峰分布，则平均直径几乎恰恰在这两个峰的中间。实际上并不存在具有该粒度的颗粒。中值直径将位于偏向两个分布中的较高的那个分布1%，因为这是把分布精确地分成二等份的点。最频值将位于最高曲线顶部对应的粒径。由此可见，平均值、中值和最频值有时是相同的，有时是不同的，这取决于样品的粒度分布的形态。

(5) 比表面积：单位质量的颗粒的表面积之和。比表面积的单位为m^2/kg或cm^2/g。比表面积与粒度有一定的关系，粒度越细，比表面积越大，但这种关系并不一定是正比关系。

8) 粒度测试的重复性

同一个样品多次测量结果之间的偏差。重复性指标是衡量一个粒度测试仪器和方法好坏的最重要的指标。它的计算方法是

$$\sigma=\sqrt{\frac{\sum(x_i-x)^2}{n-1}} \tag{3-1-1}$$

式中，n为测量次数(一般$n\geqslant 10$)；x_i为每次测试结果的典型值(一般为D50值)；x为多次测试结果典型值的平均值；σ为标准差。

重复性和重现性的相对误差δ为

$$\delta=\frac{\sigma}{x}100\% \tag{3-1-2}$$

影响粒度测试重复性有仪器和方法本身的因素、样品制备方面的因素、环境与操作方面的因素等。粒度测试应具有良好的重复性是对仪器和操作人员的基本要求。

9) 粒度测试的真实性

通常的测量仪器都有准确性方面的指标。由于粒度测试的特殊性，通常用真实性来表示准确性方面的含义。由于粒度测试所测得的粒径为等效粒径，对同一个颗粒，不同的等效方法可能会得到不同的等效粒径。

可见，由于测量方法的不同，同一个颗粒得到了两个不同的结果。也就是说，一个不规则形状的颗粒，如果用一个数值来表示它的大小时，这个数值不是唯一的，而是有一系列的数值。而每一种测试方法都是针对颗粒的某一个特定方面进行的，所得到的数值是所有能表示颗粒大小的一系列数值中的一个，所以相同样品用不同的粒度测试方法得到的结果有所不同是客观原因造成的。颗粒的形状越复杂，不同测试方法的结果相差越大。但这并不意味着粒度测试结果可以漫无边际，而恰恰应具有一定的真实性，就是应比较真实地反映样品的实际粒度分布。真实性目前还没有严格的标准，是一个定性的概念。但有些现象可以作为测试结果真实性好坏的依据。比如仪器对标准样的测量结果应在标称值允许的误差范围内；经粉碎后的样品应比粉碎前更细；经分级后的样品的大颗粒含量应减少；结果与行

业标准或公认的方法一致等。

2. 粒度测试的基本方法

粒度测试的方法很多，据统计有上百种。目前常用的有沉降法、筛分法、电阻法、显微图像法和激光法五种。

1）沉降法

沉降法是根据不同粒径的颗粒在液体中的沉降速度不同测量粒度分布的一种方法。它的基本过程是把样品放到某种液体中制成一定浓度的悬浮液，悬浮液中的颗粒在重力或离心力作用下将发生沉降。不同粒径颗粒的沉降速度是不同的，大颗粒的沉降速度较快，小颗粒的沉降速度较慢。

2）筛分法

筛分法是一种最传统的粒度测试方法。它是使颗粒通过不同尺寸的筛孔来测试粒度的。筛分法分干筛和湿筛两种形式，可以用单个筛子来控制单一粒径颗粒的通过率，也可以用多个筛子叠加起来同时测量多个粒径颗粒的通过率，并计算出百分数。筛分法有手工筛、振动筛、负压筛和全自动筛等多种方式。颗粒能否通过筛与颗粒的取向和筛分时间等因素有关，不同的行业有各自的筛分方法标准。

3）电阻法

电阻法又叫库尔特法，是由美国一个叫库尔特的人发明的一种粒度测试方法。这种方法是根据颗粒在通过一个小微孔的瞬间，占据了小微孔中的部分空间而排开了小微孔中的导电液体，使小微孔两端的电阻发生变化的原理测试粒度分布的。小孔两端的电阻的大小与颗粒的体积成正比。当不同大小的粒径颗粒连续通过小微孔时，小微孔的两端将连续产生不同大小的电阻信号，通过计算机对这些电阻信号进行处理就可以得到粒度分布了。用库尔特法进行粒度测试所用的介质通常是导电性能较好的生理盐水。

4）显微图像法

显微图像法包括显微镜、CCD摄像头（或数码相机）、图形采集卡、计算机等部分组成。它的基本工作原理是将显微镜放大后的颗粒图像通过CCD摄像头和图形采集卡传输到计算机中，由计算机对这些图像进行边缘识别等处理，计算出每个颗粒的投影面积，根据等效投影面积原理得出每个颗粒的粒径，再统计出所设定的粒径区间的颗粒的数量，就可以得到粒度分布了。除了进行粒度测试之外，显微图像法还常用来观察和测试颗粒的形貌。

5）激光法

激光粒度仪是根据颗粒能使激光产生散射这一物理现象测试粒度分布的。激光粒度仪一般是由激光器、富氏透镜、光电接收器阵列、信号转换与传输系统、样品分散系统、数据处理系统等组成。激光器发出的激光束，经滤波、扩束、准值后变成一束平行光，由于激光具有很好的单色性和极强的方向性，在该平行光束没有照射到颗粒的情况下，该平行光将会照射到无穷远的地方，并且在传播过程中很少有发散的现象，光束经过富氏透镜后将汇聚到焦点上。如图3-1-1所示。

当通过某种特定的方式把颗粒均匀地放置到平行光束中时，激光将发生衍射和散射现象，一部分光将与光轴成一定的角度向外扩散。米氏散射理论证明，大颗粒引发的散射光与光轴之间的散射角小，小颗粒引发的散射光与光轴之间的散射角大。这些不同角度的散射光通过富氏透镜后汇聚到焦平面上将形成半径不同、明暗交替的光环，光环中包含着丰富粒

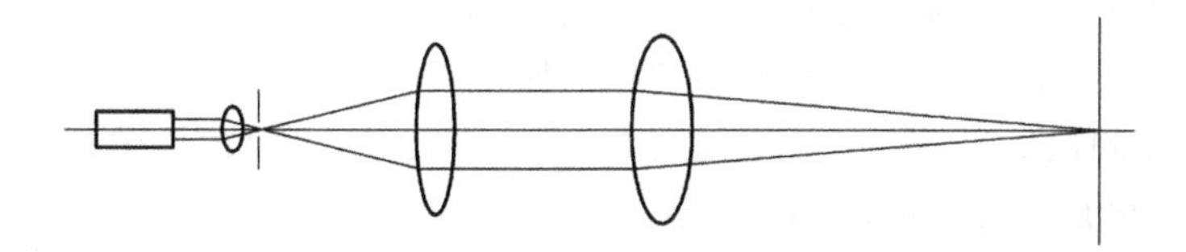

图 3-1-1　激光束无阻碍状态传播示意图

度信息，半径大的光环对应着较小的粒径；半径小的光环对应着较大的粒径；不同半径的光环光的强弱，包含该粒径颗粒的数量信息。这样在焦平面的不同半径上安装一系列光电接收器，将光信号转换成电信号并传输到计算机中，再用专用软件进行分析和识别这些信号，就可以得出粒度分布，激光粒度仪工作原理如图 3-1-2 所示。

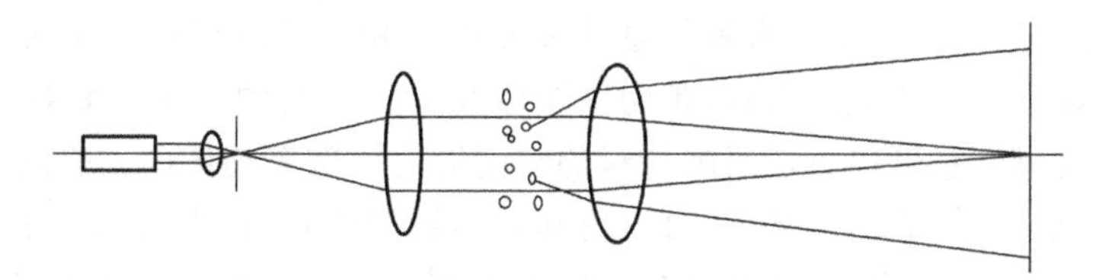

图 3-1-2　激光粒度仪原理示意图

激光粒度仪作为一种新型的粒度测试仪器，具有测量速度快、动态范围大、操作简便、重复性好等优点，在粉体加工与应用领域得到广泛的应用。目前分析新型无机非金属材料粉体颗粒度最常使用的是激光粒度仪。

3. 实验仪器及测试步骤

1) 实验仪器

实验仪器为 JL-1177 型激光粒度分布测量仪。

2) 测试步骤

(1) 打开仪器和电脑电源，开电源前先检查电源是否正常，接地是否良好。

(2) 为保证测试的准确性，仪器一般预热 20～30min 再进行测试。

(3) 打开自动进水开关阀门；运行电脑桌面快捷文件“JL-1177”。

(4) 单击“仪器调零”，出现两种情况：①显示“请按空白测试”，表示仪器可以通信，状态正常；②显示“仪器调零请等待”，字没有变化，表示仪器与电脑之间没有通信，此时请单击“系统设置-系统设置”，弹出“选择串口号数”对话框，如果串口数为“1”，请修改为“当前连接的串口数”，仪器就可以通信了。

(5) 单击“半自动清洗”，继续单击“循环泵”和“进水”。待样品分散池内无气泡排出，单击“空白测试”，出现“状态正常请加粉测试”。

(6) 此时，单击“加粉准备”，在样品池中加入适量粉末(0.1～0.5g，不同粗细粉体加入量不尽相同，但都应保证其相对加入量在 50％～85％之间)和 1～2 滴分散剂。

(7) 电脑自动完成显示第一次测试数据，可以反复单击“测试”3～5 次，待数据稳定后，单击“全自动清洗”。

(8) 测试完毕要及时单击“全自动清洗”，仪器自动进行清洗。(注：如果使用半自动测试，测试完毕后，同样单击“全自动清洗”，待样品分散池内完全排完水后及时注入清水至

2/3 水位，此动作为人工替代进水阀动作，直至清洗完毕。）

（9）要查询测试结果，单击“结果显示”栏选择。

（10）要打印测试结果，单击“结果显示”，弹出结果保存窗口，取消后弹出是否改变结果，单击“否”，弹出是否打印窗口，单击“是，打印”。

（11）清洗次数可以自行设定：单击“系统测试”中的“清洗参数设置”即可设置清洗参数（清洗次数一般为 3 次，有些粉体不易清洗可多设置清洗次数）。

（12）测试结束时，应先关闭仪器电源，再关闭计算机电源。

3.1.2 比表面分析与测定

比表面积是指每克物质中所有颗粒总外表面积之和，国际单位是 m^2/g，是表征粉体材料性能、揭示团聚行为等的重要参数，是陶瓷粉体及多孔材料的一个重要物性参数，对于吸附或催化用多孔材料，它可以直接反映材料的吸附能力。陶瓷粉体的比表面积越大，就意味着其当量粒径越小，粉体的活性越大，可以使其烧结温度降低，但是太细的粉末同时也给成型带来不利影响。通过比表面积的测定，可以求出粉体的当量粒径。因此比表面积的测定是了解粉体性质的途径之一，是粉体制备、表征及应用需经常测定的参数之一。

测定比表面积的方法繁多，如邓锡克隆发射法（Densichron examination）；溴化十六烷基三甲基铵吸附法（CTAB）；电子显微镜测定法（electronic microscopic examination）；着色强度法（tint strength）；氮吸附测定法（nitrogen surface area）等。各种方法均在一定范围内得到充分的应用。但是，不同的方法有着不同的技术优势和局限性，用不同方法测得的比表面积数据也往往有所差异，通过对各种方法的比较，认为氮吸附测定法是最可靠、最有效、最经典的方法。

基于气体吸附等温线测定比表面积的方法是通过试验测定不同平衡压力条件下矿物材料对气体的吸附量获得吸附等温线，然后选择合适的吸附理论（如 Langmuir 吸附模型和 BET 吸附模型等），建立标准状态下的饱和吸附量 V_m（m^3/g，STP）与吸附剂的比表面积 S（m^2/g）间的定量关系，进而根据吸附等温线数据准确计算吸附剂的比表面积。该方法能从分子尺度上揭示矿物材料的比表面积，具有精确度高、重复性好的特点，美国 ASTM、国际 ISO 均已将其列入测试标准（D3037 和 ISO—4650），我国也把该方法列为国家标准（GB—10517），2003 年又列入了纳米粉体材料的检测标准。

氮吸附比表面仪是在气相色谱原理的基础上发展而成的。它是以氮气为吸附质，以氦气或氢气为载气，两种气体按一定比例混合，使达到指定的相对压力，然后流过粉体材料样品。当样品管放入液氮（−196℃）保温杯时，粉体材料对混合气中的氮气发生物理吸附，而载气不被吸附。这时在色谱工作站（气体传感器系统）出现一个吸附峰。当将液氮杯移走时粉体样品重新回到室温，被吸附的氮气就脱附出来，在工作站上即出现与吸附峰相反的脱附峰。吸附峰或脱附峰的面积大小正比于样品表面吸附的氮气的多少，也可认为是正比于粉体样品的表面积。取一个标样，比如已知比表面积的粉体材料，或已知容积的纯氮气，在工作站中得到一个标样峰，通过标准峰与待测样品脱附峰面积的对比，即可以最终获得比表面积。

目前主要使用基于 BET 等温吸附方程式，用 N_2 吸附法来测定。

1. 原理及计算方法

对多孔固体物质比表面积的测定，是通过测出在低温下多孔固体所吸附氮气的体积，然后再根据 BET 方程计算氮气按单分子层覆盖多孔固体表面时的体积而进行换算。已知在标准状态下每毫升氮气以单分子层排列时其覆盖面积为 4.356m^2，由此可求出固体表面积大小。BET 理论计算是建立在 Brunauer、Emmett 和 Teller 三人从经典统计理论推导出的多分子层吸附公式基础上，即著名的 BET 方程：

$$\frac{P_f}{V_{ads}(P_0 - P_f)} = \frac{1}{CV_m} + \frac{C-1}{CV_m} \cdot \frac{P_f}{P_0} \tag{3-1-3}$$

式中，P_f 为平衡压力或最终压力；P_0 为饱和压力；V_m 为标准状态下按单分子层覆盖表面的气体体积；V_{ads} 为标准状态下被吸附的气体体积；C 为常数。

用常量法测定 V_{ads} 是基于测出在充满一定压力氮气的仪器容积内，试样被降至低温时吸附定量氮气后，所引起的压力变化。这样就应知道仪器的容积 V，包括管路部分的容积 V_1、样品管容积 V_2 和定容量气管容积 V_3，即

$$V = V_1 + V_2 + V_3 \tag{3-1-4}$$

在测定过程中，根据需要可置换不同容积的定容量气管，其容积均能用水或水银等直接标定求得。

通常是氦气来测定仪器的 V_1 和 V_2，但因为氦气不易得到而又很贵，所以改用氮气来测定。当温度为常数 T_0、压力为 P 时，仪器体系中氮气量可用理想气体状态方程来计算，即

$$n = \frac{PV}{RT_0} = P(V_1 + V_2 + V_3)/RT_0 \tag{3-1-5}$$

当样品管浸入液氮冷阱后，仪器体积压力由 P 降至 P_f，样品管内温度由 T_0 降至液氮温度 T_b。由于在温度 T_b 时，氮气与氦气不同，它不遵守理想气体状态方程，需要加以较正。

$$n = P_f V/ZRT_b \tag{3-1-6}$$

式中，Z 为校正因子，对氮气，$Z=1-0.05P_f/P_s$；P_s 为标准大气压。

同时，在低温 T_b 下，样品管内表面也要吸附少量的氮气，其量为 n_1，所以

$$n = \frac{P_f(V_1 + V_3)}{RT_0} + \frac{P_f V_2}{ZRT_b} + n_1 \tag{3-1-7}$$

但由于仪器体系氮的压力远较液氮饱和蒸气压低，故在实验中氮气的冷凝现象可以忽略不计。由式(3-1-5)和式(3-1-7)得

$$\frac{PV}{RT_0} = \frac{P_f(V_1 + V_3)}{RT_0} + \frac{P_f V_2}{ZRT_b} + n_1 \tag{3-1-8}$$

所以

$$P_f\left(\frac{T_0}{ZT_b} - 1\right) = \frac{V}{V_2}(P - P_f) - \frac{n_1 RT_0}{V_2} \tag{3-1-9}$$

当压力在 BET 方程适用的范围内(6.67～33.33kPa)改变时，样品管内表面吸附氮气量 n_1 很小，且可视为常数，因此式(3-1-9)可视为一直线方程。若以测出的 $P_f\left(\frac{T_0}{ZT_b} - 1\right)$ 对 $(P-P_f)$ 作图，则得到一条不通过零点的直线，在纵轴上的截距为 $-\frac{n_1 RT_0}{V_2}$。若只考虑氮气在低温下的非理想性质而不考虑低温下氮气被样品管内表面吸附，即 $n_1=0$，则式(3-1-9)

为一过坐标零点的直线方程，此即一点法 BET 的理论基础。用一点法测 V_{ads} 时，虽较迅速，但误差较大。

吸附体积 V_{ads} 的计算如下：

当样品管装入 W_g，真密度为 d 的试样后，其固定容积为

$$V_2' = V_2 - \frac{W}{d} \tag{3-1-10}$$

此时仪器体系的容积 $V' = V_1 + V_2' + V_3$，将样品管浸入液氮冷阱后，这时样品吸附的氮气量为 n_2，由式(3-1-9)得

$$P_f\left(\frac{T_0}{ZT_b} - 1\right) = \frac{V'}{V_2'}(P - P_f) - \frac{(n_1 + n_2)RT_0}{V_2'} \tag{3-1-11}$$

通常 $n_2 \gg n_1$，所以 $n_2 + n_1 \approx n_2$，因此

$$P_f\left(\frac{T_0}{ZT_b} - 1\right) = \frac{V'}{V_2'}(P - P_f) - \frac{n_2 RT_0}{V_2'} \tag{3-1-12}$$

$$n_2 = \frac{(P - P_f)V'}{RT_0} - \frac{P_f V_2'}{RT_{01}}\left(\frac{T_0}{ZT_b} - 1\right) \tag{3-1-13}$$

在标准状态下，有

$$V_{ads} = \frac{n_2 RT_s}{P_s} \tag{3-1-14}$$

因此

$$V_{ads} = \frac{T_s}{P_s T_0}\left[(P - P_f)V' - P_f V_2'\left(\frac{T_0}{ZT_b} - 1\right)\right] \tag{3-1-15}$$

式中，T_s 和 P_s 分别为标准状态下的温度和压力。

比表面积 S 的计算如下：

与经典容量法 BET 比表面积测定的计算方法相同，测出数个不同吸附压力 P_f 和样品的吸附体积 V_{ads}，然后以 P_f/P_0 为 X 轴，$P_f/V_{ads}(P-P_f)$ 为 Y 轴作图，结合式(3-1-3)的 BET 方程进行线性拟合，所得直线斜率即为式中 $\frac{C-1}{V_m C}$ 的数值，所得直线截距即为式中 $\frac{1}{V_m C}$ 的数值，二者联立求解 C 和 V_m。对同一物质，常数 C 是相同的，比表面积 $S = \frac{V_m \times 4.356}{W}$。

理论和实践表明，当 P/P_0 取点在 0.05～0.35 范围内时，BET 方程与实际吸附过程相吻合，图形线性也很好，因此实际测试过程中选点需在此范围内。如果选取了 3～5 组 P/P_0 进行测定，通常我们称之为多点 BET。当被测样品的吸附能力很强，即 C 值很大时，直线的截距接近于零，可近似认为直线通过原点，此时可只测定一组 P/P_0 数据与原点相连求出比表面积，称之为单点 BET。与多点 BET 相比，单点 BET 结果误差会大一些。

2. 测试步骤

(1) 样品准备：待测样品最好过 80～120 目筛后，在 120℃左右处理 2～4h，以除去吸附水。降至室温后装入干燥的已称量过的样品管中，进行称量，由减差法求出样品重量。称好后的样品管接入测试装置，将磨口连接处密封好。保持样品管有较高初始温度，但以不影响试样的结构为度。

(2) 抽真空：如图 3-1-3 所示，关闭活塞 2、3、4、5，活塞 6 通真空泵，其余活塞连通。将

测试仪器体系中的空气用机械真空泵抽出，应尽快脱除吸附的杂质，再将样品管冷却至室温，并用等离子枪检查真空度是否达到要求。

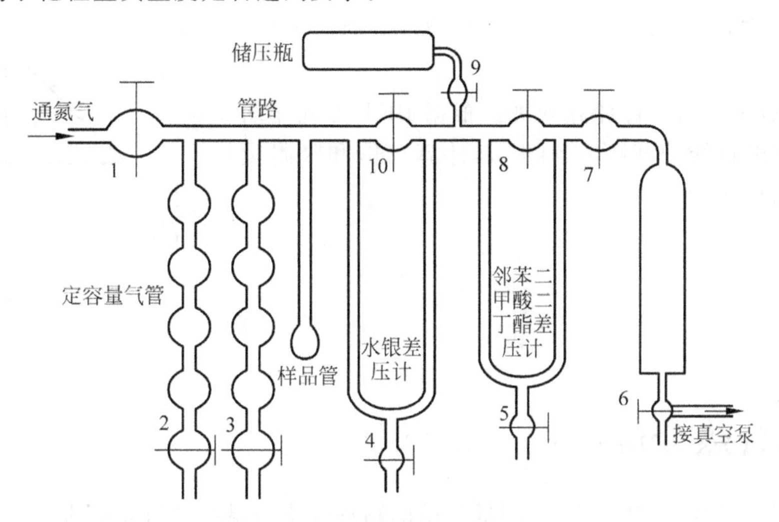

图 3-1-3　比表面积测定系统氮吸附装置示意图

(3) 通氮气：关闭活塞 7 和 8，通入高纯氮气至一定压力，关闭活塞 1，使仪器体系与外界隔绝。

(4) 测初始压力：当体系压力稳定后，读取邻苯二甲酸二丁酯差压计读数。关闭活塞 9，使储压瓶同其他部分切断，则体系初始压力 P 保持在储压瓶中，差压计只有一端同样品管及定容量气管连通。

(5) 冷却样品：将液氮冷阱置于样品管下端，关闭活塞 10，打开活塞 8。加液氮至样品管标线刻度处。待体系压力稳定后，水银差压计读数为系统平衡压力 P_f，则与初始压力的压差为 $P-P_f$。

(6) 撤去液氮冷阱，用暖风吹样品管，使其迅速恢复常温，旋开活塞 9 和 10，关闭活塞 8，而后轻轻旋转活塞 1 补充一定压力的氮气，改变体系的初始压力 P，再按上述步骤操作。初始压力 P 应在 6.67～33.33kPa 范围内依次增高，一般改变数次即可。

3. 数据处理

在温度为 20℃时，水银与邻苯二甲酸二丁酯的密度比为 12.94，$P_0-P_f=\Delta P/12.94$，ΔP 为邻苯二甲酸二丁酯差压计压差。

本仪器已测数据如下。

管道体积(V_1)=6408mL。

样品管体积(V_2)：小的为 1.72mL，质量为 25.9139g；大的为 7.08mL，质量为 39.559 4g。

若样品重为 W(g)，样品密度为 d(g/cm^3)，则 $V_2'=V_2-W/d$ 为装样品后，样品管的剩余体积。另外有：

Ⅰ号定容量气管瓶的体积为 255.68mL；

Ⅱ号定容量气管瓶的体积为 25.903mL；

Ⅲ号定容量气管瓶的体积为 100mL；

Ⅳ号定容量气管瓶的体积为 110.91mL。

液氮饱和蒸气压 $P_0=112.16\text{kPa}$，液氮温度 $T_b=78.23\text{K}$，P_s（标准大气压）$=101.325\text{kPa}$，T_s（绝对温度）$=298.15\text{K}$。

将实验有关数据进行计算处理。根据 BET 方程作图（图 3-1-4）求出直线的截距 b、斜率 a，计算出饱和吸附量 V_m 和比表面积 S，即

$$V_m=\frac{1}{a+b} \tag{3-1-16}$$

$$S=4.356\frac{V_m}{W} \tag{3-1-17}$$

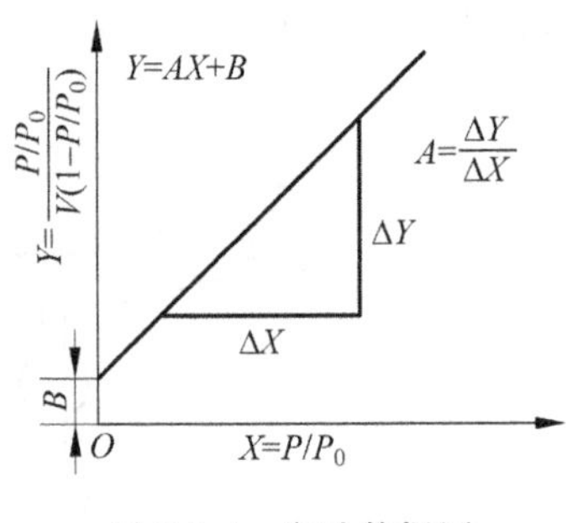

图 3-1-4　实验数据图

3.2　综合热分析

热分析是在程序控制温度下，测量物质的物理性质与温度之间关系的一类技术，即测量物质在加热过程中发生相变或物理化学变化时的质量、温度、能量和尺寸等一系列变化的热谱图，是物理化学分析的基本方法之一。热分析方法的种类是多种多样的，根据国际热分析协会（ICTA）的归纳和分类，目前的热分析方法共分为九类十七种，在这些热分析技术中，热重法（thermogravimetry，TG）、差热分析（differential thermal analysis，DTA）、差示扫描量热法（differential scanning calorimetry，DSC）和热机械分析（thermomechanical analysis，TMA）应用得最为广泛。对同一物质来说，上述几方面的变化可以同时产生，也可能只是产生其中之一二。

3.2.1　差热分析

差热分析是在程序控制温度下，测量物质与参比物之间的温度差与温度关系的一种技术。差热分析曲线描述了样品与参比物之间的温差（ΔT）随温度或时间的变化关系。

物质在加热和冷却过程中，由于内部能量的变化而引起的吸热或放热效应，如发生熔化、凝固、晶型转变、分解、化合、脱水或两种混合物发生固相反应时都会伴随有焓的改变，产生吸热和放热效应。差热分析的目的就是要准确测量发生这些变化时的温度，研究所得的热谱图，达到对物质进行定性或定量分析的目的，掌握物质变化规律。

差热分析是将样品与一种基准物质，例如经过高温煅烧过的物料 α-Al_2O_3 或 MgO 等（这种物质在加热过程中没有任何热效应产生，而比热又和样品基本一致）在相同的条件下进行加热，当样品发生物理或化学变化时，伴随着有热效应的产生，这时，样品与基准物质的温度有一个微小的差别，它们之间的温度差的变化是由于吸热或放热效应引起的。当物质发生相转变、熔化、结晶结构的转变、沸腾、升华、蒸发、脱氢、裂解或分解反应、氧化还原反应、晶格结构的破坏和其他化学反应等都会产生吸热放热。一般来说，相转变、脱氢还原和一些分解反应产生吸热效应；而结晶、氧化和一些分解反应产生放热效应。利用一对反向（即两对热电偶的一组相同极）的热电偶，连接于一台灵敏检流计或自动电位差计上，把这个

微小的变化记录下来得到热谱图形。实验时将样品和基准物质在相同条件下加热，如果样品没有发生变化，样品和基准物质的温度是一致的；若样品发生变化，则伴随产生的热效应会引起样品和基准物质间的温度变化，差热曲线便出现转折，在吸热效应发生时，样品的温度稍低于基准物质的温度，当放热效应发生时，样品的温度稍高于基准物质的温度，当样品反应结束时，两者的温度差经过热的平衡过程，温度趋向一致，温差就消失了，差热曲线即恢复原状。

若以 $\Delta T = T_s - T_r$ 对 t 作图（T_s、T_r 表示试样和参比物的温度），所得曲线为差热曲线（DTA 曲线）。如图 3-2-1 所示，随着温度的升高，试样产生了热效应，与参比物间的温差变大，在 DTA 曲线中表现为峰。曲线开始转折的温度称为开始反应（即开始脱水或开始发生晶型转变或开始化学反应等）的温度，以曲线最高或最低点的温度称为反应终了温度。但应注意，这个温度并不能准确地代表开始反应的温度，而往往总是偏高一些，偏差的程度与开温速度、样品与基准物质的等热情况、炉子保温效果等有关。

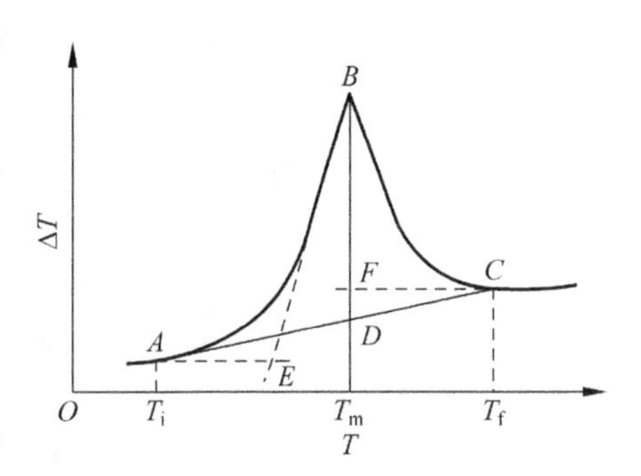

图 3-2-1　差热曲线（DTA 曲线）

从差热图上可清晰地看到差热峰的数目、位置、方向、宽度、高度、对称性以及峰面积等。如图 3-2-1 为一实际的放热峰，反应起始点为 A，温度为 T_i；B 为峰顶，温度为 T_m，主要反应结束于此，但反应全部终止实际是 C，温度为 T_f。BD 为峰高，表示试样与参比物之间最大温差。ABC 所包围的面积称为峰面积。峰的数目表示物质发生物理化学变化的次数；峰的位置表示物质发生变化的转化温度；峰的方向表明体系发生热效应的正负性；峰面积说明热效应的大小：相同条件下，峰面积大的表示热效应也大。在相同的测定条件下，许多物质的热谱图具有特征性：即一定的物质就有一定的差热峰的数目、位置、方向、峰温等，所以，可通过与已知的热谱图的比较来鉴别样品的种类、相变温度、热效应等物理化学性质。

3.2.2　热重分析

物质在加热过程中产生热效应的同时，往往伴随着质量的变化和体积的变化，因此，欲准确判断热效应出现的原因，必须对伴随产生的质量与体积变化加以联系考虑。

热重分析（thermogravimetric analysis，TG 或 TGA）是指在程序控制温度下测量待测样品的质量与温度关系的一种热分析技术，用来研究材料的热稳定性和组分。热重分析在实际的材料分析中经常与其他分析方法连用，进行综合热分析，全面准确分析材料。从质量的变化来估计脱水，有机物的烧失，碳酸盐分解等现象的快慢。这些实验数据对决定升温速率与烧成曲线方面具有重要的参考价值。

热重分析的结果用热重曲线或微商热重曲线表示，如图 3-2-2 所示。在热重实验中，试样质量 W 作为温度 T 的函数被连续地记录下来，TG 曲线表示加热过程中样品失重累积量（如图 3-2-2 粗曲线），为积分型曲线。微商热重（derivative thermogravimetry，DTG）曲线是

TG曲线对温度的一阶导数(如图3-2-2虚线),即质量变化率,dW/dT。DTG能精确反映出起始反应温度、最大反应速率温度和反应终止的温度。能更清楚地区分相继发生的热重变化反应。其曲线峰面积精确地对应着变化了的样品重量。能方便地为反应动力学计算提供反应速率(dW/dt)数据。

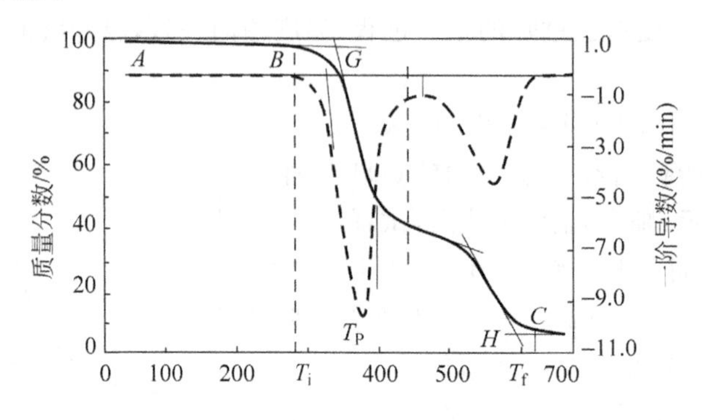

图3-2-2 TG-DTG曲线

热重分析仪主要由天平、炉子、程序控温系统、记录系统等几个部分构成。最常用的测量的原理有两种,即变位法和零位法。所谓变位法,是根据天平梁倾斜度与质量变化成比例的关系,用差动变压器等检知倾斜度,并自动记录。零位法是采用差动变压器法、光学法测定天平梁的倾斜度,然后去调整安装在天平系统和磁场中线圈的电流,使线圈转动恢复天平梁的倾斜,即所谓零位法。由于线圈转动所施加的力与质量变化成比例,这个力又与线圈中的电流成比例,因此只需测量并记录电流的变化,便可得到质量变化的曲线。根据物料在加热过程中质量损失的情况记录下来并对温度绘成曲线。从而可以求知物料在加热过程中的变化情况和物料的组成。

3.2.3 差示扫描量热

差示扫描量热(differential scanning calorimeter,DSC)是在程序控制温度下,测量物质和参比物质之间的功率差与温度关系的一种技术。根据测量方法的不同,又分为功率补偿型DSC和热流型DSC两种类型。常用的功率补偿型DSC是在程序控温下,使测试物和参比物的温度相等,测量每单位时间输给两者的热能功率差与温度的关系的一种方法。

DSC与DTA测定原理不同,DSC是在控制温度变化情况下,以温度(或时间)为横坐标,以样品与参比物间温差为零所需供给的热量为纵坐标所得的扫描曲线,即DSC是保持$\Delta T=0$,测定ΔH-T的关系。而DTA是测量ΔT-T的关系。两者最大的差别是DTA只能定性或半定量,而DSC的结果可用于定量分析。DSC是为了弥补DTA定量性不良的缺陷,在1960年前后应运而生的。

DSC和DTA仪器装置相似,所不同的是在试样和参比物容器下装有两组补偿加热丝,当试样在加热过程中由于热效应与参比物之间出现温差ΔT时,通过差热放大电路和差动热量补偿放大器,使流入补偿电热丝的电流发生变化,当试样吸热时,补偿放大器使试样一边的电流立即增大；反之，当试样放热时则使参比物一边的电流增大，直到两边热量平衡，温差 ΔT 消失为止。换句话说，试样在热反应时发生的热量变化，由于及时输入电功率而得到补偿，所以实际记录的是试样和参比物下面两只电热补偿的热功率之差随时间 t 的变化关系。如果升温速率恒定，记录的也就是热功率之差随温度 T 的变化关系。

差示扫描量热仪测定时记录的结果称之为 DSC 曲线，参见图 3-2-3，其纵坐标是试样与参比物的功率差 $\mathrm{d}H/\mathrm{d}t$，也称作热流率，单位为毫瓦(mW)，横坐标为温度 T 或时间 t。在 DSC 与 DTA 曲线中，峰谷所表示的含义不同。在 DTA 曲线中，吸热效应用谷(负峰)来表示，放热效应用正向峰来表示；在 DSC 曲线中，吸热效应用凸起正向的峰表示，热焓增加，放热效应用凹下的谷(负峰)表示，热焓减少。

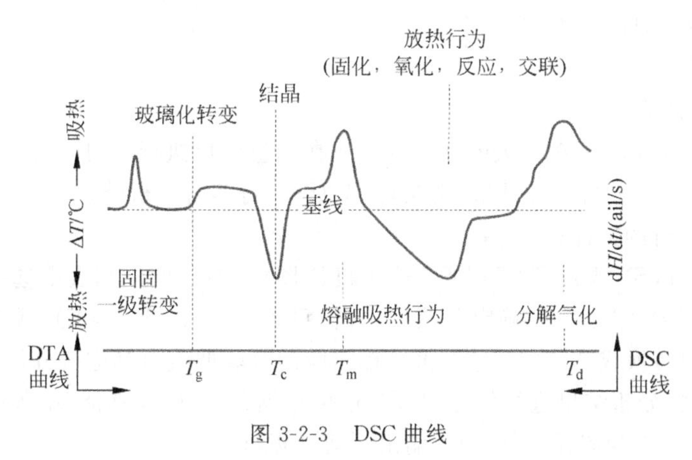

图 3-2-3　DSC 曲线

3.2.4　实验仪器及测试步骤

1. 实验仪器

实验仪器为综合热分析仪 STA409PC。

2. 测试步骤

1) 测试前准备

(1) 首先应检查仪器连接系统是否正常，样品支架上清洁无任何杂质；

(2) 开机顺序：电源开关—循环水单元—计算机—炉子大电源—仪器测量单元—实验用气体(如 N_2)调压阀—调节转子流量计流量；

(3) 预热仪器约 30min；

(4) 准备好测试样品(约 10mg)，在天平上称重并记录下来，将样品放入坩埚盘，视测试样品情况，必要时用坩埚盘盖盖上。

2) 测试步骤

(1) 从桌面选择 STA409 图标并双击；

(2) 等待几秒，当仪器与电脑完成自动连接时测量窗口下面会显示“在线”，开始进行实验程序设定；

(3) 打开“文件”下拉菜单，选择“新建”，进行测量参数设定，如测量类型、操作者、样品编号、名称、样品质量等，设定完测量参数后单击“继续”；

(4) 先后打开温度校正文件、灵敏度校正文件，进入“设定温度程序”窗口；

(5) 进行实验程序的设定，相对应的保护气体是否选择上，确认无误后单击“继续”；

(6) 选择好文件保存的路径和文件名后，单击“保存”；

(7) 放入样品，远端为参比物，近端为样品，小心关好炉子；

(8) 装好样品后，单击左下图“NETZSCH 测量”中“确定”，出现“STA409 在 COM 端口……”窗口，单击“初始化工作条件”，先进行实验温度程序初始化，再单击“开始”进行实验测量；

(9) 通过测量窗口可观看到实验测量过程中的实时曲线，若想知道已设定的其他实验参数可单击“查看/测量参数”来查看。

3) 实验结束

(1) 分析实验结果

① 打开桌面 Proteus Analysis 分析软件或在测量窗口执行“工具/运行分析程序(R)”，若是在实验过程中要分析实验结果，则执行“工具/运行实时分析(S)”；

② 打开欲分析的文件；

③ 打开“设置(S)/温度段(G)”或单击温度段图标，在温度段列表中选择要分析的温度段，在其前面“□”打上“√”并“确定”，然后单击“设置(S)/X—温度(E)”或温度段图标将坐标轴 X 轴—时间转换成 X 轴—温度，再选择相应的实验曲线对其进行分析、计算；

(2) 视情况将分析结果进行保存、打印，还可根据菜单“附属功能”中各命令进行相关处理，如放热方向、输出为图元文件(M)、输出到剪贴板(E)等；

(3) 关机步骤：软件→操作系统→计算机→实验用气体(如 N_2)调压阀→仪器测量单元→炉子大电源→循环水单元→电源开关。

4) 注意事项

(1) 实验用气体调压输出气压建议小于或等于 0.1MPa，不能大于 0.5MPa；

(2) 样品盘和样品池不能用手直接拿，放样时要小心用镊子平整地将样品盘放入样品池，不要让镊子针尖碰到传感器表面；

(3) 样品量不能太大，以不超过坩埚容积的 1/3 为好(约 10mg)，对于要密封的样品，在密封时要在其坩埚上表面用针尖刺一小眼；

(4) 实验结束，待样品温度在低于 200℃时才可打开炉子，取出样品坩埚。

3.2.5 影响综合热分析测定结果因素

影响综合热分析测定结果主要有下列几个方面：

(1) 升温速率。升温速率越大，热滞后越严重，易导致起始温度和终止温度偏高，峰分离能力下降，甚至不利于中间产物的测出，对 DSC 其基线漂移较大，但能提高灵敏度。慢速升温有利于 DTA、DSC、DTG 相邻峰的分离和 TG 相邻失重平台的分离，DSC 基线漂移较小，但灵敏度下降。

(2) 气氛控制。常见的气氛有空气、O_2、N_2、He、H_2、CO_2、Cl_2 和水蒸气等。样品所处气氛的不同导致反应机理的不同。气氛与样品发生反应，则 TG 曲线形状受到影响。

(3) 试样用量、粒度、热性质及装填方式等。用量大，吸放热引起的温度偏差大，且不利于热扩散和热传递。粒度细，反应速率快，反应起始和终止温度降低，反应区间变窄。粒度粗则反应较慢，反应滞后。装填紧密，试样颗粒间接触好，利于热传导，但不利于气体扩散。要求装填薄而均匀，同批试验样品，每一样品的粒度和装填紧密程度要一致。

(4) 坩埚(试样皿)类型。坩埚的材质有玻璃、陶瓷、金属等，常用的有 Al、Al_2O_3 和 PtRh，应注意坩埚对试样、中间产物和最终产物应是惰性的。

(5) 温度测量的影响。利用具特征分解温度的高纯化合物或具特征居里点温度的强磁性材料进行温度标定。

3.2.6　热分析技术在新型无机非金属材料合成制备中的应用

在新型无机非金属材料的研究过程中，经常会遇到一些与热量的吸收和释放、质量的增减以及几何尺寸的伸缩等有关的化学或物理变化，如分解反应、相转变、熔融、结晶和热膨胀等。为了探索合理的制备工艺和深入了解材料的化学物理性质，离不开热分析技术。热分析技术为材料的研究提供了一种动态的分析手段，它简明实用，目的性强，因此广为研究人员使用。热分析技术已经成为材料研究中不可缺少的一种分析手段。热分析技术在无机材料合成制备中主要应用于以下几个方面：

1. 热分解过程的解析

在无机材料制备，尤其是应用化学方法制备无机材料时，经常需要了解材料前驱体热分解过程的机制，以便更好地控制热分解的关键过程。如$(Sr_{0.5}Pb_{0.5})TiO_3$ 材料一般是经过由化学法制备的前驱体$(Sr_{0.5}Pb_{0.5})TiO(C_2O_4)_2 \cdot 4H_2O$ 经过热分解获得的。

由图 3-2-4 和图 3-2-5 可以知道热分解过程的几个阶段：

第一阶段(<300 ℃)，脱除 4 个分子的结晶水，发生的化学反应如下

$$(Sr_{0.5}Pb_{0.5})TiO(C_2O_4)_2 \cdot 4H_2O \longrightarrow (Sr_{0.5}Pb_{0.5})TiO(C_2O_4)_2 + 4H_2O$$

第二阶段(230～500℃)，为吸氧除碳过程

$$(Sr_{0.5}Pb_{0.5})TiO(C_2O_4)_2 + 1/2O_2 \longrightarrow (Sr_{0.5}Pb_{0.5})CO_3 \cdot TiO_2 + 2CO_2 + CO$$

第三阶段(500～700 ℃)，为固相合成反应阶段

$$(Sr_{0.5}Pb_{0.5})CO_3 \cdot TiO_2 \longrightarrow (Sr_{0.5}Pb_{0.5})TiO_3 + CO_2$$

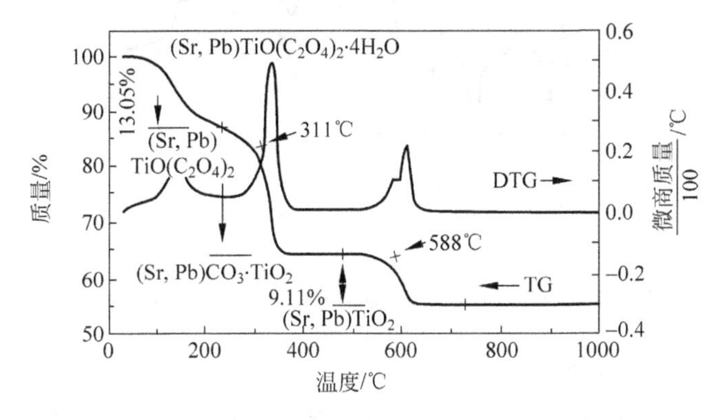

图 3-2-4　$(Sr_{0.5}Pb_{0.5})TiO(C_2O_4)_2 \cdot 4H_2O$ 的 TG-DTG 曲线

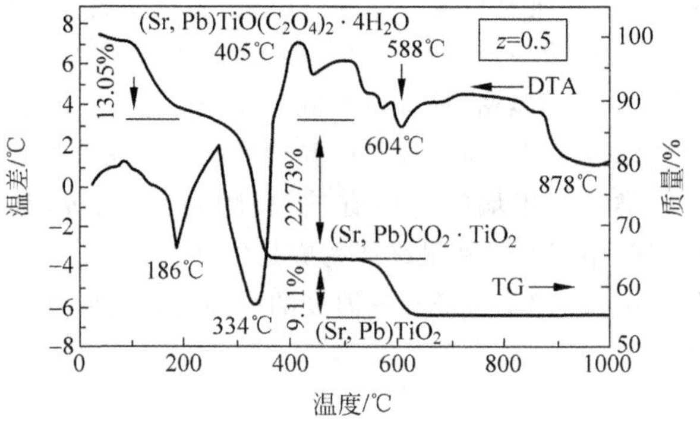

图 3-2-5　$(Sr_{0.5}Pb_{0.5})TiO(C_2O_4)_2 \cdot 4H_2O$ 的 DTA-TG 曲线

2．各种转化温度的判断

材料研究过程中，经常需要判断某些特定过程的转化温度。如化学反应温度、相转变温度、熔融温度、玻璃化转变温度、吸脱附温度，以及由非晶态向晶态转变的结晶温度等。这些变化过程往往伴随着热量的释放或吸收，有些过程还可能伴随着质量的变化。因此，差热分析(DTA)结合热失重分析(TGA)是研究这些过程的直接而有效的方法。以水合草酸氧钛锶铅$(Sr,Pb)TiO(C_2O_4)_2 \cdot 4H_2O$的结晶化为例加以说明。结晶温度的判断$(Sr,Pb)TiO_3$材料(晶态)一般是经过$(Sr,Pb)TiO(C_2O_4)_2 \cdot 4H_2O$(非晶态)热分解制备获得的。在怎样的煅烧温度下才能够获得$(Sr,Pb)TiO_3$材料，这是制备过程中需要解决的实际问题。我们可以通过煅烧后是否生成结晶体来判断，但是 X 射线衍射方法只能够给出个别煅烧试样的结构分析结果。对部分结晶也无法判断。DTA、TGA 等热分析手段能够弥补 XRD 分析的这些不足，为材料结晶过程的分析提供了一种动态的分析手段。它能够给出结晶的起始温度和终止温度，帮助确定煅烧条件，从而能够清晰地勾画出一幅结晶过程的连续图像。

综合 DTA-TG(图 3-2-5)和 XRD 分析，在 DTA 曲线中(图 3-2-6)，604℃附近的吸热峰是$(Sr_{0.5}Pb_{0.5})TiO_3$的合成反应峰。可以确定合成反应的外推起始温度在 588℃附近，反应终止温度在 616℃附近。

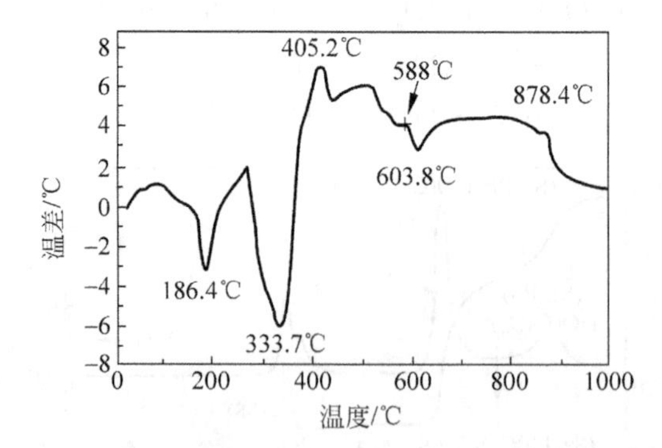

图 3-2-6　$(Sr_{0.5}Pb_{0.5})TiO(C_2O_4)_2 \cdot 4H_2O$ 的 DTA 曲线

3．干燥、脱脂过程的解析

在陶瓷材料成型工艺中，素坯中往往含有大量的有机物成分，素坯一般需要经过干燥、脱脂或排胶后进行烧结。如果升温速率过快，素坯中将产生气泡和裂纹，同时还会有大量没完全分解的残留物残留在素坯当中，这些不良因素将会严重影响陶瓷的性能。因此，如何选择排胶温度范围和控制排胶操作是控制坯体质量的关键因素。不同的黏结剂，挥发的起始温度和挥发速率都不同，因此，在确定排胶工艺参数前有必要进行热分析(图 3-2-7)。

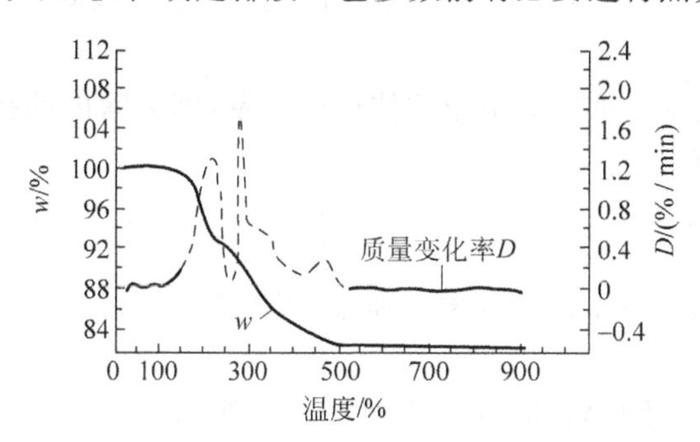

图 3-2-7 流延 AlN 陶瓷素坯 TG-DTG 曲线

4. 化学反应动力学研究

利用热分析可以帮助确定反应产物，找出反应随时间的变化规律，是研究化学反应动力学的重要手段。如利用 TGA 和 DTG 分析结合 XRD 分析，对 W 和 Si_3N_4 混合粉料在不同温度、不同 N_2 分压下(P_{N_2}=0Pa、25 331.25Pa、50 662.5Pa、75 993.75Pa、101 325Pa)的反应产物、界面反应的动力学规律进行了研究。发现反应温度、气氛、时间对产物物相均有影响，并据此建立了体系界面反应的动力学模型，获得了 Si 在不同温度下的产物层中的扩散系数。

5. 烧结动力学的研究

在陶瓷材料的烧结动力学研究中，需要测量材料的线收缩率随烧结温度和保温时间的变化规律。如果采用点点测量，不但费时而且准确度较差。热分析技术中的 TMA(热机械分析)技术是在程序温度下测量物质在非振动负荷下的形变与温度的关系的技术，它可以通过模拟烧结过程进行原位测试，获得不同烧结温度和保温时间的线收缩率，因此可以进一步进行材料的烧结动力学研究。

由此可见，热分析手段目的性很强，往往能够得出有价值的分析结果。由差热曲线上峰的数目、位置、方向和峰面积的大小，可以确定在测定温度范围内试样发生物理化学变化的次数、温度、热效应的吸热放热和大小，因此可用来分析物质的变化规律。再结合其他手段如失重分析、X 射线物相分析等，可对被测物质进行动力学、热力学的研究；还可进行结构与物理性能关系的研究。工艺上可以确定材料的烧成制度及玻璃的转变与受控结晶等工艺参数。在热分析技术的实际应用中，应当针对具体的研究问题作具体分析，如果能够将热分析技术与其他知识相结合，或与其他分析技术(如 XRD 和 IR 等)配合使用，效果会更加理想。

3.3 密度、吸水率及气孔率测试

密度是材料最基本的属性之一，它是鉴定矿物的重要依据，也是进行其他许多物性测试如颗粒粒径测试的基础数据。材料的吸水率、气孔率是材料结构特征的标志，对材料的性能和质量有重要的影响。

1. 密度(真密度)、表观密度、体积密度和堆积密度

密度的物理意义是指单位体积物质的质量,由于陶瓷材料是由包括气孔在内的多相系统组成,所以陶瓷材料的密度可分为密度(真密度)、表观密度、体积密度和堆积密度等。

1) 密度(真密度)

密度是指材料在绝对密实状态下单位体积的质量,即去除内部孔隙或者颗粒间的空隙后的密度。按下式计算:

$$\rho = \frac{m}{V} \tag{3-3-1}$$

式中,ρ 为材料的密度,g/cm^3;m 为材料的质量(干燥至恒重),g;V 为材料在绝对密实状态下的体积,cm^3。

除了钢铁、玻璃等少数材料外,绝大多数材料内部都有一些孔隙。在测定有孔隙材料(如砖、石等)的密度时,应把材料磨成细粉,干燥后,用李氏瓶测定其绝对密实体积。材料磨得越细,测得的密实体积数值就越精确。

另外,工程上还经常用到比重的概念,比重又称相对密度,是用材料的质量与同体积水(4℃)的质量的比值表示,无量纲,其值与材料密度相同(g/cm^3)。

2) 表观密度

表观密度是指单位体积(含材料实体及闭口孔隙体积)物质颗粒的干质量,也称视密度。按下式计算:

$$\rho' = \frac{m}{V'} \tag{3-3-2}$$

式中,ρ'为材料表观密度,kg/m^3 或 g/cm^3;m 为材料质量,kg 或 g;V'为材料在包含闭口孔隙条件下的体积(只含闭口孔,不含开口孔),m^3 或 cm^3。

通常,材料在包含闭口孔隙条件下的体积,采用排液置换法或水中称重法测量。

3) 体积密度

体积密度指不含游离水材料的质量与材料总体积(包括材料实际体积和全部开口、闭口气孔所占的体积)之比,俗称容重。体积密度可按下式计算:

$$D_b = \frac{m}{V_0} \tag{3-3-3}$$

式中,D_b 为材料的体积密度,kg/m^3 或 g/cm^3;m 为材料的质量,kg 或 g;V_0 为材料在自然状态下的体积,包括材料实体及其开口孔隙、闭口孔隙。

对于规则形状材料的体积可用量具测得,如加气混凝土砌块的体积是逐块量取长、宽、高三个方向的轴线尺寸计算其体积;对于不规则形状材料体积,可用排液法或封蜡排液法测得。

4) 堆积密度

堆积密度是指单位体积(含物质颗粒固体及其闭口、开口孔隙体积及颗粒间空隙体积)物质颗粒的质量,有干堆积密度及湿堆积密度之分。堆积密度可按下式计算:

$$\rho_0' = \frac{m}{V_0'} \tag{3-3-4}$$

式中:ρ_0'为堆积密度,kg/m^3;m 为材料质量,kg;V_0'为材料堆积体积,m^3。

材料的堆积体积包括材料绝对体积,内部所有孔体积和颗粒间的空隙体积。材料的堆

积密度反映散粒构造材料堆积的紧密度及材料可能的堆放空间。

2. 气孔率及吸水率

气孔率指材料中气孔体积与材料总体积之比。材料中的气孔有封闭气孔和开口气孔两种,因此气孔率有封闭气孔率、开口气孔率和真气孔率之分。浸渍时能被液体填充或与大气相通的气孔称为开口气孔;不能被液体填充或不与大气相通的气孔称为闭口气孔。块体材料中固体材料的体积、开口及闭口气孔的体积之和称为总体积;开口气孔率(也称显气孔率)指材料中的所有开口气孔体积与材料总体积之比。封闭气孔率指材料中的所有封闭气孔体积与材料总体积之比。真气孔率(也称总气孔率)则指材料中的封闭气孔体积和开口气孔体积与材料总体积之比。

吸水率指材料试样放在蒸馏水中,在规定的温度和时间内吸水质量和试样原质量之比。在科研和生产实际中往往采用吸水率来反映材料的显气孔率。

3. 体积密度、气孔率和吸水率的测试

新型无机非金属材料的体积密度、气孔率和吸水率通常采用排水法测试。计算公式如下:

1) 体积密度 D_b(其中 D 为浸液密度)

$$D_b = \frac{M_1 \times D}{M_3 - M_2} \times 100\% \tag{3-3-5}$$

2) 显气孔率 P_a

$$P_a = \frac{M_3 - M_1}{M_3 - M_2} \times 100\% \tag{3-3-6}$$

3) 吸水率 W_a

$$W_a = \frac{M_3 - M_1}{M_1} \times 100\% \tag{3-3-7}$$

式中,M_1 为材料烘干至恒重;M_2 为试样在浸液中的质量;M_3 为饱和试样在空气中的质量。

测试所使用浸液体的要求:①密度要小于被测的试样;②对材料的润湿性好;③不与试样发生反应,不使试样溶解或溶胀。最常用的浸液有水。水在常温下的体积密度也可以查表 3-3-1。

表 3-3-1 水的体积密度(0～46℃)

温度/℃	密 度	温度/℃	密 度	温度/℃	密 度
0	0.999 87	16	0.998 97	32	0.995 05
2	0.999 97	18	0.998 62	34	0.994 40
4	1.000 00	20	0.998 23	36	0.993 71
6	0.999 97	22	0.997 80	38	0.992 99
8	0.999 88	24	0.997 32	40	0.992 24
10	0.999 73	26	0.996 81	42	0.991 47
12	0.999 52	28	0.996 26	44	0.990 66
14	0.999 27	30	0.995 67	46	0.989 82

4. 实验仪器及测试步骤

1）实验装置

实验装置包括：万分之一分析天平、烧杯、细铜丝、吊篮、抽真空装置、烘箱。

2）测试样品

测试样品要求外观平整，表面不得带有裂纹等破坏痕迹。

3）测试步骤

（1）用超声波清洗机清洗块状样品，在110℃（或在许可的更高温度）下烘干至恒重，置于干燥器中冷却至室温，称取试样质量 M_1，精确至 0.0001g。试样干燥至最后两次称量之差小于前一次的 0.1%即为恒重。

（2）饱和试样（排除试样气孔中的空气）的制备：

① 煮沸法：将试样放入烧杯中加去离子水或蒸馏水，试样的上部应保持有5cm深度的水，将水加热至沸腾并保持微沸状态1h，然后冷却至室温，得到饱和试样。煮沸时器皿底部和试样间应垫以干净纱布，以防止煮沸时试样碰撞掉角。

② 真空法（抽气法）：将试样置于烧杯中，并放于真空干燥箱内抽真空至＜20Torr（1Torr＝0.133kPa），保压10min，并保持真空的同时，然后在5min内缓慢注入浸液，至浸没试样，继续保持5min，直至试样上无气泡出现时即可停止。将试样连同容器取出后，在空气中静置30min，得到饱和试样。

（3）将真空法或煮沸法得到的饱和试样放入悬挂在水中的吊篮中，称取饱和试样在浸液水中的质量 M_2，精确至 0.0001g。得到饱和试样在浸液中的质量。

（4）用饱和浸液的绸布或多层纱布，小心地拭去饱和试样表面流挂的液珠，注意不可将孔中浸液吸出，迅速称取饱和试样在空气中的质量 M_3，精确至 0.0001g。得到饱和试样在空气中的质量。

5. 影响测试结果因素

（1）温度的影响：由于温度对液体的密度有很大的影响，而固体密度测试是根据阿基米德原理用辅助液体来进行的，所以为了获得准确的测量结果，在固体密度测试中要考虑辅助液体的温度。

（2）吊篮在液体中浸没深度：当在空气中和液体中称量固体质量时，吊篮在液体中的浸没深度基本不变的（忽略由于固体浸没引起液面的变化），所以吊篮受到的浮力是恒定的，可以忽略不计。如果固体浸没引起液面的显著变化，应当考虑吊篮在液体中的浸没深度对测定密度结果的影响。

（3）气泡：对于浸湿性能较差的液体，气泡可能会附着在吊篮或待测固体表面上，由于气泡的浮力，会影响测试结果。因此要尽可能避免空气气泡。

（4）固体的多空性：当固体浸没在液体中时，并不是所有的（开口）气孔均被液体占据，这会引起浮力的误差，所以多空性固体物质的密度只能是粗略测定。

3.4　导热系数测试

导热系数是反映材料的导热性能的重要参数之一，在工程技术方面是必不可少的。所以对导热系数的研究和测量就显得很有必要。金属材料的导热起主要作用的是自由电子的运动，无机非金属材料的导热则是通过晶格结构的振动（声子）来实现。在过去的几十年里，已经发展了大量的导热测试方法与系统，然而，没有任何一种方法能够适合于所有的应用领域，反之对于特定的应用场合，并非所有方法都能适用。要得到准确的测量值，必须基于材料的导热系数范围与样品特征，选择正确的测试方法。目前测量导热系数的方法都是建立在傅里叶导热定律的基础上的，从传热机理上分，分为稳态法和非稳态法，非稳态法又称为瞬态法。

1. 稳态法

稳态法原理是利用稳定传热过程中，传热速率等于散热速率的平衡状态，根据傅里叶一维稳态热传导模型，由通过试样的热流密度、两侧温差和厚度，计算得到导热系数。原理简单清晰，精确度高，但测量时间较长，对环境条件要求较高。主要有下面几种：

1）热流法导热仪

将厚度一定的方形样品（例如长宽各30cm，厚10cm）插入于两个平板间，设置一定的温度梯度。使用校正过的热流传感器测量通过样品的热流。测量样品厚度、温度梯度与通过样品的热流便可计算导热系数。

这种仪器能测量导热系数为0.005～0.5W/m·K的材料，通常用于确定玻璃纤维绝热体或绝热板的导热系数与k因子。该仪器的优点是易于操作，测量结果精确，测量速度快（仅为同类产品的1/4），但是温度与测量范围有限。测量温度范围为－20～100℃（取决于不同的型号）。

2）保护热流法导热仪

对于较大的、需要较高量程的样品，可以使用保护热流法导仪。其测量原理几乎与普通的热流法导热仪相同。不同之处是测量单元被保护加热器所包围，因此测量温度范围和导热系数范围更宽。

3）保护热板法导热仪

热板法或保护热板法导热仪的工作原理和使用热板与冷板的热流法导热仪相似。热源位于同一材料的两块样品中间。使用两块样品是为了获得向上与向下方向对称的热流，并使加热器的能量被测试样品完全吸收。测量过程中，精确设定输入到热板上的能量。通过调整输入到辅助加热器上的能量，对热源与辅助板之间的测量温度和温度梯度进行调整。热板周围的保护加热器与样品的放置方式确保从热板到辅助加热器的热流是线性的、一维的。辅助加热器后是散热器，散热器和辅助加热器接触良好，确保热量的移除与改善控制。测量加到热板上的能量、温度梯度及两片样品的厚度，应用Fourier方程便能够算出材料的导热系数。保护热板法的温度范围宽为－180～650℃，量程最高可达2W/m·K。此外，保护热板法使用的是绝对法，无须对测量单元进行标定。

2. 动态（瞬时）方法

动态方法是最近几十年内开发的新方法，用于测量中高导热系数材料，或在高温度条件下进行测量。工作原理是提供样品一固定功率的热源，记录样品本身温度随时间的变化情形，由时间与温度变化的关系求得样品的热传导系数、热扩散系数和热容。动态法的特点是精确性高、测量范围宽（最高能达到2000℃）、样品制备简单。

1）热线法

热线法是在样品（通常为大的块状样品）中插入一根热线。测试时，在热线上施加一个恒定的加热功率，使其温度上升。测量热线本身或与热线相隔一定距离的平板的温度随时间上升的关系。测量热线的温升有多种方法，其中交叉线法是用焊接在热线上的热电偶直接测量热线的温升。平行线法是测量与热线隔着一定距离的一定位置上的温升。热阻法是利用热线（多为铂丝）电阻与温度之间的关系测量热线本身的温升。一般来说，交叉线法适用于导热系数低于 2W/m·K 的样品，热阻法与平行线法适用于导热系数更高的材料，其测量上限分别为 15W/m·K 与 20W/m·K。

2）激光闪射法

激光闪射法测得的是材料的热扩散系数，还需要知道试样的比热和密度，才能通过计算得到导热系数 λ。激光闪射法的特点是，测量范围宽（0.1～2000W/m·K），测量温度广（−110～2000℃），并适用于各种形态的样品（固体、液体、粉末、薄膜等）。此外，激光闪射法还能够用比较法直接测量样品的比热；但推荐使用差示扫描量热仪，该方法的比热测量精确度更高。密度随温度的改变可使用膨胀仪进行测试。只适用于各向同性、均质、不透光的材料。

陶瓷基片热导率的测试通常采用激光闪射法。测量得到的是热扩散系数，根据导热系数 λ 与热扩散系数 α、材料比热容 c、材料密度 ρ 之间关系 $\alpha=\lambda/\rho c$，通过计算得到导热系数。比热可使用文献值，也可使用 DSC 等方法测量。如果要求不高，也可在激光闪射法仪器中使用比较法与热扩散系数同时测量得到。

3. 实验仪器及测试步骤

1）实验仪器

实验仪器为激光闪射导热仪（德国耐驰，LFA-427 型）。

2）样品尺寸

样品尺寸为直径（12.7±0.1）mm 或（25.4±0.1）mm，厚度 0.5～3mm。

3）测试步骤

试样的安装与测定：将试样放入仪器中，设定待测试样的试验条件（升温速率，测试温度和气氛）。温度稳定后，开启激光发生器，仪器自动记录试样上表面温升随时间的变化曲线。仪器数据分析系统将对得到的数据自动进行处理，得到半升温时间，从而得出试样的热扩散系数和比热容。在软件中，可对得到的单个数值进行平均值处理，也可以利用软件中不同的模型，利用得到的数据进行曲线拟合，模拟得到材料性能随温度变化的趋势。

4）注意事项

为了提高测量精度，在试样制备过程中，应保证试样无开口气孔和贯通气孔，试样表面必须平整，试样必须干燥，尽量消除不利因素对测量的干扰。

3.5 力学性能测试

力学性能亦称为机械性能，主要包括强度、弹性模量、塑性、韧性和硬度等。对于陶瓷材料，通常在弹性变形后立即发生脆性断裂，不出现塑性变形或很难发生塑性变形，因此对陶瓷材料而言，对其力学性能的分析主要集中在弯曲强度、断裂韧性和硬度上。

3.5.1　弯曲强度测试

弯曲强度是指材料抵抗弯曲不断裂的能力，即一个特定的弹性梁受弯曲载荷断裂时的最大应力，主要用于考察陶瓷等脆性材料的强度。一般采用四点弯曲测试或三点弯曲测试方法评测。对于生物口腔陶瓷材料也可采用双轴弯曲法测强度。

1. 四点弯曲及三点弯曲测试

1）四点、三点弯曲强度测试样品夹具结构

四点弯曲：一种测量弯曲强度的受力系统装置结构（图 3-5-1），试样被定位在两个下辊棒和两个上辊棒之间，上下辊棒相对运动使试样产生弯曲。辊棒可以是圆棒或是圆柱形的轴承。试样中部受到的是纯弯曲，弯曲应力计算公式就是在这种条件下建立起来的，因此四点弯曲得到的结果比较精确。但是四点测试要两个加载力，比较复杂。

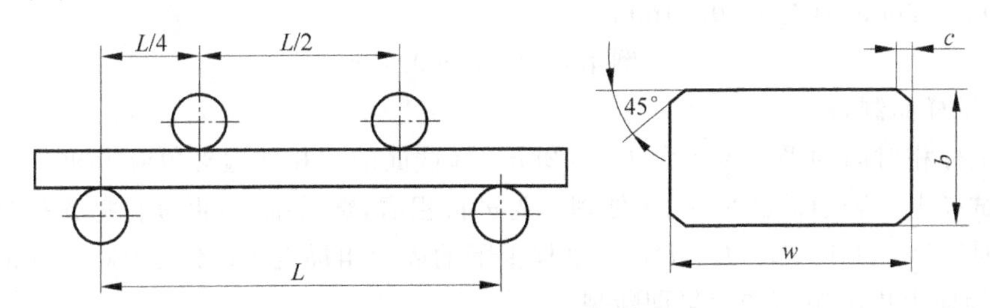

图 3-5-1　四点弯曲试样夹具结构

目前有两种四点弯曲夹具以及相应的试样尺寸。较大的夹具（上跨距—下跨距为 20～40mm）已经在美国和欧洲作为标准使用。较小的夹具（上跨距—下跨距为 10～30mm）已经在日本、韩国、中国作为标准使用。较大的跨距使得试样受力范围更大，常常会得到更小的强度值。这样的结果对于内部和表面分布着各种尺寸和大小不同的缺陷的陶瓷是很正常的。

三点弯曲：一种测量弯曲强度的受力系统装置结构（图 3-5-2），试样被定位在两个下辊棒和一个上辊棒之间，上辊棒位于跨中，上下辊棒相对运动使试样产生弯曲。三点弯曲结构简单，容易在高温实验和断裂韧性测试中使用，并且对 Weibull 统计研究有帮助。但是三点弯曲试验只能测得试样的一小部分局部应力。因此，测得的强度经常比四点弯曲强度大得多。梁各个部位受到的横力弯曲，所以计算的结果是近似的。但是这种近似满足大多数工程要求，并且三点弯曲的夹具简单，测试方便，因而也得到广泛应用。

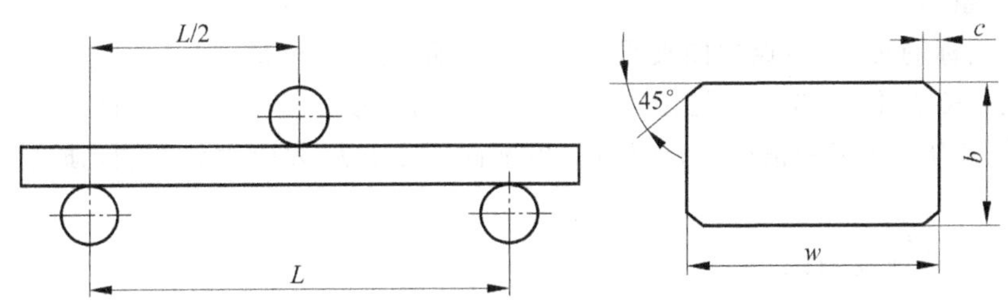

图 3-5-2　三点弯曲试样夹具结构

2）测试原理

对矩形截面的梁试样施加弯曲载荷直到试样断裂。假定试样材料为各向同性和线弹性。通过断裂时的临界载荷、夹具和试样的尺寸可以计算试样的弯曲强度。

常用的金属具有比较确定的强度值，而陶瓷的弯曲强度具有概率的随机性质。其强度除与材料有关外，还与其中不可避免存在的气孔的大小、数量、分布有关，而这些具有随机的性质。四点弯曲由于陶瓷受到最大弯矩的材料体积较三点的为大，三点的为一个截面，四点的为一个体积区域，因此包含的气孔缺陷较多，潜在的可扩展裂纹也越多，因此四点式的弯曲强度值较三点的为低，但更可靠。在大多数的材料性能表征工作中提倡用四点弯曲。

3）测试样品的形状及尺寸

测试样品的形状可以是圆柱形和长方柱形，通常使用长方柱形。试样尺寸为：

L（长）：12.0～40.0mm（±0.5mm）

w（宽）：(4.0±0.2)mm

b（厚）：1.2mm～(3.0±0.2)mm

45°倒角 c=0.09～0.15mm

4）测试样品制备

（1）试样相对面的平行度不大于0.02mm，横截面的两相邻边夹角应为90°±0.5°。

（2）试样上下表面需磨平、抛光处理。先进行粗磨，然后细磨，再进行抛光处理，采用金刚石膜（$D45$，$D30$，$D15$，$D6$，$D3$，$D1$）。试样上下的表面粗糙度 Rz 不大于0.80μm。粗糙表面可能成为应力集中源而产生早期断裂。

（3）试样应沿平行于长轴方向的棱角磨成圆角或倒角。

（4）如果样品的形状是圆柱形，一般要求试样的长度和直径比约为10。

（5）每组试样数量10个以上，然后取平均值。

5）计算公式

四点弯曲强度计算公式：

$$R = 3FL/(4wb^2) \tag{3-5-1}$$

式中，R 为弯曲强度，MPa；F 为最大载荷，N；L 为夹具的下跨距，mm；w 为试样的宽度，mm；b 为平行于加载方向的试样高度（厚度），mm。

三点弯曲强度计算公式：

$$R = 3FL/(2wb^2) \tag{3-5-2}$$

式中，R 为弯曲强度，MPa；F 为最大载荷，N；L 为夹具的下跨距，mm；w 为试样的宽度，mm；b 为平行于加载方向的试样高度（厚度），mm。

6）注意事项

（1）据国标的规定，三点弯曲夹具的下支撑跨距是30mm或40mm。

（2）式(3-5-1)和式(3-5-2)是传统和正规的弯曲强度计算公式。它们给出了在试样断裂时的最大应力。在某些情况下，例如，如果试样不是在最大应力处断裂，强度计算公式就需要修正。

2. 双轴弯曲强度测试

在测试弯曲强度时，三点弯曲和四点弯曲测试过程中对样品边缘的裂纹十分敏感，而边缘的裂纹等缺陷无法完全避免，样品的破坏往往起源于样品边缘，因此有大量不同的实验数据。双轴弯曲测试中可以忽略样品边缘的影响,在双轴测试中得到强度的实验数据之间的差距比较小。在双轴测试中,需要采用圆片样品,圆片底部用一个环形物或由若干个球轴承组成的环形阵列进行支撑,上方采用活塞压头对圆片进行施压,且压头与支撑圆片的环形物或球轴承同心。双轴弯曲强度测试装置如图 3-5-3 所示。

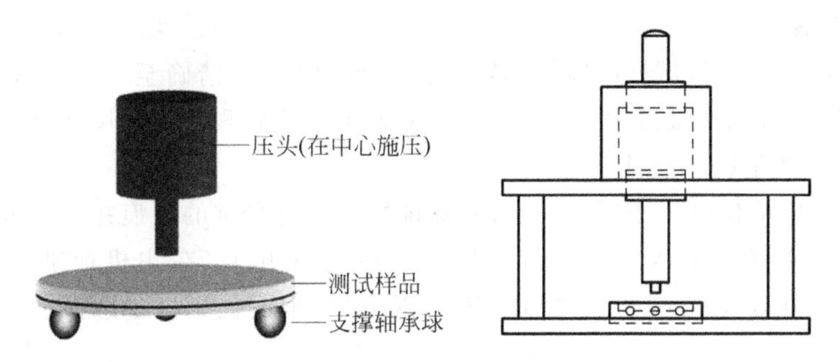

图 3-5-3 双轴弯曲强度测试装置示意图

1) 双轴弯曲测试结构

装置中的三个硬化钢球直径为 2.5～6.5mm,置于水平的圆盘上,三者夹角为 120°,待测样品与支撑轴承球构成的圆同心放置,压头直径为(1.4±0.2)mm,处于试样中心施加负载。

2) 样品尺寸

直径 12.0～16.0mm,厚度(1.2±0.2)mm。

3) 样品制备

(1) 试样相对面的平行度不大于 0.02mm,横截面的两相邻边夹角应为 90°±0.5°。

(2) 试样上下表面需磨平、抛光处理。先进行粗磨,然后细磨,再进行抛光处理,采用金刚石膜($D45$,$D30$,$D15$,$D6$,$D3$,$D1$)。试样上下的表面粗糙度 Rz 不大于 0.80μm。粗糙表面可能成为应力集中源而产生早期断裂。

(3) 每组试样数量 10 个以上,然后取平均值。

4) 计算公式

按下列公式计算出每个试样的双轴弯曲强度 M:

$$M=\frac{-0.2387W(X-Y)}{d^2} \tag{3-5-3}$$

$$X=(1+\nu)\ln\left(\frac{r_2}{r_3}\right)^2+\frac{1-\nu}{2}\left(\frac{r_2}{r_3}\right)^2 \tag{3-5-4}$$

$$Y=(1+\nu)\left[1+\ln\left(\frac{r_1}{r_3}\right)^2\right]+(1+\nu)\left(\frac{r_1}{r_3}\right)^2 \tag{3-5-5}$$

式中,M 为弯曲强度,MPa;W 为试样断裂时的最大负荷,N;d 为断裂起始点试样的厚度,mm;ν 为泊松比(对于氧化锆陶瓷材料,使用 $\nu=0.36$);r_1 为支撑圆半径,mm;r_2 为压头半径,mm;r_3 为试样半径,mm。

3. 实验仪器及测试步骤

1) 实验仪器

(1) 试验机:AG-IC20KN 电子万能试验机,应能保证一定的位移加荷速率,负荷示值相对误差不大于±1%。

(2) 夹具：试样支座和压头应在试验过程中不会发生塑性变形，其材料的弹性模量不低于200GPa。支座和压头的曲率半径和试验跨距其长度应大于试样的宽度，与试样接触部分的表面粗糙度 Rz 不大于 1.6μm。

2) 测试步骤

(1) 用游标卡尺测量试样的宽度(或直径)和厚度尺寸，精确至 0.01mm。试验前测量试样尺寸时，应尽可能在接近中点的地方测量；如果试验后测量试样尺寸，应在试样的断裂处或接近断裂处测量试样尺寸。

(2) 在测试中应保证上下辊棒的清洁，保证辊棒没有严重的划痕并能自由地滚动。

(3) 打开变压器的电源开关。打开试验机的电源开关(在主机前部右下侧)。预热15min以上。打开计算机，打开 TRAPEZIUMX 软件，根据预测试验选择试验方法(方法已建好)。

(4) 安装引伸计并进行校正，不使用引伸计则不进行本项操作。

(5) 设定试验参数(选择试验速度、载荷量程等)。在试样负荷点上，以 0.5mm/min 的位移速度加荷，假设试验夹具是刚性的，那么断裂的时间通常应为 3～30s。测试时，预压力不应大于强度预期值的 10%。检查试样和所有辊棒的线接触情况以保证一个连续的线性载荷。如果加载曲线不是连续均匀的则卸载，并按要求调节夹具以达到连续均匀的加载。

(6) 进行载荷的调零和电气校准。

(7) 进行引伸计的电气校准，不使用引伸计则不进行本项操作。

(8) 根据试样尺寸使用操作盘上十字头手动控制键调整十字头的位置，然后按操作盘右上部的 ZERO 键，将十字头位置设置为零。

(9) 装卡试样。把试样放在测试夹具的两根下辊棒中间，将 4mm 宽的一面接触辊棒。如果试样只有两个长边被倒角，放试样的时候应确保倒角在受拉面。试样两端应伸出支撑辊棒的接触点大约相等的距离。前后距离误差小于 0.1mm。

(10) 确认试验参数正确后，按操作盘上的 START 键开始试验。

(11) 测试结束后，卸下试样。

(12) 读取或打印试验结果，记录载荷的精度在±1%或更高。

(13) 如果继续试验，重复步骤(8)～(14)。

(14) 全部试验结束后，关闭试验机的电源开关，关闭变压器电源。

3) 注意事项

(1) 陶瓷的弯曲强度取决于本身固有的抵抗断裂的能力以及陶瓷本身的特点。由于这些因素造成了陶瓷强度的离散性，需要进行抽样测试，试样数量不应少于 10 个。如果要进行一个统计强度分析(例如，Weibull 统计分析)，则至少要做 30 个试样。

(2) 弯曲强度同样受许多测试工序条件的影响。包括加载速率、测试环境、试样尺寸、测试夹具以及试样的表面处理。表面处理尤为重要，因为最大断裂应力是作用在试样表面的。

(3) 在表面加工时应注意研磨方向应与试样长度方向一致。国标允许有多种试样加工方法，加工方法应使用纵向研磨来减少表面微裂纹的影响。纵向研磨使得大多数微裂纹平行于试样的张力作用方向。这能够尽可能测量到材料的真实强度。相反，横向的研磨可导致垂直于试样的划痕，试样很容易在划痕处发生断裂。纵向研磨的试样在许多场合下可以提供一个更真实的强度。

(4) 如果有很多的断裂发生在内跨距之外，或者很多断裂直接发生在四点弯曲加载处，有可能测试仪器没有调试好。应停止测试，把问题解决后再继续。

(5) 试验过程中应测量记录实验室湿度和温度。

3.5.2　硬度测试

硬度是衡量材料软硬程度的一个性能指标，是结构陶瓷材料一项重要技术参数，它与材料的强度、耐磨性、韧性及材料成分、微观组织结构等有着密切关系。材料的硬度是其内部结构牢固性的表现，主要取决于其内部化学键的类型和强度。简单来说，共价键型硬度最高，然后依次是离子键、金属键、分子键。原子价态和原子间距是决定化学键强度的重要因素，因而也是决定材料硬度大小的重要因素。

1. 测试方法

陶瓷材料的化学键主要有离子键和共价键，另外由于陶瓷材料弹性模量大，其键的方向性强而密度小，同时位错少，因此陶瓷材料具有较高硬度，且性质硬而脆，塑性形变小。硬度试验的方法较多，原理也不相同，测得的硬度值和含义也不完全一样。用于陶瓷材料硬度测试方法有维氏硬度、努氏硬度和洛氏硬度，它们都是通过压入陶瓷表面而测得陶瓷的硬度。测定方法及优缺点对比如表 3-5-1。

表 3-5-1　维氏硬度、努氏硬度和洛氏硬度测定方法及优缺点

	维氏硬度(H_V)	努氏硬度(H_K)	洛氏硬度(H_R)
压头	金刚石正四棱锥体，夹角 136°	金刚石四棱锥体，两长棱夹角 172°30′，短棱夹角 130°，底面为棱形	金刚石圆锥体，圆锥角 120°，顶端球面半径为 0.2nm
荷重	10～100g	10～200g	基准荷重 10kg，总荷重 70kg
荷重时间	10s	30s	基准荷重 9s，总荷重 10s
所测数据	压痕对角线长度，算出压痕表面积	压痕对角线长度，算出压痕投影面积	压痕深度之差 h
计算公式	$H_V=1.854P/d^2$ 式中，H_V 为维氏硬度，kg/mm²；P 为荷重，kg；d 为对角线长度，mm	$H_K=14.23P/d^2$ 式中，H_K 为努氏硬度，kg/mm²；P 为荷重，kg；d 为对角线长度，mm	$H_R=(K-H)/C$ 式中，K 为常数，当压头为金刚石时，$K=0.2$mm；压头为钢球时，$K=0.26$mm；H 为主载荷解除后试件的压痕深度；C 也为常数，$C=0.002$mm
特点	①荷重小，可测定细小试样；②误差较大；③对试样无损坏	①荷重小，可测定细小试样；②压痕长，易测量，误差小；③对试样无损坏	①荷重较大，测量较大试样；②误差小；③对试样破坏较大
测量精度	较低	较高	较高
试样要求	试样表面需研磨抛光	试样表面需研磨抛光	试样表面不需研磨抛光，但试样两面要求相互平行

1）努氏硬度测量法

努氏(Knoop)硬度试验基本原理是将两长棱夹角为172°30′、短棱夹角为130°的底面为菱形的金刚石四棱锥体压头，在一定的试验力作用下压入试样表面，保持一定的时间后，卸除试验力，测量压痕长对角线的长度，得出材料的努氏硬度值。

2）洛氏测量法

洛氏硬度法测量的范围较广，采用不同的压头和负荷可以得到15种标准洛氏硬度。此外，还有15种表面洛氏硬度。陶瓷材料一般采用HRA或HRC两种标尺。均为以额定的试验力将金刚石压头(圆锥角为120°，顶端球面半径0.2mm)压入材料表面额定的时间，根据压痕的深度得出硬度值。由于洛氏硬度测试使用的负荷较大，故容易损坏样品。

3）显微维氏测量法

显微维氏测量法是测量新型陶瓷材料硬度最常用的一种方法，与努氏硬度测量法基本相同，区别在于采用的硬度计压头不同。维氏硬度的实验原理是根据获得的压痕尺寸和所施加的载荷计算出单位压痕面积上所承受的载荷大小，即是利用应力值作为硬度值的计量指标。维氏硬度测试是用对角面为136°(两相对棱夹角为148°6′42″)的金刚石四棱锥体作压头，在一定负荷力的作用下，压入陶瓷表面，保持一定的时间后卸除载荷，材料表面便留下一个压痕，在试样表面上压出一个四方锥形的压痕(图3-5-4)，在显微镜下测量对角线的长度，测量试样表面上正方形压痕的两条对角长度d_1、d_2，取其算术平均值d，计算得到维氏硬度(或称显微硬度)。

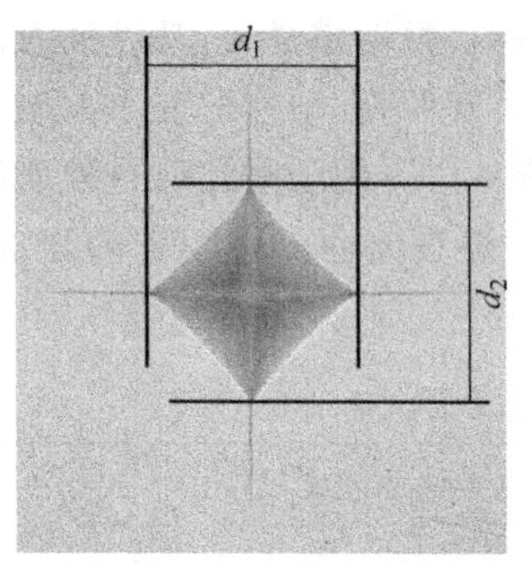

图3-5-4 维氏硬度压痕

$$H_V = 18.173 \cdot \frac{P}{d^2}\left(\frac{\text{kg}}{\text{mm}^2}\right) \tag{3-5-6}$$

式中，P为载荷，kg；d为压痕对角线长度平均值，mm。

2. 实验仪器及测试步骤

1）实验仪器

实验仪器为全自动显微/维氏硬度计(TuKon2500)。

2）样品要求

(1) 样品表面要和底面平行，因为压痕的对角线长度是通过显微镜测量。通常将试样用树脂镶样后，进行表面磨平。

(2) 测试样品表面必须平滑光洁，表面粗糙度需抛光至1μm以下，达到镜面程度；否则，压痕不清晰，无法得到正确结果。

(3) 一般要求试样的最小厚度至少为压痕对角线长度的1.5倍或不小于压痕深度的10倍。试样过薄在负荷作用下会出现变形，负荷越大所需试样越厚。

3）测试步骤

(1) 打开仪器电源开关，等待10s；

(2) 打开计算机→打开操作软件→单击LOGON→选择一个用户→等待几秒钟，当听到设备发出“滴”声，此时系统登录成功；

(3) 根据所测材料在VICKERS选项中，勾选所需的项目；

(4) 设置保压时间；

(5) 选择所需的荷载；

(6) 选择第一次观看试件所需要用的物镜(通常选择最低倍率的物镜)；

(7) 单击“查看图标”，此时所选物镜转动到垂直于样品台位置，这时将样品放入物镜下，手动或自动聚焦，查看图像观察试样，移动试台选择待测视场；如果所选物镜不合适，则在画面上右击，移动到“Objective selection”，选择合适倍率的物镜再进行观察；

(8) 在画面上右击，单击“Ready-position OK”，确定所选位置；如果选择连续多点自动测量方式，则需要选择程序或编制程序，然后确定测量位置、测量方向等；

(9) 单击“打压痕”图标，此时压头自动移动到选定位置进行加载、卸载；

(10) 单击“测量”图标，转塔移动到对应的物镜位置，如果选择了自动测量和不需要用户确认，则进行自动测量，测量结果将直接显示在画面右上方的表格中；

(11) 在图像显示窗口中右击，选择“Take photo”，照片将被保存；

(12) 试验结束后，单击 LOGOFF→关闭程序→关闭计算机→关闭仪器开关→关闭插板开关。

4) 注意事项

(1) 负荷的选择：根据试样的厚度和硬度范围在 1～100kgf(9.8～980N)之间选择，在允许范围内尽可能选择较大的载荷，以提高测量的准确性，并减小表面组织不均匀带来的影响；

(2) 负荷加载速度：0.015～0.070mm/s；

(3) 压痕位置：压痕中心至试样边缘不小于 2.5 倍对角线长度。两压痕间的距离大于在压痕产生时发生的任何形变范围尺寸的两倍，从而保证所选试验点在进行硬度测试过程中不受原有压痕变形的应力影响；

(4) 保压时间：为了保证所测数值的准确性，要求两对角线长度相差较小，加压保持时间在 10～30s 之间；

(5) 压痕对角线长度 d 的测量：压痕对角线长度是用附在目镜上的测微计进行测量的。应测量两条对角线，并求其算术平均值作为压痕对角线长度 d，然后用公式计算或根据 d 值和负荷查表获得 H_V；

(6) 试验点：均匀样品 5 个，不均匀样品 10 个；

(7) 硬度单位：kgf，即 9.8N/mm^2，若要采用 MPa 作为单位，则需将所得结果乘以 9.8；

(8) 维氏硬度表示方法：640HV30 表示用 30kgf(294.2N)试验力保持 10～15s 测定的维氏硬度值为 640；

(9) 由于维氏硬度采用的是正四棱锥压头，所以无论在多大允许负荷下所得压痕的几何形状都是相似的，而且当材料硬度一定时，P 与 d_2 成比例地变化。结果是材料的硬度与负荷大小无关。

3.5.3　断裂韧度测试

断裂韧性 K_{IC}是材料重要的力学性能之一，它表示材料抵抗裂纹扩展的能力，断裂韧性越高，抵抗裂纹扩展的能力越强。

材料的断裂韧性可以用来衡量它抵抗裂纹扩展的能力，亦即抵抗脆性破坏的能力。它是材料塑性优劣的一种体现，是材料的固有属性。裂纹扩展有三种形式：掰开型（Ⅰ型）、错开型（Ⅱ型）、撕开型（Ⅲ型），其中掰开型是最为苛刻的一种形式，所以通常采用这种方式来测量材料的断裂韧性，此时的测量值称作 K_{IC}。在平面应变状态下材料 K_{IC} 值不受裂纹和几何形状的影响。因此，K_{IC} 值对了解陶瓷这一多裂纹材料的本质属性具有非常重要的意义。

断裂韧性的测试方法有很多，如单边切口梁法（SENB）、双扭法（DT）、山形切口劈裂法、压痕法、压痕断裂法等。由于直接压痕法和单边切口梁法（SENB）较其他测试方法具有试样尺寸小，试样加工及操作简单迅速等优点，新型陶瓷材料断裂韧性常用这两种测试方法。

1. *单边切口梁法*

单边切口梁法（SENB）通常被认为是一种研究得较为成熟的测量方法，在矩形截面的长柱状陶瓷部件中部开一个很小的切口作为预置裂纹，切口宽度最好不大于 0.2mm，切口深度为试件的 0.4～0.6 倍，采用三点或四点弯曲对试样加载直至断裂。图 3-5-5 为单边切口梁法测量断裂韧性示意图，对于陶瓷材料断裂力学研究中常用的三点弯曲试样，在试样高宽比 $W/B=2$，高跨 $W/L=1/4$ 的条件下，由边界配位法得到的 K_{IC} 近似表达式为

$$K_{IC} = PL/ BW^{3/2} f(c/W) \tag{3-5-7}$$

式中，P 为试样断裂载荷；B 为试样宽度；W 为试样高度；L 为两支撑点间距；c 为切口深度；$f(c/W)$ 为试样的几何形状因子。

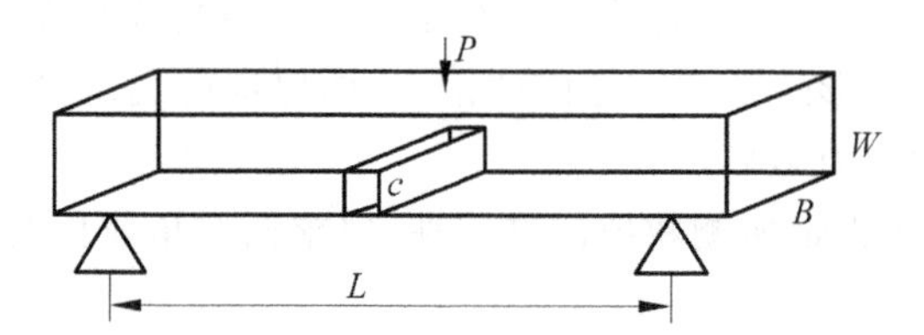

图 3-5-5　单边切口梁法测断裂韧性示意图

因为理论上考虑的是自然裂纹，宽度仅 1μm 左右。而实验中试样的人工切口往往大于自然裂纹，由此产生的应力集中程度小得多。使 K_{IC} 的实测值偏大，并随切口宽度的增大而增大。

1）测试仪器

（1）材料试验机：对测试材料施加载荷，应保证一定的位移加载速度，国标规定断裂韧性测试加载速度为 0.05mm/min。

（2）内圆切割机：用于试样预制裂纹，金刚石锯片厚度不应超过 0.20mm。

（3）夹具：保证在规定的几何位置上对试样施加载荷，试样支座和压头在测试过程中不发生塑性变形，材料的弹性模量不低于 200GPa。支座和压头应有与试样尺寸相配合的曲率半径，长度应大于试样的宽度，与试样接触部分的表面粗糙度 Ra（根据规定不大于 1.6μm）。试样支座为两根二硅化钼发热体的小圆柱，置于底座两个凹槽上。压头固定在材料试验机的横梁上。

（4）量具：测量试样的几何尺寸和预制裂纹深度，精度为 0.01mm，需使用游标卡尺和读数显微镜。

2）试样的要求

试样的形状是截面为矩形的长条，试样表面要经过磨平、抛光处理，对横截面垂直度有一定的要求，边棱应作倒角。在试样中部垂直引入裂纹，深度大约为试样高度的一半，宽度应小于0.2mm。试样尺寸比例为

$$c/W = 0.4 \sim 0.6$$
$$L/W = 4$$
$$B \approx W/2$$

式中，c为裂纹深度；W为试样高度；L为跨距；B为试样宽度。

试样长度应保证试样伸出两个支座之外均不少于3mm，横截面尺寸根据有关规定应为3mm×6mm或2.5mm×5mm。

3）计算公式

在三点弯曲受力下，记录试验的断裂载荷K，与其他数据一起代入公式，求得K_{IC}值。

4）实验步骤

(1) 试样制备：按照上述对试样的要求制备试样。可以单独压制烧成试条，也可以从圆片或其他形状部件上切取试条，经磨平、抛光、倒角等处理，用内圆切割机在试样中部预制裂纹。金刚石锯片厚度不应超过0.20mm，裂纹深度为高度的一半左右。实验采用试条尺寸大致为25mm×2.5mm×5mm，所以裂纹深度应为2.5mm左右。

(2) 试样尺寸测量：用游标卡尺在试样中部测量并记录其宽度和高度，精确至0.01mm。试样压断后，在读数显微镜下量取裂纹深度。

(3) 测试仪器：试验机（同三点弯曲测试），跨距为20mm，压头下压速率为0.05mm/min。

(4) 安装试样：把试样放在支座上，试样摆放应使两端露出部分的长度相等，并与支座垂直，切口要置于已对中的压头正下方。

(5) 加载测试：同三点弯曲强度测试。

(6) 重复测试：由于材料的断裂韧性也存在一定分散性，为了能客观地反映材料的断裂韧性，要求测试足够多试样，这样平均值就比较接近真实值。但从经济的角度来看，不允许测试太多试样。一般一种材料最少需测5根试条。

5）数据处理

根据上面公式计算每根试样的断裂韧性值，并计算这批试样断裂韧性平均值和标准偏差。如果标准偏差为平均值的10%以内，则这批数据有效。如果标准偏差超过平均值的10%，则数据无效。

2. *压痕法*

陶瓷等脆性材料在断裂前几乎不产生塑性变形，因此当外界的压力达到断裂应力时，就会产生裂纹。以维氏硬度压头压入这些材料时，在足够大的外力下，压痕的对角线的方向上就会产生裂纹，裂纹的扩展长度与材料的断裂韧性K_{IC}存在一定的关系，可以通过测量裂纹的长度来测定K_{IC}，在陶瓷材料中通常用维氏硬度法来测量陶瓷材料的断裂韧性。即用维氏或显微硬度压头，压入抛光的陶瓷试样表面，在压痕时对角线方向出现四条裂纹，如图3-5-6所示，测定裂纹长度，根据载荷与裂纹长度的关系，求出K_{IC}值。其突出的优点在于快速、简单，可使用非常小的试样。

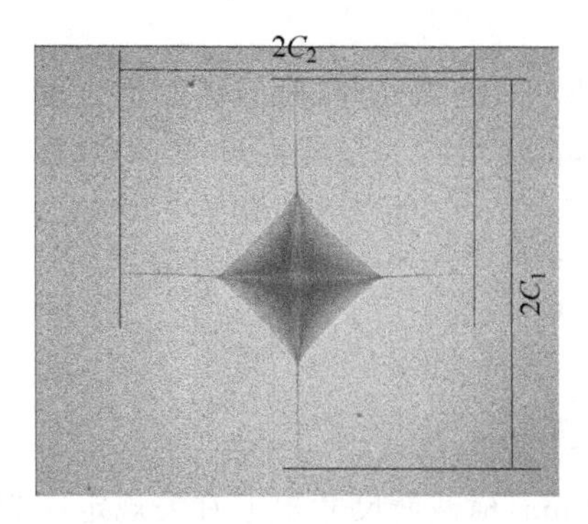

图 3-5-6 压痕法测断裂韧性

用压痕法测量断裂韧性：测试试样表面先抛光成镜面，在显微硬度仪上，以 10kg 负载在抛光表面用硬度计的锥形金刚石压头产生一压痕，这样在压痕的四个顶点就产生了预制裂纹。根据压痕载荷 P_r 和压痕裂纹扩展长度 C 计算出断裂韧性数值(K_{IC})。

$$K_{IC}=0.018\left(\frac{E}{H_V}\right)^{1/2}\cdot\frac{P_r}{C^{3/2}} \tag{3-5-8}$$

式中，E 为杨氏模量，例如氧化锆的杨氏模量 210GPa；P_r 为所加载荷，N；H_V 为试样维氏硬度值，GPa；C 为裂纹平均长度裂纹长度，即$(2C_1+2C_2)/4$，mm；P_r 为所加载荷，kg：

$$K_{IC}=0.004\,985\left(\frac{E}{H_V}\right)^{1/2}\cdot\frac{P_r}{C^{3/2}}(\mathrm{MPa\cdot m^{1/2}}) \tag{3-5-9}$$

3. 实验仪器及测试步骤

实验仪器、测试步骤及样品要求与维氏硬度测试相同(参见 3.5.2 节陶瓷材料硬度测试中维氏硬度部分)。

3.6 常规电磁性能测试

3.6.1 绝缘电阻的测试

绝缘电阻是指绝缘体上所加的直流电压 U 与泄漏电流 I 之间的比值，是反映绝缘材料绝缘特性的主要指标。理想的绝缘体是不导电的，即电阻为无穷大，但实际上绝缘体总是有很弱的导电能力。绝缘体有阻止电流通过的特性，但若加上高电压时，会有少许的漏电流流过绝缘体的内部或表面。绝缘电阻是衡量介质绝缘性能好坏的物理量，它在数值上等于介质所具有的电阻值。

1. 测试原理及方法

陶瓷材料一般都有较好的绝缘特性。其导电规律与金属不同，金属材料是自由电子导电，表面传导电流与内部传导电流比较可以忽略。而陶瓷材料主要为“弱束缚”离子电子导电，表面传导电流与内部传导电流数量相当，甚至更大。因此陶瓷材料的绝缘电阻由表面电流和体积电流两部分组成，见图 3-6-1。

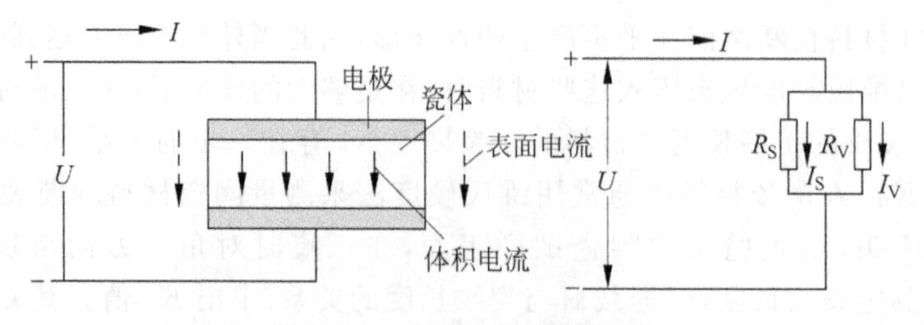

图 3-6-1 表面电流-体积电流

1）测试原理

漏电流：

$$I = I_S + I_V \tag{3-6-1}$$

表面电阻：

$$R_S = V/I_S \tag{3-6-2}$$

体积电阻：

$$R_V = V/I_V \tag{3-6-3}$$

绝缘电阻：

$$1/R = 1/R_V + 1/R_S \tag{3-6-4}$$

式中，I_S 为表面电流；I_V 为体积电流；R_V 为体积电阻；R_S 为表面电阻。

2）测试方法

测量时为了把体积电流 R_V 和表面电流 R_S 分开，分别进行测 R_V 和 R_S，要把试样电极做成由环电极、测量电极和高压电极组成的三电极系统（图 3-6-2）。

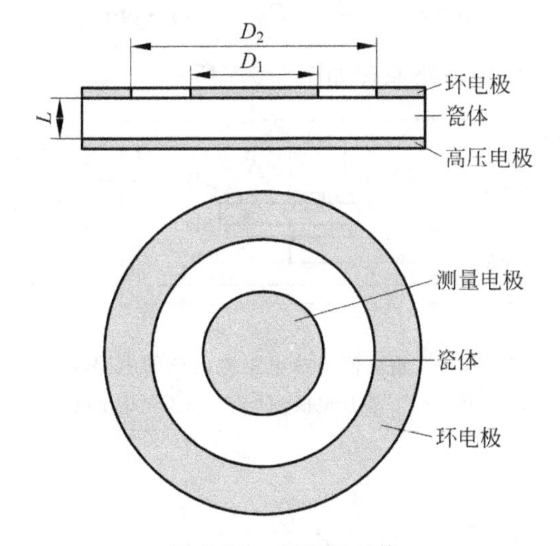

图 3-6-2　三电极系统

表面电阻测量线路和体积电阻测量线路分别见图 3-6-3 和图 3-6-4。

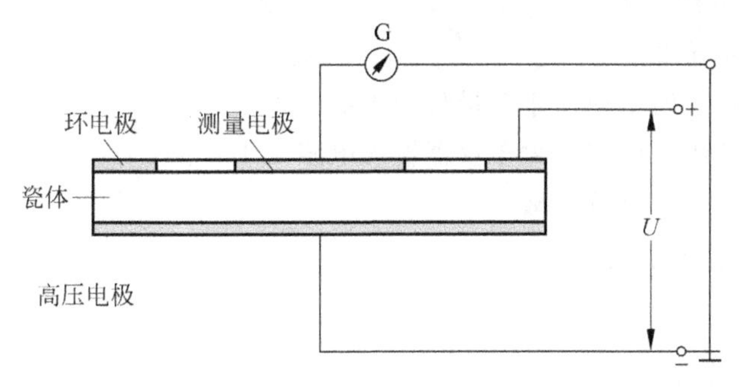

图 3-6-3　表面电阻测量线路

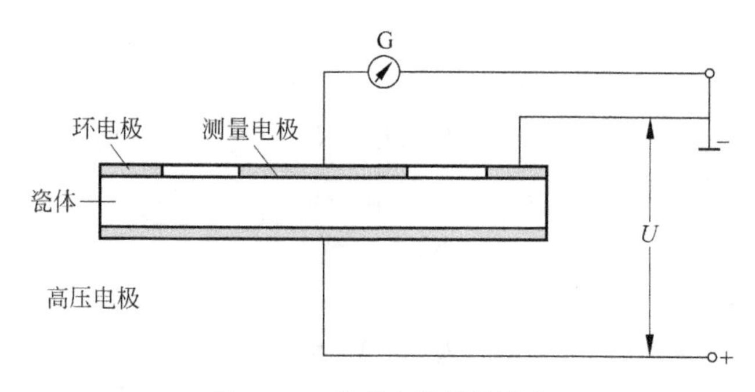

图 3-6-4 体积电阻测量线路

表面电阻率：

$$\rho_S = R_S \frac{2\pi}{\ln \frac{D_2}{D_1}} (\Omega) \tag{3-6-5}$$

体积电阻率：

$$\rho_V = R_V \frac{S}{L} = R_V \frac{\pi D_1^2}{4L} (\Omega \cdot \text{cm}) \tag{3-6-6}$$

超高值绝缘电阻测试仪的电路原理如图 3-6-5 所示：

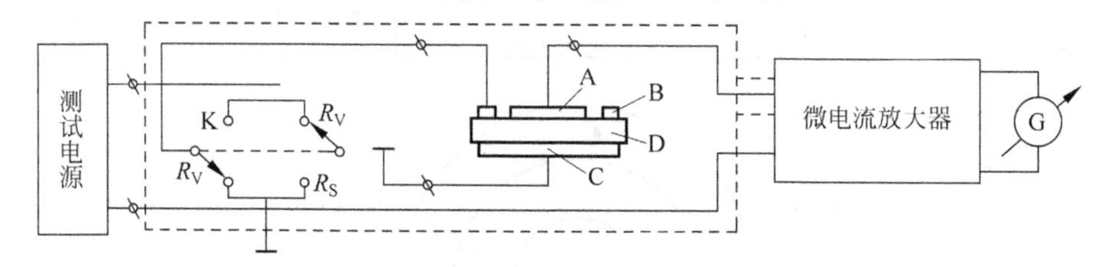

图 3-6-5 超高值绝缘电阻测试仪的电路原理

A—测量电极；B—环电；C—高压电极；D—试样；G—指示电表；K—转换开关

流过试样的电流：

$$I_R = \frac{U}{R_x + R_i} \approx \frac{U}{R_x} \tag{3-6-7}$$

式中，U 为测试电源输出电压，V；R_x 为试样电阻，Ω；R_i 为微电流放大器的等效输入阻抗，Ω。

高阻仪应满足下列要求：

(1) 测量误差小于 20%；

(2) 零点漂移每小时不应大于全量程的 4%；

(3) 输入接线的绝缘电阻应大于仪器输入电阻的 100 倍；

(4) 测试电路应该有良好屏蔽。

2. 实验仪器及测试步骤

1) 实验仪器

实验仪器为高阻仪。

2) 样品制备

试样直径(20±0.5)mm，厚度为(2±0.5)mm。

3）测试步骤

（1）连接仪器线，调节仪器；

（2）放置样品，将三个电极分别接至仪器相应的三个接线柱，关闭电极箱；

（3）将电缆线分别接至高阻仪面板输入插孔和电极箱一侧的测量插孔，并旋紧固定套；

（4）将测试电源线分别接至高阻仪面板上的电压接线柱 R_x 上和电极箱一侧的测试电压接线柱；

（5）将连接线的地线分别接至高阻仪面板上的接地端和电极箱的接地端，然后一并接地；

（6）测量体积电阻率：将电极箱的“R_V、R_S”，转换至 R_V；选择测试电压及倍率，在不了解测试值数量级时，倍率应从低次方开始选择；

（7）将仪器“放电、测试”开关放在“测试”位置，打开输入短路开关，加测试电压后 1min 时读取电阻值，读数完毕将“倍率”旋回“10^{-1}”挡；

（8）测量表面电阻率：将电极箱的“R_V、R_S”，转换至 R_S；选择测试电压及倍率，在不了解测试值数量级时，倍率应从低次方开始选择；

（9）将仪器“放电、测试”开关放在“测试”位置，打开输入短路开关，加测试电压后 1min 时读取电阻值，读数完毕将“倍率”旋回“10^{-1}”挡；

（10）接入短路开关，将仪器“放电、测试”开关放在“放电”位置，更换试样。重复上述操作。

4）注意事项

（1）试样状态：清洗，乙醇擦拭，120℃干燥；

（2）电极制备：形状尺寸符合国家标准。国标规定三电极系统，试样厚度为(2±0.5)mm，间隙宽度 1～1.5mm；

（3）试样和测量导线要采用静电屏蔽，并与保护系统一起接地，防止静电干扰；

（4）吸收电流的影响(图 3-6-6)。统一规定加直流电压后 1min 时读取电阻值。

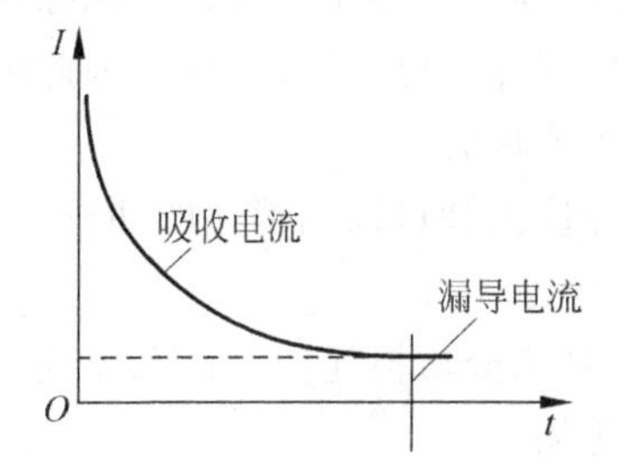

图 3-6-6 通过介质电流与时间关系

3.6.2 介电常数及介质损耗的测试

介电常数是表征电介质的最基本的参量，是衡量介质极化行为，或电介质储存电荷能力的重要参数。介电损耗是介电材料用于交流电路中基本物性之一，是介电材料置于交流电场中，以内部发热(温度升高)形式表现出来的能量损耗。

1. 测试原理

介电常数是电位移 D 与电场强度 E 之比 D/E，其单位为 F/m，而相对介电常数为同一尺寸的电容器中充入电介质时的电容和不充入电介质时真空下的电容之比。介电常数小的电介质，其分子为非极性或弱极性结构，介电常数大的电介质，其分子为极性或强极性结构。介电常数与温度、频率、电压和湿度有关。介质的各种极化机构在不同的频率范围有不同的响应，在不同频率下产生不同的电导率，因此介质的介电常数和介电损耗都是随频率的变化而变化。此外高湿的作用，使水分子扩散到样品分子间，使其极性增加；同时，潮湿的空气作用于样品表面，具有离子性质，增加表面电导，使得材料的介电常数 ε 随湿度增加。

对于圆片状介电陶瓷样品，相对介电常数可以按如下公式得到：

$$\varepsilon=\frac{14.4C_x\times h}{D^2} \tag{3-6-8}$$

式中，C_x 为试样的电容量，pF；h 为试样的厚度，cm；D 为电极直径，cm。

注：$1F=10^6\mu F=10^9nF=10^{12}pF$。

电介质在电场作用下，由于介质电导和介质极化的滞后效应，在其内部引起的能量损耗。即电导和部分极化过程会将一部分电能转变为其他形式的能(如热能)，即发生电能的损耗。介质损耗角又称介电相位角，反映电介质在交变电场作用下，电位移与电场强度的位相差。在交变电场作用下，根据电场频率和介质种类的不同，其介电行为可能产生以下两种情况。对于理想介质而言，电位移与电场强度在时间上没有相位差，此时极化强度与交变电场同相位，交流电流刚好超前电压 $\pi/2$。对于实际介质而言，电位移与电场强度存在位相差。此时介质电容器交流电流超前电压的相角小于 $\pi/2$。由此，介质损耗角等于 $\pi/2$ 与介质电容器交流电流超差电压的相角之差。介质损耗角是在交变电场下，电介质内流过的电流向量和电压向量之间的夹角(即功率向量角 φ)的余角 δ，简称介损角。介质损耗角(介损角)是一项反映高压电气设备绝缘性能的重要指标。介损角的变化可反映受潮、劣化变质或绝缘中气体放电等绝缘缺陷，因此测量介损角是研究绝缘老化特征及在线监测绝缘状况的一项重要内容。

介质损耗可以用消耗的功率 P 表示，也可以用损耗角 δ 或损耗角正切 $\tan\delta$ 值来表示。

$$P=V^2WC\tan\delta \tag{3-6-9}$$

式中，P 为介质损耗功率；V、W 分别为外加电场电压和频率；C 为介质电容量；$\tan\delta$ 为损耗角正切。

损耗角正切 $\tan\delta$ 值的大小反映了介质材料中单位时间内损耗能量的大小，因此电介质的介电损耗一般用损耗角正切 $\tan\delta$ 表示。

在交变电场作用下，电介质的介电常数为复数，复介电常数的实部与上述介电常数的意义是一致的，而虚部表示损耗。

对一般陶瓷材料，介质损耗角正切值越小越好，尤其是电容器陶瓷。但对于衰减陶瓷则例外，其要求具有较大的介质损耗角正切值。

介电损耗可以通过测量试样的等效参数经计算求得，也可由介质损耗仪、电桥、Q 表等测量仪器上直接读取。根据测试频率范围及原理的不同，陶瓷材料介电性能的测试方法有很多种，大致可分为三大类：

1) 电桥法

测量范围：0.01Hz～150MHz。

测量原理：根据电桥平衡时两对边阻抗乘积相等，从而来确定被测电容器或介质材料的 C_x 和 $\tan\delta$。(将试样置于由两个臂组成的电桥的一个臂上，通过调节电桥上的电容、电感及电阻使电桥达到平衡，此时两个臂上的阻抗相同，通过已知的其他电容、电感及电阻的值即可计算得到试样的电容和介电损耗。)

2) 谐振回路法

测量范围：40kHz～200MHz。

测量原理：根据谐振回路的谐振特性，即谐振时角频率 W 与回路的电感、电容之间的特定关系式，求得 C_x 和 $\tan\delta$。

3) 阻抗分析(矢量)法

测量范围：0.01Hz～200MHz。

测量原理：通过矢量电压-电流的比值的测量来确定复阻抗，进而获得材料的有关参数。(在试样两端施加一交流电压，通过测量通过试样的电流得到试样的复阻抗，并由此求出电容和介电损耗。)

阻抗分析法和电桥法均有成套的仪器可供直接使用，分别为阻抗分析仪和 LCR 仪。

2. 实验仪器及测试步骤

1) 实验仪器

实验仪器为 LCR 测试仪。

2) 样品制备

样品通常为圆片状，上下两面被金属电极。

3) 操作步骤

(1) 通过操作“参数”按键可选择测量 L(电感)、C(电容)和 R(电阻)。实验选择测量电容，选择后有对应的红色指示灯点亮；

(2) 测量电感或电容时，在测试台的两个电极上会有交流电压输出，交流电压的频率由面板上的“频率”按键切换，可选择 100Hz、1kHz 或 10kHz；

(3) 面板上的“D、Q 开关”选择 $Q>30$；

(4) 对 LCR 仪进行开路、短路校准，提高仪器的测试精度；

(5) 将被测试样安装在仪器面板的测试夹具上进行测试。

4) 注意事项

(1) 测量时需戴手套、用镊子。

(2) 由于介电常数 ε 和介质损耗角正切 $\tan\delta$ 与频率、温度和湿度有关，所以在说明其数值时，应指明测试频率、温度和湿度。

(3) 测试电压：过高会明显增加附加损耗。通常对于板状试样，电压应低于 2kV。对于薄膜试样，电压应低于 500V。

(4) 测试用接触电极：高频下，电极的附加损耗变大，因而电极材料本身的电阻一定要小。

3.6.3 介电陶瓷电容温度系数及铁电陶瓷材料居里温度的测试

1. 测试原理

1) 介电陶瓷材料电容温度系数

铁电介质陶瓷材料是制造电容器、各种压电陶瓷器件等的主要材料。其基本参数之一，即为电容量温度特性。根据国家标准的规定，电容器的进一步分类也是依据电容量温度特性而进行的，而该参数设计的主要依据是所选用的电介质的介电常数温度特性。

电容温度系数(temperature coefficient of capacitance)是在给定的温度间隔内，温度每变化1℃时，电容的变化数值与该温度下的标称电容的比值。电容温度系数是电容器陶瓷、微波陶瓷等材料的重要的电性能指标之一。电容温度系数表达式为

$$\alpha_c = dC/C \cdot dt \tag{3-6-10}$$

式中，α_c 为电容温度系数；C 为给定温度下的标称电容；dC 为当温度变化 dt 时电容的变化值；dt 为温度的变化值。

如在某温度范围内，则电容量的平均温度系数的表达式为

$$\alpha_c = \Delta C_x/C_x \cdot \Delta t \tag{3-6-11}$$

式中，C_x 为电容量；Δt 为温度变化值；ΔC_x 为温度变化 Δt 时电容量的变化值。

测试仪器由电容测量仪和恒温加热设备组成。被测样品放入恒温箱中，在温度为 t_1 时测量其电容量，当温度升至 t_2 时再测量其电容量，得到电容量的变化值 ΔC，由式(3-6-11)得到电容温度系数，其中：$\Delta t = t_2 - t_1$。

2）铁电陶瓷材料居里温度

居里温度是铁电压电PTC陶瓷材料的一个重要参数。铁电压电陶瓷材料一般具有一个以上的相变温度点，在某一温度范围内具有铁电特性，当温度达到某一临界值时，这些材料会发生相变，由铁电相变为非铁电相，自发极化和铁电性随之消失，这一临界温度称为居里(点)温度或居里点，通常用 T_C 表示。

铁电压电陶瓷材料的许多物理性质如电容量、介电常数、热容量等，都会在居里温度 T_C 处发生突变。因此，只要测定这种突变点对应的温度就能确定铁电压电陶瓷材料的居里温度。

介电常数随着温度的变化曲线(ε-T 曲线)显示，随着温度的升高，在相变温度附近，介电常数会急剧增大，至相变温度处，介电常数值达到最大值；如果所对应的相变温度是居里温度，那么随着温度的继续增加，介电常数随温度的升高将按照居里-外斯(Curie-Weiss)定律的规律而减小。

铁电介质陶瓷材料的 ε-T 曲线的另一个特点是，与单晶铁电体相比，在居里峰两侧一定高度所覆盖的温度区间比较宽，该温度区间称为居里温区，即对于铁电陶瓷来说，其介电常数 ε 具有按居里区展开的现象，该现象被称为相变扩散。通过对材料的显微组织结构的调整和控制，可以改变介质的居里温度，同时可以控制材料的相变扩散效应，从而达到调整和控制介质的居里温度和在一定温度区间内的介电常数-温度变化率的目的。

测量居里温度 T_C 的方法很多，有Sawer-Tower电路示波器观察电滞回线突变法、传输线路法、扫描仪法、电容电桥法、电畴观察法、热膨胀系数突变测量法等。本实验采用电容电桥法，通过测定在一定温度范围内的电容量随着温度的变化曲线，折算出该介质的介电常数-温度特性曲线。

2. 实验仪器及测试步骤

1）实验仪器

如图3-6-7所示的测试装置示意图，其中的WK-4225型LCR测量仪是一种低频测试电桥，其测试频率固定为1kHz，测试电压为1.0V；采用这种仪器可以直接测定试样在某一

环境条件下的电容量值；恒温装置的作用是调整试样的测试温度，或控制样品的升温速率；所取得的实验数据可以通过计算机采集处理，直接绘制出介质的 ε-T 曲线。对试验设备要求如下：

(1) 记录仪测量误差不大于1%；

(2) 阻抗分析仪：频率变动度不大于±0.5%，输出信号波动不大于±1%；

(3) 电炉：炉膛内温度均匀可控制；

(4) 热电偶测量误差不大于1%。

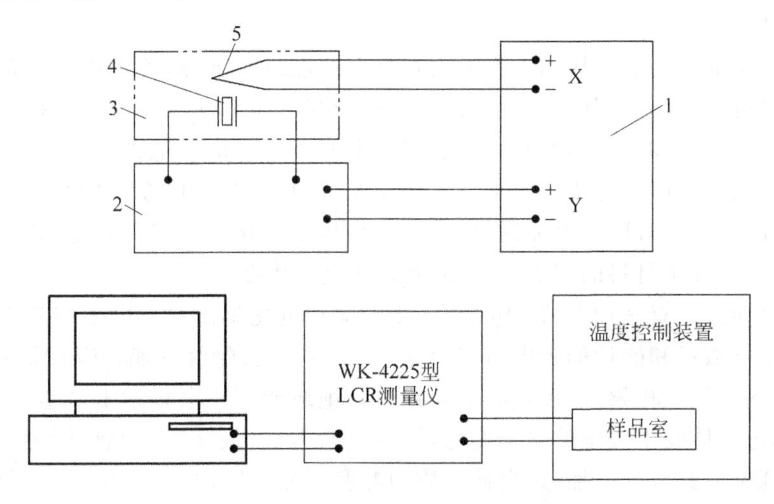

图 3-6-7　ε-T 曲线测试装置示意图

1—记录仪；2—阻抗分析仪；3—电炉；4—试样；5—热电偶

2) 试样制备

采用"圆片型平板电容器"作为实验试样，试样为带有电极的未极化薄圆片，试样应保持清洁干燥，推荐试样尺寸 ϕ15mm×1mm。

3) 测试步骤

(1) 实验装置和样品的连接：按照图中的实验装置，把样品放置在样品室中，检查各个电连接点的连接状况；

(2) 电桥的准备：打开置于仪器后面的开关，可以看到键盘上 Measure/Continous 键红灯闪烁，Auto 键红灯亮，1kHz 频率键红灯亮，30min 后可以进入测试状态；

(3) 温度控制装置的准备：如果采用"逐点测定法"，即可按照预先设计的测定温度点，逐点控制样品室的温度，使温度保持 5min 后，测定对应温度点的试样的电容量值，然后绘制出 ε-T 曲线；如果采用"连续测量法"，即可按照预先设计的升温(或降温)制度，控制样品室的温度变化进行测量；

(4) 通过数据采集系统绘制试样的 ε-T 曲线。

4) 注意事项

(1) 必须采用标准的测试夹具和测试引线连接试样和仪器的测试端子；

(2) 试样室温度场的控制要尽量平稳，尽量减少温度波动，并且要对温度波动范围有准确的控制，以便能够对测量误差进行准确的判断；

(3) 在测试过程中，升温制度(或降温制度)不要中途改变，要保持测试过程的连续性；

(4) 在测试过程中,不要移动试样。

在测定过程中,对材料的 ε-T 曲线的测定结果的影响因素很多,如测试夹具的影响,连接导线的影响,升温或降温速度的影响等。因此需要对测试结果进行科学的分析,对测试数据的误差范围进行科学的判断。

3.6.4　介电陶瓷击穿场强的测试

1. 测试原理

电介质在足够强的电场作用下将失去其介电性能成为导体,称为电介质击穿。导致击穿的最低临界电压称为击穿电压。均匀电场中,击穿电压与介质厚度之比称为击穿电场强度(简称击穿场强,又称介电强度),它反映固体电介质自身的耐电强度。不均匀电场中,击穿电压与击穿处介质厚度之比称为平均击穿场强,它低于均匀电场中固体介质的介电强度。固体介质击穿后,由于有巨大电流通过,介质中会出现熔化或烧焦的通道,或出现裂纹。脆性介质击穿时,常发生材料的碎裂,可据此破碎非金属矿石。

固体电介质击穿有三种形式:电击穿、热击穿和电化学击穿。电击穿是因电场使电介质中积聚起足够数量和能量的带电质点而导致电介质失去绝缘性能;热击穿是因在电场作用下,电介质内部热量积累,温度过高而导致失去绝缘能力。电化学击穿是在电场、温度等因素作用下,电介质发生缓慢的化学变化,性能逐渐劣化,最终丧失绝缘能力。固体电介质的化学变化通常使其电导增加,这会使介质的温度上升,因而电化学击穿的最终形式是热击穿。温度和电压作用时间对电击穿的影响小,对热击穿和电化学击穿的影响大,电场局部不均匀性对热击穿的影响小,对其他两种影响大。

在一定试验条件下,升高电压直到试样发生击穿为止,测得击穿场强或击穿电压,用来表征绝缘材料的介电强度。影响击穿场强测试的因素主要有:

(1) 介质厚度影响。

(2) 极板面积的影响。

(3) 介质表面平整度影响:在测试电压低于两端电极之间空气击穿电压时,部分样品仍然因瓷体表面放电被击穿。从理论上分析,陶瓷的带电量 $Q=CU$。而带电导体表面的电场与表面的电荷密度成正比 $E=\delta/\varepsilon_0$,而表面的电荷密度与导体的曲率半径 ρ 成反比 $\delta\propto 1/\rho$。由于端头与瓷体结合的部分不是很平整,在放电的地方,端头有明显凸出的地方,形成尖端,曲率半径则变得很小,而表面的电荷密度变得很大,因而电场比其他的地方大很多。相同的电荷沿着瓷体边面推向另一端电极,形成导通,则样品被击穿。

(4) 电压作用时间:若外加电压作用时间很短(如 0.1s 以下),而固体绝缘就被击穿,则这种击穿很可能是电击穿。如电压作用时间较长(几分钟到数十小时)才引起击穿,则热击穿往往是主要因素。有时二者很难分清,例如在交流 1min 耐压试验中的试品被击穿,则常常是电和热的双重作用。电压作用时间长达几十小时甚至及几年才击穿时,则大多属于电化学击穿范围。为了准确判明击穿的原因,还应根据击穿现象作具体分析,不能单纯以时间来衡量。

2. 实验仪器及测试步骤

1) 实验仪器

实验仪器为击穿电压试验机,型号为 FYDY-50KV。

2）试样要求

本实验要求一般为上有电极的圆片状试样。试样的厚度一般为1～2mm，如果试样太厚，将不能击穿或者击穿电压过大，超过试验变压器的额定电压。试样的面积要比电极面积大，使之在击穿前不会发生闪络，一般电极直径取10mm或20mm。

3）测试步骤

（1）测试样品厚度，确认样品电极状况，连接测试电路；

（2）按一定的速度进行升压，直到击穿发生；

（3）根据击穿电压和样品厚度计算击穿场强。

4）注意事项

（1）对于高击穿场强的样品，测试要在绝缘油中进行，防止发生电火花放电；

（2）升压速度对实验结果影响较大；

（3）击穿场强分散性较大，需多测一些试样，一般最少取5个，取平均值作为实验结果。数值偏离平均值15%以上者，需剔除，必须再取5个试样重新测试。

3.6.5　铁电陶瓷动态电滞回线的测试

1．测试原理

铁电体是一种可呈现自发极化，并且自发极化的方向能随外电场方向改变的晶体介质。通常，铁电体自发极化的方向不相同，但在一个小区域内，各晶胞的自发极化方向相同，这个小区域就称为铁电畴。铁电畴之间的界面称为磁壁。两电畴反向平行排列的边界面称为180°畴壁，两电畴互相垂直的畴壁称为90°畴壁。在外电场的作用下，电畴取向态改变180°的称为反转，改变90°的称为90°旋转。晶体中每个电畴方向都相同的则称为单畴，若每个电畴的方向各不相同，则称为多畴。

众所周知，铁磁体的磁化强度与磁场的变化有滞后现象，表现为磁滞回线。正如铁磁体一样，铁电体的极化强度随外电场的变化亦有滞后现象，表现为"电滞回线"，且与铁电体的磁滞回线十分相似。铁电体其他方面的物理性质与铁磁体也有某种对应的关系，比如电畴对应于磁畴。铁电畴与铁磁畴也有着本质的差别，铁电畴壁的厚度很薄，大约是几个晶格常数的量级；但铁磁畴壁则很厚，可达到几百个晶格常数的量级。而且在磁畴壁中自发磁化方向可逐步改变方向，而铁电体则不可能。

电滞回线是铁电体的主要特征之一，电滞回线的测量是检验铁电体的一种主要手段。通过电滞回线的测量可以获得铁电体的自发极化强度P_s，剩场极化强度P_r，矫顽场E_c及铁电耗损等重要参数。图3-6-8是典型的电滞回线。当外电场施加于晶体时，极化强度方向与电场方向平行的电畴变大，而与之反平行方向的电畴则变小。随着外电场的增加，极化强度开始沿图中OA段变化，电场继续增大，P逐渐饱和，如图中的BC段所示，此时晶体已成为单畴。将BC段外推至电场$E=0$时的P轴（图中SBC线所示），此时在P轴上所得截距称为饱和极化强度P_s，P是每个电畴原来已经存在的自发极化强度。

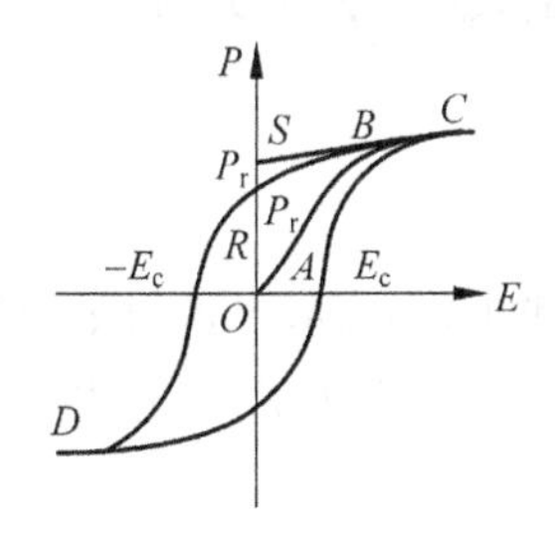

图3-6-8　电滞回线

当电场由图中C处开始降低时，晶体的极化强度P随之减小，但不是按原来的 *CBAO* 曲线降至零，而是沿着 *CBRD* 曲线变化。当电场降至零时，其极化强度 P_r 称为剩余极化强度。剩余极化强度是对整个晶体而言的(电场强度为零后，晶体部分回复多畴状态，极化强度又被抵消了一部分)。当反向电场增加至 $-E_c$ 时，剩余极化强度全部消失，E_c 称为矫顽电场强度。当反向电场继续增加时，沿反向电场取向的电畴逐渐增多，直至整个晶体成为一个单一极化方向的电畴为止(即图 3-6-8 中 *D* 点)。如此循环便成为一电滞回线。

剩余极化强度 P_r 一般小于自发极化强度 P_s。但如果晶体成为单畴，则 P_r 等于 P_s。所以，某一材料的 P_r 与 P_s 相差越多，则该材料越不易成为单畴。图 3-6-9 所示为钛酸钡单晶和多晶(陶瓷)电滞回线的对比。由图可见，陶瓷体虽经过电场极化，仍不容易成为单畴，单晶体的 P_s 等于 P_r。

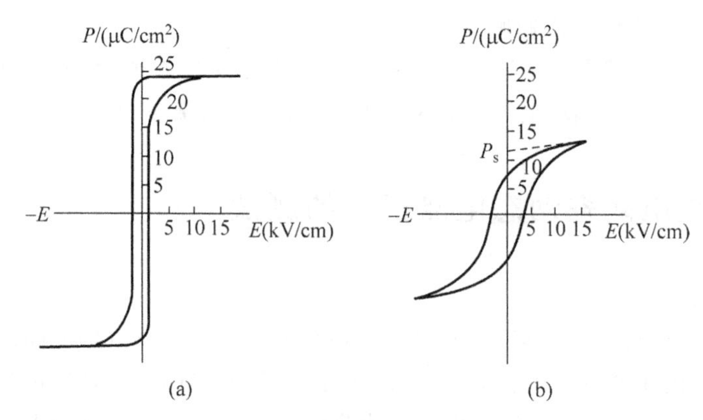

图 3-6-9 钛酸钡电滞回线

(a) 单晶；(b) 多晶

1) 电滞回线的测定

测量铁电材料电滞回线的方法通常有两种：(1)冲击检流计描点法；(2)示波器示波图法。本实验采用第二种方法。

示波器图示法又称 Sawyer-Tower 电路法，图 3-6-10 为Sawyer-Tower 电路原理图。图中 C_x 为待测样品。*C* 为大电容，与 C_x 串联。为了消除 U_1 和 U_2 之间的相位差，在电容 *C* 上并联了一个电阻 *R*，调整 *R* 的大小便可使 U_1、U_2 的相位相同。因为 C_x 和 *C* 是串联的，故两个电容器上的电荷是一样多的，$Q_x=Q_c=Q$，即

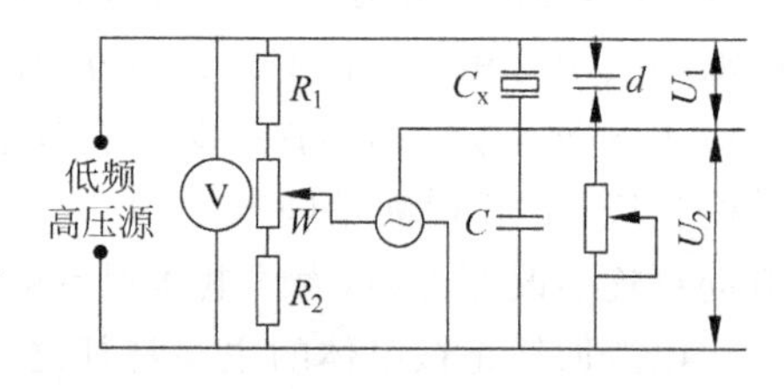

图 3-6-10 Sawyer-Tower 电路原理图

$$C_xU_1 = CU_2 \tag{3-6-12}$$

$$U_2 = \frac{C_xU_1}{C} = \frac{Q}{C} = \frac{AD}{C} \propto D \tag{3-6-13}$$

式中，*A* 为样品的有效电极面积；*D* 为电位移。对于铁电陶瓷，$\varepsilon_r \geqslant 1$，故 $D \approx P$，从而 U_2 与极化强度 *P* 成正比，即

$$U_2 = \frac{AP}{C} \tag{3-6-14}$$

由于 $C_x \ll C$，故 $U_1 \gg U_2$，$U_1 \approx U$（电源电压），所以

$$U_x \propto U \approx U_1 \propto E \tag{3-6-15}$$

式中，E 为样品两端的电场强度。上式表明，从 R_2 上取出的电压 U_x 正比于样品的电场强度 E。若将 U_y，U_x 分别接到示波器的 Y，X 轴上，便可以在示波器上看到 P-E（或 D-E）曲线，即电滞回线。

2）P_r，P_s 和 E_c 的测量

测出样品的电滞回线后，根据示波器上 Y 轴和 X 轴的比例尺，便可以求出 P_r，P_s 和 E_c 的数值。

Y 轴（电量 Q）比例尺的确定：使示波器 X 轴输入短路，屏示高度为 H(mm)，则纵轴比例尺为

$$m_y = \frac{2\sqrt{2}C_0U_y}{H}(\mu C/mm) \tag{3-6-16}$$

式中，C_0 为标准电容，μF；U_y 为电压有效值，V；H 为示波器上的高度，mm。

X 轴（电压 U）比例尺的确定：使示波器上 Y 轴输入短路，示波器宽度为 L(mm)，若此时电源电压为 U，则 X 轴比例尺为

$$m_x = \frac{2\sqrt{2}U}{L}(V/mm) \tag{3-6-17}$$

P_r 的测量：从示波器读取与横轴（电压）的原点相应的纵轴（电量）的读数为 Y_r(mm)，纵轴比例尺为 m_r(μC/mm)，样品的电极面积为 $A(cm^2)$，则剩余极化强度为

$$P_r = \frac{m_rY_r}{A}(\mu C/cm^2) \tag{3-6-18}$$

P_s 的测量：从示波图上得电滞回线中饱和段外推至 $E=0$ 时交于 S 点，测得所截线段，测得其长度为 Y_s。设纵轴比例尺为 $m(\mu C/cm^2)$格。则自发极化强度为

$$P_s = Y_s m(\mu C/cm^2) \tag{3-6-19}$$

E_c 的测量：设测得样品厚度为 t(mm)，已知示波图的横轴（电压）的比例尺为 m_x(V/mm)，从示波器图上量得纵轴（电荷轴）为零时相应的横轴（电压）的长度为 X_s(mm)，则矫顽场为

$$E_s = \frac{m_xX_s}{t}(V/mm) \tag{3-6-20}$$

2. 实验仪器及测试步骤

1）实验仪器

实验仪器为 ZT-I 铁电材料参数测试仪。

2）试样要求

与介电性能测试样品要求相同，一般为上好电极未经极化的圆片状试样。

3）测试步骤

（1）安装样品，确认电极状况，在室温下调出恰当的电滞回线；

（2）用计算机描绘电滞回线（X 轴用电场强度 V/mm 定标，Y 轴用极化强度 $\mu C/mm^2$ 定标），并从回线上求出样品的自发极化强度，剩余极化强度及矫顽场；

（3）测量样品的厚度、面积，输入软件中，自动计算出样品的自发极化强度，剩余极化强度及矫顽场。

4）注意事项

（1）样品电极制备要均匀致密，否则会对极化值的测试产生影响；

（2）样品厚度应当均匀，否则会对矫顽力数值产生影响；

（3）测试频率对结果影响很大，记录结果时应当详细记录测试频率。

3.6.6 陶瓷材料交流复阻抗的测试

1. 测试原理

陶瓷材料中一些束缚不牢固的离子在电场作用下成为载流子，从而产生电导。可分为两类：一类是由构成晶体点阵的基本离子的迁移造成的，也称本征电导。另一类是掺杂物（杂质）离子运动造成的，称为掺杂物（杂质）离子电导。离子型晶体主要是离子电导，如氧化锆固溶体等。通常离子电导的能力随温度的升高而增强。

交流阻抗法是一种以小振幅的正弦波电位（或电流）为扰动信号，叠加在外加直流电压上，并作用于电介质。通过测量系统在较宽频率范围的阻抗谱，获得研究体系相关动力学信息及电极界面结构信息的电化学测量方法。例如，可从阻抗谱中含有时间常数个数及其大小推测影响电极过程的状态变化情况，可以从阻抗谱观察电极过程中有无传质过程的影响等。

交流复阻抗技术用于研究多晶材料离子电导行为，最早是由 Bauerle 于 1969 年提出的。研究证实，固体氧化物电解质材料理想的复阻抗谱图（Cole-Cole 图）应该由三个依次排列的半圆构成。这三个半圆从左到右依次对应于晶粒、晶界、电极与试样接触面的贡献。图 3-6-11 为理想情况下陶瓷材料的复阻抗谱图及相应的等效电路，其中：

$$R_{12} = R_b + R_{gb} \qquad (3\text{-}6\text{-}21)$$

$$R_{23} = R_b \qquad (3\text{-}6\text{-}22)$$

根据下式可以求得其相应的电导率：

$$\sigma = t/SR \qquad (3\text{-}6\text{-}23)$$

式中，t 为试样的厚度；S 为试样表面电极的面积。

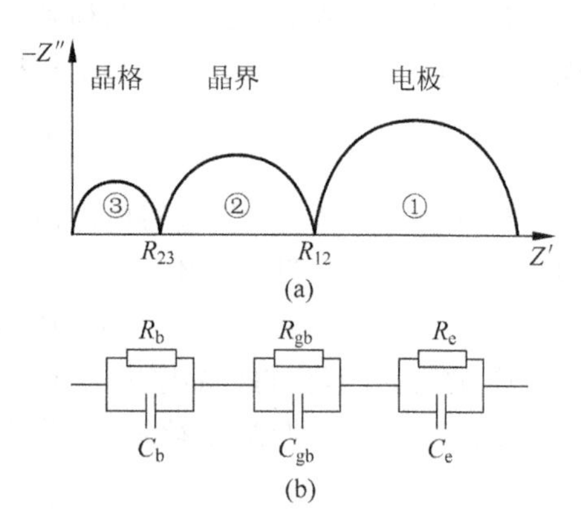

图 3-6-11 理想情况下固体氧化物电解质材料的复阻抗谱图及相应的等效电路

（a）复阻抗谱图；（b）等效电路

因此从理论上说，应用复阻抗分析技术可以将晶界、电极对总电导率的贡献分离出去，从而得到一个较为精确的晶粒电导率值；同时为研究晶界效应也提供了可能。但是在实际测试中，所能测得的上述半圆的数量取决于测试温度以及所采用的频率范围。而且，对于不同的材料，实际的阻抗谱的形状是各不相同的（相应地其等效电路也应该有所不同）。在有些情况下，甚至可能得不到清晰分离的半圆。此外，材料的介电损耗还会导致所测得的半圆圆心位置下沉。因此，在利用测得的数据绘出所讨论温度下的 Cole-Cole 图，首先要正确找出对应晶粒部分的半圆（有可能仅仅是一段弧）。通过拟合可求出圆的直径得到电阻，进而可求得晶粒电导率，作出电导率随温度的变化曲线（$\lg(\sigma T)-1000/T$）。根据 Arrhenius 方程

$\sigma T = A\exp\left(\frac{-E}{kT}\right)$可求得活化能(如果是非线性的,分高温和低温两部分进行拟合,求得两个活化能),从而进一步分析晶界的电导率及活化能的变化行为。

2. 实验仪器及测试步骤

1) 实验仪器

实验仪器为电化学综合测试仪 Solartron SI1287+SI1260。

2) 样品要求

圆片状厚度均匀的试样,电极要求涂覆均匀。

3) 测试步骤

(1) 将一定尺寸电解质片夹在两片金属电极间,连接好测量线路;

(2) 在电化学综合测试仪 Solartron SI1287+SI1260 上测定样品的交流阻抗谱。频率范围为1～105Hz;

(3) 由交流阻抗图谱中尾线与实轴的交点,读取电解质的本体电阻,计算该电解质的电导率。

4) 注意事项

(1) 要保证电极的均匀性和与电解质的接触情况,以免给测量带来误差;

(2) 当需要分析陶瓷样品晶粒、晶界电导等多种电导率同时存在的体系时,有时 Cole-Cole 图中半圆有所重合或者表现不明显,此时需要进行有效电路的拟合,从而才能可靠地确定各项电导率的贡献。

3.6.7 压电陶瓷准静态压电系数 d_{33} 的测试

1. 测试原理

压电陶瓷是一种具有压电效应的材料,是一种能够将机械能和电能互相转换的功能陶瓷材料。所谓压电效应是指当在某一特定方向对晶体施加应力时,在与应力垂直方向两端表面能出现数量相等、符号相反的束缚电荷,这一现象被称为正压电效应。而逆压电效应是指当一块具有压电效应的晶体置于外电场中时,由于晶体的电极化造成的正负电荷中心位移,导致晶体形变,形变量与电场强度成正比。

压电陶瓷的压电系数 d_{33} 是压电陶瓷重要的特性参数之一,它是压电介质把机械能(或电能)转换为电能(或机械能)的比例常数,反映了应力应变和电场电位移之间的联系,以及材料机电性能的耦合关系和压电效应的强弱。通常用 d_{ij} 表示,下标中第一个数字 i 代表电场方向或电极面的垂直方向,第二个数字 j 代表应力或应变方向。其测试方法分为动态法、静态法和准静态法。方法具体介绍如下:

(1) 动态法:精度高,对样品形状尺寸有严格要求,测量方法烦琐,无法测被测样品极性。

(2) 静态法:操作简单,可同时测出试样的压电常数和极性。但由于压电非线性及热释电效应,测量误差可达30%～50%。此外,对被测样品形状尺寸有严格要求。

(3) 准静态法:对样品的形状尺寸要求宽,片状、柱状、条状、管状、环状等均可测量,测量范围宽；分辨率和可靠性高；操作方便快捷：是一种实用性较强的测试方法。

使用准静态法测量压电常数 d_{33} 的原理如下：

根据压电方程：

$$d_{33} = (D_3/T_3)^E = (S_3/E_3)^T \qquad (3\text{-}6\text{-}24)$$

式中，D_3、E_3 分别为电位移和电场强度；T_3、S_3 分别为应力和应变。

上式可写为

$$d_{33} = (Q/A)(F/A) = Q/F = CV/F \qquad (3\text{-}6\text{-}25)$$

式中，A 为试样的受力面积；Q 为电荷量；F 为作用在试样上的力；C 为与试样并联且比试样自身容量大很多的电容；V 为 C 两端的充电电压。

仪器发出电驱动信号，使测试头内的电磁驱动部分产生一个 0.25N、频率为 110Hz 的低频交变力，将上下探头加到被测样品和内部比较样品上，由于两者串联，因而所受的交变力相等。由正压电效应产生的两个电信号经过放大、检波、相除等处理后，将试样的 d_{33} 值和极性直接显示在仪器面板上。

2. 实验仪器及测试步骤

1）实验仪器

实验仪器为 ZJ-3AN 型准静态 d_{33} 测量仪。

2）样品要求

一般情况下要求试样质量小于 100g，试样电容小于 10nF，形状不限，推荐标准试样尺寸为直径 10mm，厚度 5mm，测试频率为 100Hz。

3）实验步骤

(1) 用两根多芯电缆把测量头和仪器本体连接好，接通电源；

(2) 把 $\phi 20$ 尼龙片插入测量头的上下探头之间，调节手轮，使尼龙片刚好压住为止；

(3) 把仪器后面板上的“显示选择”开关置于“d_{33}”一侧，此时面板右上方绿灯亮；

(4) 把仪器后面板上的“量程选择”开关置于“×1”挡；

(5) 按下“快速模式”，仪器通电预热 10min 后，调节“调零”旋钮使面板表指示在“0”与“－0”之间跳动。调零即完成，撤掉尼龙片开始测量；

(6) 依次接入待测元件，表头显示 d_{33} 结果及正负极性，记录。

4）注意事项

(1) 压电陶瓷片易碎，测试时要小心；

(2) 调零一律在“快速模式”下进行，为减少测量误差，在测试过程中零点如有变化或换挡时，需要重新调零；

(3) d_{33} 测量应至少取三次测量的平均值。

3.6.8 压电陶瓷机电耦合系数的测试

1. 测试原理

机电耦合系数是压电体通过压电效应转化的能量对于输入压电体的总能量的比值，标志压电体将机械能与电能相互转换的效率，是综合反映压电陶瓷材料的机械能与电能之间耦合效应的量。

机电耦合系数 K 是综合反映压电陶瓷材料性能的参数，表示材料的机械能与电能的耦合效应，即表示机械能与电能两种能量相互变换的程度，生产中用得最多。它是压电常数、弹性常数和介电常数的函数，K 因形状和振动模式不同而异。如有径向或轴向或长度不同方向的振动。常见的机电耦合系数有：

(1) 平面机电耦合系数 K_p：是平面振动模式下机电耦合系数，对于一般的陶瓷圆片指径向振动；

(2) 厚度伸缩机电耦合系数 K_t：是厚度振动模式下机电耦合系数，反映薄片沿厚度方向极化和电激励，作厚度方向伸缩振动的机电效应的参数；

(3) 横向机电耦合系数 K_{31}：反映细长条沿厚度方向极化和电激励，作长度伸缩振动的机电耦合效应的参数；

(4) 纵向机电耦合系数 K_{33}：反映细棒沿长度方向极化和电激励，作长度伸缩振动的机电耦合效应的参数。

平面机电耦合系数 K_p 通过测量谐振频率的方法得出，根据以下公式计算机电耦合系数 K_p：

$$K_p = \sqrt{2.51\,\frac{f_a - f_r}{f_r}} \tag{3-6-26}$$

式中，f_a、f_r 分别为平面振动模式下 $|z|$-theta 曲线(在 180～300kHz 频率范围)中的反谐振频率和谐振频率，通过曲线测出反谐振频率和谐振频率，即可代入公式计算 K_p。

2. 实验仪器及测试步骤

1) 实验仪器

实验仪器为 HP4294A 阻抗分析仪。

2) 试样要求

试样为薄圆片，直径 d 与厚度 t 之比 $d/t \geqslant 10$，圆度不大于直径公差的一半。两主平面全部被敷上金属层作为电极，沿着厚度方向进行极化处理。推荐试样尺寸为直径 d 15～20mm，厚度 t 0.7～1.0mm。

3) 测试步骤

(1) 接通电源；

(2) 选择外接测试接口类型：按"cal"键，选择"adapt【none】"，即外接测试线长度为零；

(3) 显示窗口选择：按"display"，选择"split on"双窗口显示；

(4) 函数选择：按"mess"选择阻抗分析函数；

(5) 选择测试频率范围；

(6) 按"search"，再在窗口中选择"Max"，即可在屏幕上右上角处显示反谐振频率和谐振频率。

4) 注意事项

(1) 试样应保持清洁、干燥，根据不同材料的要求，极化后存放一定时间再进行实验；

(2) 测试谐振频率时电场强度应小于 30mV/mm。

3.6.9 铁氧体陶瓷磁滞回线的测试

1. 测试原理

常见的磁性测量方法有两种：振动样品磁强计(VSM)和超导量子干涉磁性测量仪(SQUID)。振动样品磁强计是基于电磁感应原理制成的仪器。它利用小尺寸样品在均匀恒磁场中振动，根据探测线圈中感生电动势来测量材料磁性参数，利用该设备可以测出矫顽场 H_c、饱和磁化强度 M_s 和剩磁 M_r 等磁参量，其测量精度为 10^{-6} emu。超导量子干涉仪是利用电子对的波函数相干性以及约瑟夫结来探测微小磁场的仪器，它是一种灵敏度很高的磁通测量仪器，可以测量微弱的磁场和磁矩，测量精度可达 10^{-8} emu。

振动样品磁强计(VSM)是一种常用的磁性测量装置，在我们的实验中，VSM 的测量精度完全能够满足我们的需要。利用 VSM 可以直接测量磁性材料的磁化强度随温度变化曲线、磁化曲线和磁滞回线，能给出磁性的相关参数诸如矫顽力 H_c、饱和磁化强度 M_s 和剩磁 M_r 等，还可以得到磁性多层膜有关层间耦合的信息。VSM 由直流线绕磁铁、振动系统和检测系统(感应线圈)组成。

VSM 测量原理如下：装在振动杆上的样品位于磁极中央感应线圈中心连线处，位于外加均匀磁场中的小样品在外磁场中被均匀磁化，小样品可等效为一个磁偶极子。其磁化方向平行于原磁场方向，并将在周围空间产生磁场。在驱动线圈的作用下，小样品围绕其平衡位置作频率为 ω 的简谐振动而形成一个振动偶极子。振动的偶极子产生的交变磁场导致了穿过探测线圈中产生交变的磁通量，从而产生感生电动势 ε，其大小正比于样品的总磁矩 μ，即 $\varepsilon = K\mu$，其中 K 为与线圈结构、振动频率、幅和相对位置有关的比例系数。当它们固定后，K 为常数，可用标准样品标定。因此由感生电动势的大小可得出样品的总磁矩，再除以样品的体积即可得到磁化强度。因此，记录下磁场和总磁矩的关系后，即可得到被测样品的磁化曲线和磁滞回线。在感应线圈的范围内，小样品垂直磁场方向振动。根据法拉第电磁感应定律，通过线圈的总磁通为 $\Phi=AHBM\omega\sin\omega t$。此处 A 和 B 是感应线圈相关的几何因子，M 是样品的磁化强度，ω 是振动频率，H 是电磁铁产生的直流磁场。线圈中产生的感应电动势为：$E(t)=\mathrm{d}\Phi/\mathrm{d}t=KM\cos\omega t$，式中 K 为常数，一般用已知磁化强度的标准样品(如 Ni)定出。

2. 实验仪器及测试步骤

1) 实验仪器

实验仪器为振动样品磁强计，由以下部分组成：

(1) 电磁铁：提供均匀磁场，并决定样品的磁化程度，即磁矩的大小。需要测量的也是样品在不同外加均匀磁场的磁矩大小。

(2) 振动系统：小样品置放于样品杆上，在驱动源的作用下可以作 Z 方向(垂直方向)的固定频率的小幅度振动，以此在空间形成振动磁偶极子，产生的交变磁场在检测线圈中产生感生电动势。

(3) 探测线圈：探测线圈实际上是一对完全相同，位置相对于小样品对称放置的线圈，并相互反串，这样可以避免由于外磁场的不稳定对探测线圈输出的影响。而对于小样品磁偶极子磁场产生的感应电压，二者是相加的。

(4) 锁相放大器：小样品的磁性是非常微弱的，在检测线圈中产生的交变磁场产生的感应电动势也非常微弱，一般为 $10^{-6} \sim 10^{-4}$ V。与外部空间的干扰信号-噪声-可以比拟甚至更小。这么微弱的信号要能够从噪声中有效地采集出来，目前对这种小信号的测量最好的方法是采用锁相放大器，锁相放大器是成品仪器，它能在很大噪声信号下检测出微弱信号来，主要是它采用了相关原理，噪声信号虽然比被测信号大，但它和被测信号是无关的，经过长期积分平均为零，检测到的信号为被测信号。

(5) 特斯拉计：特斯拉计的原理是采用霍尔探头来测量磁场。

(6) X-Y 记录仪：锁相放大器以及特斯拉计的输出信号都是电压值，采用 X-Y 记录仪将探测线圈产生的感生电动势随磁场的变化记录下来。通常特斯拉计的输出接 X 轴，锁相放大器的输出接 Y 轴。

振动样品磁强计所测出来的 M-H 图是相对值的测定，需要知道磁性参数的绝对值还需要进行标定处理。标定时只要把测得的 M-H 图形与已知磁性参数的标准样品 M-H 图形进行比较，从测得的图形与标准样品图的比例关系就可得出待测样品磁性参数。

2) 试样要求

粉末样品质量大于 0.01g，块体样品尺寸小于 5mm×5mm×2mm。

3) 测试步骤

(1) 开机预热(精确测量需预热 30min)；开启低频信号源电源(工作频率为 86Hz)预热，开启锁相放大器电源预热，开启扫描电源开关预热，开启 X-Y 记录仪(或电脑化 X-Y 记录仪和计算机电源)；

(2) 安装样品(注意：样品支撑勿用手触摸)，薄膜样品平行磁场放置；

(3) 调节低频信号源输出功率至满刻度(5W)；

(4) 开启扫描电源磁场自动扫描开关；

(5) 进行测量，实验中设定 X 轴记录磁场变化，Y 轴记录 M 变化。为得到便于观测的磁化曲线，需根据样品的磁性，适当调节锁相放大器灵敏度，并适当选择 X 和 Y 轴量程。

(6) 数据处理：以上的数据只能得到样品的矫顽力以及磁化曲线的形状等信息，但样品磁矩的绝对值是不知道的(随测量条件有改变)，因此需要用标准样品进行标定，最后可以得到样品的磁矩的绝对数值，并由样品尺寸计算出比磁化强度，并给出 M-H 图。

4) 注意事项

(1) 样品要与样品杆黏结牢固，防止测试过程中样品移动或者脱落影响实验结果；

(2) 黏结样品要采用无磁性的特制胶带或液体胶水，防止胶水对样品磁信号带来干扰；

(3) 样品形状不同，磁化所产生的退磁场不同，对测试结果有影响，故样品形状相同测试结果才具有可比性。

3.6.10 压敏陶瓷压敏性能的测试

1. 测试原理

压敏电阻相应的英文名称叫 voltage dependent resistor，简称为 VDR。压敏电阻器是指在一定温度下，其电导值随施加电压的增加而急剧增大的元件。压敏电阻器的电阻材料是半导体，所以它是半导体电阻器的一个品种。现在，大量使用的氧化锌压敏电阻器，它的主体材料由二价元素锌和六价元素氧所构成。所以从材料的角度来看，氧化锌压敏电阻器是一种“Ⅱ-Ⅵ族氧化物半导体”。从氧化锌压敏电阻器伏安特性来看，在正常工作电压下，它的电阻值很高，几乎是兆欧级，而漏电流是微安级；而随着电压加大，阻值急剧下降。

材料的导电性往往受多种因素的影响，大多数材料的导电特性在通常条件下遵循欧姆定律，即经由该材料做成的电阻的电流与加在两端的电压成正比，这种情况下我们说材料具有线性电阻特性。而有些陶瓷材料，当加在由这样的材料制成的电阻上的电压到一定程度后，流经电阻的电流随加在电阻两端的电压不再成正比，而呈现出急剧上升的非线性关系，也就是说不服从欧姆定律，这样的材料就是电压敏感材料，通常称为压敏电阻材料。

图 3-6-12(a)为压敏电阻的电路符号，图(b)为其外形，图(c)为以氧化锌为核心材料的压敏电阻内部结构。氧化锌晶粒的电阻率较低，而晶界层的电阻率较高，互相接触的两个晶粒之间形成一个相当于齐纳二极管的势垒，成为一个压敏电阻单元。各单元经串、并联组成压敏电阻器基体。当压敏电阻工作时，每个单元都承担能量，而不像齐纳二极管仅在结区承担电功率，因此陶瓷压敏电阻比齐纳二极管的最大允许电流和额定功率耗散值大得多。

当压敏电阻两端所加电压在标称电压内时，其阻值几乎为无穷大，处于高阻状态，其漏电流$\ll 50\mu A$，当它两端电压超过额定电压时，其阻值急剧下降，压敏电阻导通，工作电流增加几个数量级，反应时间为毫微秒级。

压敏电阻的伏安特性如图 3-6-13 所示。它与两只特性一致的背靠背连接的稳压管性能基本相同。

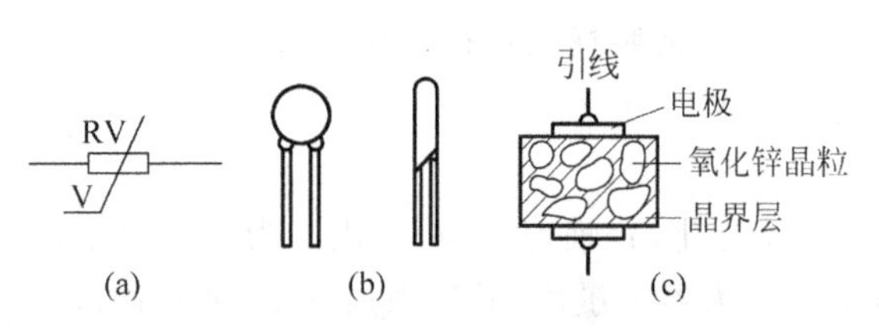

图 3-6-12 压敏电阻示意图

(a) 电路符号；(b) 外形；(c) 压敏电阻内部结构

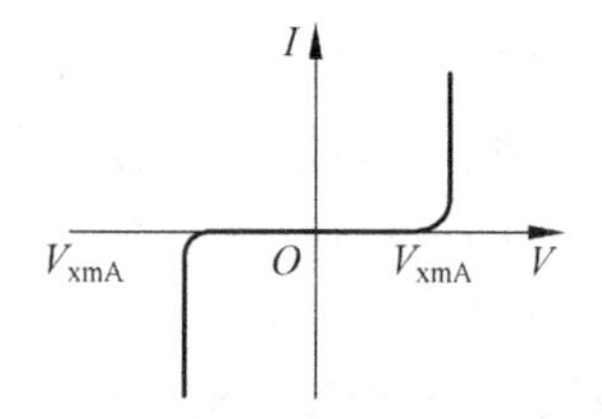

图 3-6-13 压敏电阻的伏安特性

压敏电阻又可作为“限幅器”，在电路中加有过电压脉冲时，接入压敏电阻后，过压脉值波形被削平，限制在一定幅度内；它又可作为“斩波器”，当开启或关闭带有感性、容性负载电路时，波形出现开、关尖脉冲，压敏电阻在电路中能吸收该反电动势，有效地保护开关电路免受损害。

压敏电阻的主要参数为标称电压、漏电流和最大允许电流量，具体介绍如下：

(1) 标称电压，也称压敏电压，指压敏电阻通过 1mA 直流电流时，其两端的电压值。对于直径小于 7mm 的压敏电阻，则以 $V_{0.1mA}$ 为标称电压，对于低压大电流产品，则以 V_{10mA} 为标称电压。

(2) 漏电流，当压敏电阻两端电压等于 $75\%V_{xmA}$ 时，通过该压敏电阻的直流电流。

(3) 最大允许电流量，在规定时间($8/20\mu s$)内，允许通过压敏电阻脉冲电流的最大值。其中脉冲电流从 $90\%\sim100\%V_p$ 的时间为 $8\mu s$，峰值持续时间为 $20\mu s$。

2. 实验仪器及测试步骤

1) 实验仪器

实验仪器为压敏电阻测试仪(MY-4C),可测量1000V以下1mA和0.1mA的压敏电压值,以及测量83%V_{1mA}电压值下的漏电流和$V_{1mA}/V_{0.1mA}$压比值。

2) 试样要求

一般为具有均匀厚度和电极的圆片状试样,存放应防止受潮。

3) 测试步骤

(1) 使用前将开关和旋钮置下述位置:

"电压选择":100V;

"测试选择":1mA;

"压敏开关":断;

"漏流旋钮":反时钟旋到底。

(2) 接通"电源",右上方数字表显示恒流源输出电压,此时左上方数字表显示000。

(3) 根据压敏电阻标称值选择合适电压量程,接入待测元件,接通压敏开关,此时数字表显示即为该元件1mA时的压敏电压值;若要测$V_{0.1mA}$按下"0.1mA"键即可读数。

(4) 漏流测试电压与"电压选择"开关同轴,测试漏电流时,需记下压敏电阻V_{1mA}读数,并按下"测试选择"中的"漏流"键,同时顺时针方向调节漏流电压旋钮,使读数与V_{1mA}读数相同,此时电流表读数即为该元件83%V_{1mA}值下的漏电流。测试漏电流完毕应将漏流电压旋钮反时针旋到底,处于最低电压输出,以防漏流测试中出现错误操作时使电流表过载。

(5) 测"压比"时,测试电压也与"电压选择"开关同轴,根据V_{1mA}值选择合适电压量程,按下"测试选择"中的"压比"键,并调节"压比调零"电位器(粗调二个,细调一个),使左上方压比数字表指0,然后按下"压比按",此时该表显示值即为该元件电压比值。

压比读数方法(举例):

	数表显示	实际比值
①	1999	1.1999
②	602	1.0602
③	305	1.0305

4) 注意事项

(1) 测试过程中,有可能压敏器件被击穿,或电压选择过高引起过电流。这时应该断开开关,经检查处理之后再重新测试。

(2) 对测试100V以上的压敏器件,应戴绝缘指套,并在断开输出回路后再操作被测器件,注意安全以防被电。

3.7 显微分析方法及基本应用

陶瓷材料的物理性能在很大程度上取决于其显微结构,在某些情况下甚至是决定性的,因此掌握它们之间的内在关系可以有针对性地优化制备工艺,从而提高陶瓷材料的物理性能。

陶瓷材料主要组成相为晶相、玻璃相和气相。

1. 晶相

晶相是由原子、离子、分子在空间有规律排列成的结晶相。陶瓷材料的晶相有硅酸盐、氧化物和非氧化物(碳化物、氮化物、硼化物)三大类相。

1) 晶相的显微组织特征

晶相又可分为主晶相、次晶相、析出相和夹杂相。

(1) 主晶相:是材料的主要组成部分,材料的性能主要取决于主晶相的性质。

(2) 次晶相:是材料的次要组成部分。

(3) 析出相:由黏土、长石、石英烧成的陶瓷的析出相大多数是莫来石,一次析出的莫来石为颗粒状,二次析出的莫来石为针状,可提高陶瓷材料的强度。

(4) 夹杂相:不同材料夹杂相不同。夹杂相量很少,其存在都会使材料的性能降低。

另外,晶相中还存在晶界和晶粒内部的细微结构。晶界上由于原子排列紊乱,成为一种晶体的面缺陷。晶界的数目、厚度、应力分布以及晶界上夹杂物的析出情况对材料的性能都会产生很大影响。晶粒内部的微观结构包括滑移、孪晶、裂纹、位错、气孔、电畴、磁畴等。

2) 晶相对材料性能的影响

晶相的结构、数目、形态和分布决定了陶瓷材料的主要性能和应用。晶相对陶瓷材料的物理性能有直接影响。例如氧化铝陶瓷的性能与其主晶相刚玉(α-Al_2O_3)含量关系极大。晶粒的尺寸也是影响陶瓷材料性能的重要因素,一般细晶粒可以阻止裂纹的扩展。晶粒尺寸下降到某一数值,还会出现量子尺寸效应。

2. 玻璃相

1) 玻璃相的形成

玻璃相一般是指由高温熔体凝固下来的、结构与液体相似的非晶态固体。

陶瓷材料在烧结过程中,发生了一系列的物理化学变化,产生了熔融液相。假如熔融态时黏度很大,即流体层间的内摩擦力很大,冷却时原子迁移比较困难,晶体的形成很难进行,而形成过冷液相,随着温度继续下降,过冷液相黏度进一步增大,冷却到某一温度时,熔体"冻结"成为玻璃,此时的温度称为玻璃转变温度 T_g,低于此温度表现出明显的脆性。加热时,玻璃熔体黏度降低,在某个黏度时,玻璃明显软化,这时所对应的温度为软化温度 T_f。玻璃转变温度和软化温度都具有一个温度区间,不是某一确定的数值,这与晶体的转变不同。

2) 玻璃相的作用

玻璃相具有以下几个方面的作用:①起黏结剂和填充剂的作用,玻璃相是一种易熔相,可以填充晶粒间隙,将晶粒黏结在一起,使材料致密化;②降低烧成温度,加快烧结过程;③阻止晶型转变,抑制晶粒长大,使晶粒细化;④增加陶瓷的透明度等。

不同的陶瓷材料玻璃相的含量不同,玻璃相对材料的性能有重要影响,玻璃相的存在一般会降低陶瓷材料的机械强度和热稳定性,影响其介电性能。

3) 玻璃相的组织特点

普通陶瓷的玻璃相的成分大都为二氧化硅(20%～80%)和其他氧化物。量少时分布在晶粒交界处的三角地带,量多时连成网络结构。

3. 气相

气相是陶瓷材料内部的气体形成的孔洞。普通陶瓷含有5%~10%的气孔，特种陶瓷则要求气孔率在5%以下。

1) 气相的形成

材料中气孔形成的原因比较复杂，影响因素较多，如材料制备工艺、黏结剂的种类、原材料的分解物、结晶速度、烧成气氛都影响陶瓷中气孔的存在。采取一定的工艺可以使气孔率降低或者接近于零。

2) 气相对材料的影响

气相的多少、大小、外形、分布都会对陶瓷材料产生很大的影响。

除了多孔陶瓷外，气相的存在都是不利的，气孔的存在会使材料的密度、机械强度下降，直接影响材料的透明度；同时，大量气孔的存在会使陶瓷材料绝缘性能降低，介电性能变差，但是气孔多的陶瓷材料表面吸附性能及隔热性能好，利于涂层等。

材料的显微结构对材料的性能是至关重要的，一切的宏观性能都是材料微观结构的反映。对于材料显微结构理论、显微结构分析与表征技术，人们进行了大量的研究，这里介绍几种陶瓷材料常用的显微结构分析表征手段，包括反光显微镜(OM)、扫描电镜(SEM)、电子探针(EPMA)和原子力显微镜(AFM)等。

3.7.1 反光显微镜(OM)分析方法及基本应用

在陶瓷的制备过程中，原始材料及其制品的显微形貌、孔隙大小、晶界和团聚程度等将决定其最后的性能。反光显微镜是方便、易行的观察分析样品微观结构的有效方法。

1. 反光显微镜构造

显微镜可分为两个部分：机械部分和光学部分。

1) 机械部分

机械部分包括镜座、镜柱、镜臂、镜筒、物镜转换器(以安装几个接物镜)、载物台及准焦螺旋。

2) 光学部分

光学部分包括以下几个部分：

(1) 反光镜：可以转动的圆镜，一面为平面镜，另一面为凹面镜。其用途是收集光线。平面镜使光线分布较均匀。凹面镜有聚光作用，反射的光线较强，一般在光线较弱时使用。

(2) 集光器：由两三块透镜组成，其作用是聚集来自反光镜的光线，使光度增强，并提高显微镜的鉴别力，集光器下面装有光圈(可变光阑)，由十几张金属薄片组成，可以调节进集光器光量的多少。若光线过强，则将光圈孔口缩小，反之则张大。集光器还可以上下移动，以调节适宜的光度。

(3) 接物镜：又称物镜，由数组透镜组成，安装在转换器上，能将观察的物体进行第一次放大，是显微镜性能高低的关键性部件。每台显微镜上常备有几个不同倍数的物镜，物镜上所刻8×、10×、40×等就是放大倍数。

(4) 接目镜：又称目镜，由两三片透镜组成，安装在镜筒上端，其作用是把物镜放大的物体实像进一步放大。在目镜上方刻有 5×、10×、20× 等为放大倍数。显微镜的放大倍数，为接目镜放大倍数与接物镜放大倍数的乘积。如观察时所用接物镜为 40×、接目镜为 10×，则物体放大倍数为 40×10＝400 倍。

2. 反光显微镜成像原理

显微镜的光学系统中，有两组重要的透镜，一组是接目镜，另一组是接物镜。这两组透镜固然结构很复杂，但它们的作用都相当于一个凸透镜。凸镜的成像原理，也就是显微镜放大成像的光学原理。只不过是通过两次放大而已，其成像原理和光路图如图 3-7-1 所示。

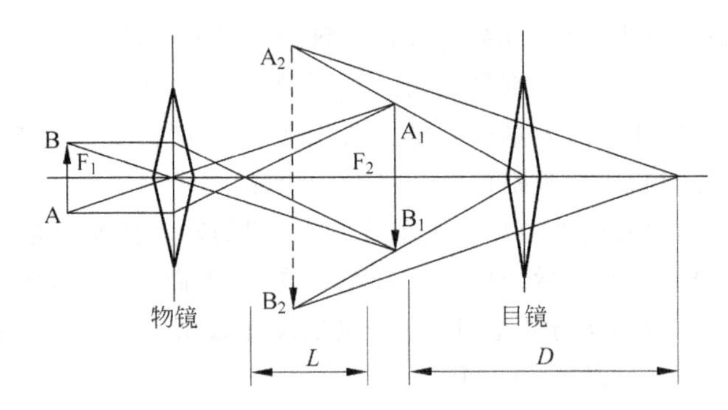

图 3-7-1 显微镜成像光学原理图

接物镜的焦距较短，会聚能力较强，接目镜的焦距较长，会聚能力较弱。物体 AB 必须放在物镜(O_1)的下焦点 F_1 之外而小于二倍焦距($2f$)的地方，这样就在物镜(O_1)上方形成一个倒立的放大实像 A_1B_1。这个实像正好位于目镜(O_2)下焦点 F_2 之内；而且距焦点 F_2 极近的位置。A_1B_1 通过目镜(O_2)折射放大后形成一个放大的虚像 A_2B_2。这个虚像 A_2B_2 相对于原来的物体 AB 来说，它是一个倒立而放大的虚像。

3. 反光显微镜在新型陶瓷材料显微分析中的应用

1) 试样的制备

对于陶瓷样品，烧成后如果平整可直接观察；如果样品表面凹凸不平，首先需研磨抛光。抛光后的试样磨面是一光滑镜面，若直接放在显微镜下观察，只能看到一片亮光，无法辨别出各种组成物及其形态特征，必须经过适当的浸蚀，才能使显微组织正确地显示出来。最常用的浸蚀方法是化学浸蚀法和热腐蚀。

热腐蚀：将抛光后的样品在低于其烧结温度 50～100℃ 的烧结炉进行烧制。

化学浸蚀：将抛光好的试样磨面在化学浸蚀剂(常用酸、碱、盐的乙醇或水溶液)中浸蚀或擦拭一定时间。由于陶瓷材料中晶相晶界的化学成分和结构不同，故具有不同的电极电势，在浸剂中就构成了许多微电池。电极电势低的相为阳极而被溶解，电极电势高的相为阴极而保持不变，故在浸蚀后就形成了凹凸不平的表面。在显微镜下，由于光线在各处的反射情况不同，就能观察到陶瓷材料的显微组织特征。化学浸蚀剂的种类很多，应按材料的种类和浸蚀的目的，选择恰当的浸蚀剂。浸蚀时，应将试样磨面向上浸入一盛有浸蚀剂的容器内，并不断地轻微晃动(或用棉花沾上浸蚀剂擦拭磨面)，待浸蚀适度后取出试样，迅速用水冲洗，接着用乙醇冲洗，最后用吹风机吹干，其表面需严格保持清洁。浸蚀时间要适当，一般试样磨面发暗时就可停止，其时间取决于材料的性质、浸蚀剂的浓度以及显微镜下观察时的放大倍数。总之，浸蚀时间以在显微镜下能清晰地显示出组织的细节为准。若浸蚀不足，可再重复进行浸蚀，但一旦浸蚀过度，试样则需重新抛光，甚至还需在最后一号砂纸上进行磨光。

2）实验步骤

(1) 安放显微镜：安放显微镜要选择邻窗或光线充足的地方。桌面要清洁、平稳，使用时先从镜箱中取出显微镜。右手握镜臂，左手托镜座，轻放桌上，镜筒向前，镜臂向后，然后安放目镜和物镜。用纱布拭擦镜身机械部分。用擦镜纸或绸布试擦光学部分，不可随意用手指试擦镜头，以免影响观察效果。

(2) 对光：扭转转换器，使低倍镜正对通光孔，打开聚光器上的光圈，然后左眼对准接目镜注视，右眼睁开，用手翻转反光镜，对向光源，光强时用平面镜，光较弱时用凹面镜。这时从目镜中可以看到一个明亮的圆形视野，只要视野中光亮程度适中，光就对好了。用的低倍物镜。

(3) 放样品：将要观察的样品，放在载物台上，用弹簧夹或移光器将玻片固定。将玻片中的标本对准通光孔的中心。

(4) 调焦：调焦时，旋转粗焦螺旋，为了防止物镜与玻片标本相撞，先慢慢降低镜筒，降低时，必须从侧面仔细观察，直到物镜与玻片标本相距 5mm 以上，切勿使物镜与玻片标本接触，然后一面自目镜中观察，一面用右手旋转粗准焦螺旋(切勿弄错旋转方向)，直到看清标本物像为止。

(5) 观察：先用低倍物镜，焦距调准后，移动玻片标本，全面地观察材料，假如需要重点观察的部分，将其调至视野的正中心，再转换高倍镜进行观察。在反光显微镜明场照明方式观察时，陶瓷材料中的晶相为白色，玻璃相为暗黑色；陶瓷材料中的气孔可分为开口气孔和闭口气孔两种，在反光显微镜下均为暗黑色的空洞，圆形，边沿不规则。

(6) 关机：观察完毕，扭转转换器，使镜头偏于两旁，降下镜筒，擦抹干净，装进镜箱。

3.7.2 扫描电镜(SEM)的分析方法及基本应用

扫描电子显微镜利用电子和物质的相互作用，可以获取被测样品本身的各种物理、化学性质的信息，如形貌、组成、晶体结构、电子结构和内部电场或磁场等。

1. SEM 构造

扫描电镜可以分为电子光学系统、信号收集处理系统、图像显示和记录系统、真空系统、电源及控制系统五个部分，参见图 3-7-2。

1）电子光学系统

(1) 电子枪提供电子源，电子束斑越小，分辨率越高，但是必须保证在足够小的电子束斑时，电子束还具有足够的强度，通常工作电压为 1～30kV，场发射电子枪是 SEM 理想的电子源。

(2) 电磁透镜在扫描电镜中电磁透镜不作为成像透镜，而是会聚透镜作用，使电子枪束斑逐级聚焦缩小。

(3) 扫描线圈使电子束偏转，并在试样表面做有规律的扫描，SEM 放大倍数 $M=l/L$，

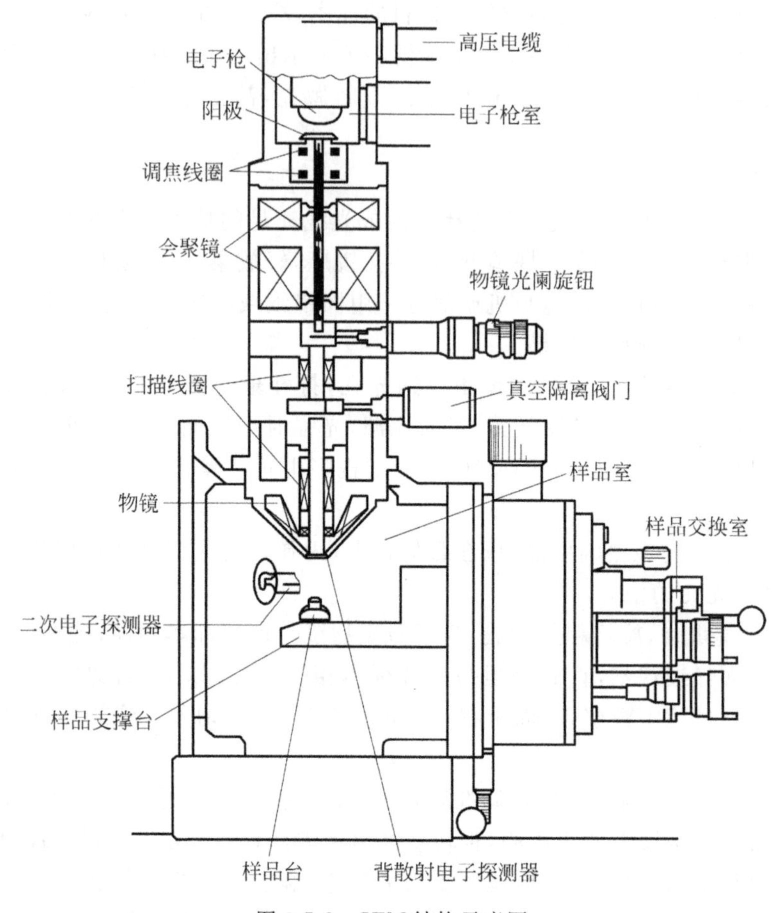

图 3-7-2　SEM 结构示意图

l 为荧光屏长度(固定)，L 为电子束在试样上扫过的长度，故 SEM 放大倍数是由调节扫描线圈的电流来改变的，电流小，电子束偏转小，L 小，M 大。

(4) 样品室样品台与信号探测器。

2) 信号收集和显示系统

该系统包括二次电子与背散射电子收集器、吸收电子探测器、显示系统(阴极射线管 CRT)，以及 X 射线检测器(能谱仪与波谱仪)等。

3) 真空系统和电子系统

为保证扫描电镜的电子光学系统正常工作，扫描电镜的镜筒内要有一定的真空度，另外还需要一套电子系统以提供电压控制和系统控制。

2. SEM 成像原理

当一束高能的入射电子轰击物质表面时，被激发的区域将产生二次电子、背散射电子、吸收电子、特征 X 射线、俄歇电子等次级电子。次级电子的多少与电子束入射角有关，也就是说与样品的表面结构有关，次级电子由探测体收集，并在那里被闪烁器转变为光信号，再经光电倍增管和放大器转变为电信号来控制荧光屏上电子束的强度，显示出与电子束同步的扫描图像。图像为立体形象，反映了标本的表面结构。为了使标本表面发射出次级电子，标本在固定、脱水后，要喷涂上一层重金属微粒，重金属在电子束的轰击下发出次级电子信号，参见图 3-7-3。

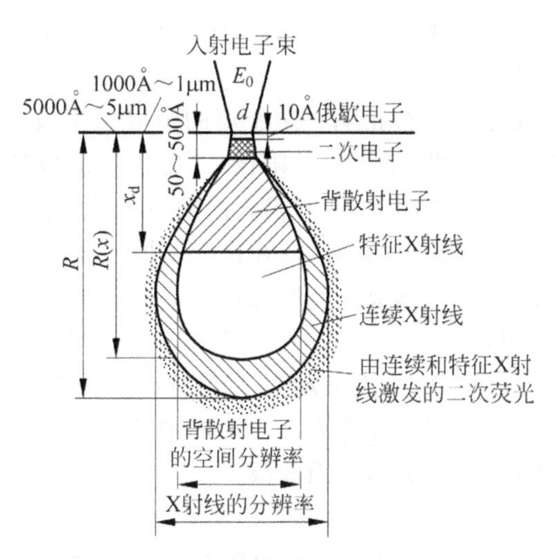

图 3-7-3　电子束在试样中的散射示意图

扫描电镜像的衬度来源有三个方面：试样本身的性质(表面凹凸不平、成分差别、位相差异、表面电位分布)；信号本身性质(二次电子、背散射电子、吸收电子)；以及对信号的人工处理。

二次电子像的衬度。①形貌衬度：对扫描电镜而言，入射电子方向是固定的，但由于试样表面有凹凸，导致电子束对试样表面不同处的入射角的不同，从而产生衬度；②原子序数差异造成的衬度：二次电子的产额随原子序数 Z 的变化不如背散射电子产额随原子序数变化那样明显，当 Z 大于 20 时，二次电子的产额基本上不随原子序数变化，只有 Z 小的元素的二次电子产额与试样的组成成分有关；③电压差造成的衬度：试样表面若有电位分布的差异，会影响二次电子的发射，二次电子在正电位区逸出比较困难，在负电位区逸出比较容易，这样就形成电压衬度(通常电位差为十分之几伏特时才能看出电压衬度的变化)，一般观察电压衬度要求试样表现平整；④荷电(充电)现象：局部充电使二次电子像产生过强的衬度。

背散射电子成像衬度。背散射电子的产额对原子序数在 $Z<40$ 范围内很敏感，原子序数较高部位比原子序数较低区域能产生更多的背散射电子，这就是背散射电子原子序数衬度的原理。

3. SEM 在新型陶瓷材料显微分析中的应用

1) 试样的制备

对试样的要求：试样可以是块状或粉末颗粒，在真空中能保持稳定，含有水分的试样应先烘干除去水分。试样大小要适合仪器专用样品座的尺寸，不能过大，样品座尺寸各仪器不均相同，一般小的样品座为 $\phi3\sim\phi5$mm，大的样品座为 $\phi30\sim\phi50$mm，以分别用来放置不同大小的试样，样品的高度也有一定的限制，一般为 5～10mm。

块状试样扫描电镜的试样制备。对于块状导电材料，大小要适合仪器样品座尺寸，用导电胶把试样黏结在样品座上，即可放在扫描电镜中观察。对于块状的非导电或导电性较差的材料，要先进行镀膜处理，在材料表面形成一层导电膜，以避免电荷积累影响图像质量，还可防止试样的热损伤。

粉末试样的制备先将导电胶或双面胶纸黏结在样品座上，再均匀地把粉末样撒在上面，用洗耳球吹去未黏住的粉末，再镀上一层导电膜，即可上电镜观察。

镀膜：镀膜的方法有两种，一是真空镀膜，另一种是离子溅射镀膜。离子溅射镀膜的原理是：在低气压系统中，气体分子在相隔一定距离的阳极和阴极之间的强电场作用下电离成正离子和电子，正离子飞向阴极，电子飞向阳极，二电极间形成辉光放电。在辉光放电过程中，具有一定动量的正离子撞击阴极，使阴极表面的原子被逐出，称为溅射，如果阴极表面为用来镀膜的材料（靶材），需要镀膜的样品放在作为阳极的样品台上，则被正离子轰击而溅射出来的靶材原子沉积在试样上，形成一定厚度的镀膜层。离子溅射时常用的气体为惰性气体氩气，要求不高时，也可以用空气，气压约为 5×10^{-2} Torr。离子溅射镀膜与真空镀膜相比，其主要优点是：装置结构简单，使用方便，溅射一次只需几分钟，而真空镀膜则要半个小时以上。消耗贵金属少，每次仅约几毫克。对同一种镀膜材料，离子溅射镀膜质量好，能形成颗粒更细、更致密、更均匀、附着力更强的膜。

2）实验步骤

样品通过导电胶粘在样品台上，不导电样品喷金 Pt 或碳后放入样品室，抽真空，真空度到达一定程度后即可进行观察。

3）SEM 显微结构分析

在陶瓷的制备过程中，原始材料及其制品的显微形貌、孔隙大小、晶界和团聚程度等将决定其最后的性能。扫描电子显微镜可以清楚地反映和记录这些微观特征，是观察分析样品微观结构方便、易行的有效方法；同时扫描电子显微镜可以实现试样从低倍到高倍的定位分析，在样品室中的试样不仅可以沿三维空间移动，还能够根据观察需要进行空间转动，以利于使用者对感兴趣的部位进行连续、系统的观察分析。扫描电子显微镜拍出的图像真实、清晰，并富有立体感，在新型陶瓷材料的三维显微组织形态的观察研究方面获得了广泛的应用。

扫描电镜主要用于看块状材料的形貌和对样品进行化学成分分析。对于陶瓷材料，研究断口表面是分析断裂过程与机理以及评定材料质量的常用方法，扫描电镜是研究陶瓷材料断裂以及陶瓷韧化机理的重要分析手段，除此以外，利用扫描断口分析还能得到试样的晶粒尺寸，内部组织形态分布，致密度和相互结合情况等，这些都直接影响到材料的宏观机械性能。

3.7.3 电子探针（EPMA）分析方法及基本应用

电子探针是一种微区成分分析仪器。以聚焦的高速电子来激发出试样表面组成元素的特征 X 射线，对微区成分进行定性或定量分析，又称电子探针 X 射线显微分析。其重要特点之一是微区分析，是目前微区元素定量分析最准确的一种仪器。电子探针所能分析的最小区域为几个立方微米范围，通常分辨率为 2nm 左右。而一般的化学分析、X 光荧光分析及光谱分析等，是分析较大范围内的平均化学组成，也无法与显微结构相对应。

1. 电子探针的结构

电子探针主要由枪体、谱仪和信息记录显示三部分组成，见图 3-7-4。

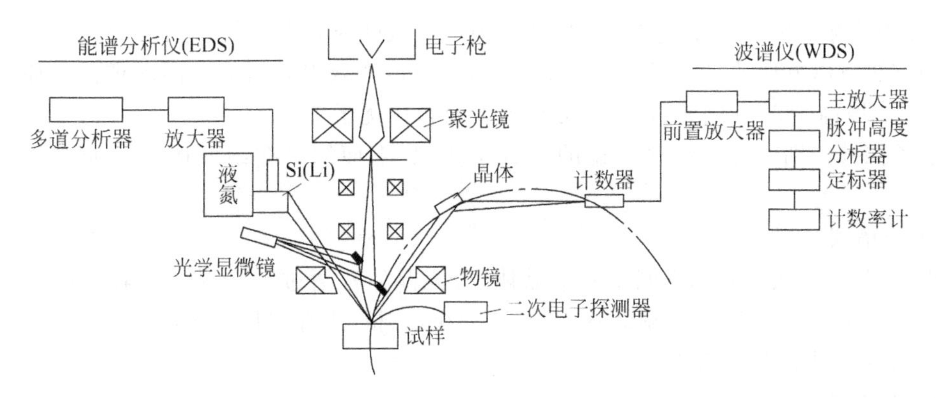

图 3-7-4 包含能谱仪与波谱仪的电子探针示意图

1) 枪体

电子光学系统。现代的电子探针一般都具有扫描电镜的功能,能做二次电子像,故电子探针的电子显微系统与 SEM 的电子光学部分基本相同,也由电子枪、聚光镜、物镜、扫描线圈、光阑、消像散器组成。与扫描电镜不同,电子探针为了要激发出足够的 X 射线,需要具有足够的电流密度且能在表面聚焦的高能电子束,故电子枪一般加有 5～50kV 的高电压,电子探针中物镜要求有较小的像差,较大的工作距离,以保证 X 射线出射角大,扫描范围宽,探测效率高。

光学显微镜。它的主要作用是选定试样表面上的分析区域,通过样品移动装置把要分析的部位置于光学显微镜的十字丝交叉点上,这时分析点也就被调整到 X 射线波谱仪(WDS)的正确位置(罗兰圆)上。

试样室和真空系统。与 SEM 类似,具有一套能 X、Y、Z 方向移动,绕 Z 轴转动的移动装置,移动精度为 1μm,电子探针的电子光学系统连同波谱仪(WDS)都要求在 10^{-4}～10^{-5} Torr 的真空下工作。

2) 谱仪和信息记录部分

谱仪是把不同波长(或能量)的 X 射线分开的装置,目前有两种方法。

(1) 波长色散法。利用晶体转到一定角度来衍射某种波长的 X 射线,通过读出晶体不同衍射角来求出 X 射线波长,从而确定试样所含元素。采用波长色散法的谱仪称为波长色散谱仪(wavelength-dispersive spectrometer,简称波谱仪或 WDS)。

(2) 能量色散法。直接将探测器接收到的信号加以放大并进行脉冲幅度分析,通过选择不同脉冲幅度以确定入射 X 射线的能量,从而区分不同能量的 X 射线。采用能量色散法的仪器称为能量色散谱仪(energy-dispersive spectrometer,简称能谱或 EDS)。

2. 电子探针成像原理

以动能为 5～50keV 的细聚焦电子束轰击试样表面,击出表面组成元素的原子内层电子,使原子电离,此时外层电子迅速填补空位而释放能量,从而产生特征 X 射线。用波长色散谱仪(或能量色散谱仪)和检测计数系统,测量特征 X 射线的波长(或能量)和强度,即可鉴别元素的种类和浓度。

电子探针通常能分析直径和深度不小于 1μm 范围内、原子序数 4 以上的所有元素;但是对原子序数小于 12 的元素,其灵敏度较差。常规分析的典型检测相对灵敏度为万分之一，在有些情况下可达十万分之一。检测的绝对灵敏度因元素而异，一般为 $10^{-14} \sim 10^{-16}$ g。用这种方法可以方便地进行点、线、面上的元素分析，并获得元素分布的图像。对原子序数高于 10、浓度高于 10%的元素，定量分析的相对精度优于±2%。

电子探针区别于普通扫描电镜的地方是谱仪，下面简单介绍波谱仪和能谱仪的工作原理。

1）波谱仪

WDS 利用一块已知晶面间距的单晶体（分光晶体），通过实验测得衍射角 θ，再根据布拉格公式 $2d\sin\theta=n\lambda$ 算出 X 射线的波长，从而决定材料中存在什么元素。波谱仪主要由分光晶体和 X 射线探测器组成。

2）能谱仪

能谱仪的主要部分是半导体探测器和多道脉冲高度分析器。能谱仪利用 X 光量子的能量不同来进行元素分析，通过 X 光量子数目按能量的分布以及各种元素对应的 X 光量子的特征能量，即可知道各个元素的相对强度。

表 3-7-1 能谱仪（EDS）与波谱仪（WDS）的比较

	EDS	WDS
探测效率	高（并行）	低（串行）
峰值分辨率	差（133eV），谱峰重叠	好（5eV），谱峰分离
分析元素范围	^{4}Be～^{92}U	^{4}Be～^{92}U
最好探测精度	0.01%	0.001%
定性分析	快（约 1min）	慢（约 30min）
定量分析	差	好
设备维护	难，需液氮	容易（不需液氮）
样品制备	无严格要求，样品可不平	要求高平行度，表面光滑
分析区域大小	SEM：约 1μm	约 1μm
多元素同时分析	容易	难

3. 电子探针在新型陶瓷材料显微分析中的应用

1）试样的制备

样品尺寸：电子探针是微区分析，定点分析区域为几个立方微米，所以样品应尽可能小。

样品需具有较好的导电导热性能。非导体在电子束的轰击下会产生电子的聚集而形成一个负电场，这个负电场对以后入射的电子起排斥作用，使得进入试样的电子减少，因而影响 X 射线的强度，这个负电场还会造成电子束在试样表面跳动使分析的部位不准，图像模糊。另外，非导体导热性能差，分析的区域有被电子束烧毁的危险，所以对于陶瓷材料样品需镀一层导电膜，喷金或喷碳。

试样表面需平整光滑，用波谱仪作分析时，如果样品表面凹凸不平，有可能阻挡掉一部分 X 射线，造成测量到的 X 射线强度降低。

2）实验步骤

与 SEM 类似。

3）电子探针显微结构分析

电子探针的基本分析方法有点分析、线扫描分析和面分析三种，下面分别介绍。

（1）点分析：用于测定样品上某个指定点的定性定量化学成分分析。

（2）线扫描分析：用于测定某种元素沿给定直线分布的情况。方法是将X射线谱仪（波谱仪或能谱仪）固定在所要测量的某元素特征X射线信号（波长或能量）的位置上，把电子束沿着指定的方向做直线轨迹扫描，便可得到该元素沿直线特征X射线强度的变化，从而反映了该元素沿直线的浓度分布情况。改变谱仪的位置，便可得到另一元素的X射线强度分布。

（3）面分析（mapping）：用于测定某种元素的面分布情况。方法是将X射线谱仪固定在所要测量的某元素特征X射线信号的位置上，电子束在样品表面做光栅扫描，此时在荧光屏上便可看到该元素的面分布图像。显像管的亮度由试样给出的X射线强度调制。图像中的亮区表示这种元素的含量较高。

3.7.4　原子力显微镜（AFM）分析方法及基本应用

原子力显微镜可以用于导体、半导体和绝缘体，检测原子之间的接触，原子键合，范德华力或卡西米尔效应等来呈现样品的表面特性。AFM横向分辨率可达0.15nm，纵向分辨率达0.05nm。

1．原子力显微镜（AFM）构造

原子力显微镜可分成三个部分：力检测部分、位置检测部分、反馈系统。

1）力检测部分

在原子力显微镜（AFM）的系统中，所要检测的力是原子与原子之间的范德华力。所以在本系统中是使用微小悬臂（cantilever）来检测原子之间力的变化量。微悬臂通常由一个一般100～500μm长和500nm～5μm厚的硅片或氮化硅片制成。微悬臂顶端有一个尖锐针尖，用来检测样品与针尖间的相互作用力。这微小悬臂有一定的规格，例如：长度、宽度、弹性系数以及针尖的形状，而这些规格的选择是依照样品的特性，以及操作模式的不同，而选择不同类型的探针。

2）位置检测部分

在原子力显微镜（AFM）的系统中，当针尖与样品之间有了交互作用之后，会使得悬臂cantilever摆动，当激光照射在微悬臂的末端时，其反射光的位置也会因为悬臂摆动而有所改变，这就造成偏移量的产生。在整个系统中是依靠激光光斑位置检测器将偏移量记录下并转换成电的信号，以供SPM控制器作信号处理。

3）反馈系统

在原子力显微镜（AFM）的系统中，将信号经由激光检测器取入之后，在反馈系统中会将此信号当作反馈信号，作为内部的调整信号，并驱使通常由压电陶瓷管制作的扫描器做适当的移动，以保持样品与针尖保持一定的作用力。

2．原子力显微镜（AFM）成像原理

原子力显微镜的基本原理是：将一个对微弱力极敏感的微悬臂一端固定，另一端有一微小的针尖，针尖与样品表面轻轻接触，由于针尖尖端原子与样品表面原子间存在极微弱的排斥力，通过在扫描时控制这种力的恒定，带有针尖的微悬臂将对应于针尖与样品表面原子间作用力的等位面而在垂直于样品的表面方向起伏运动。利用光学检测法或隧道电流检测法，可测得微悬臂对应于扫描各点的位置变化，从而可以获得样品表面形貌的信息。

3. *原子力显微镜(AFM)在新型陶瓷材料显微分析中的应用*

1) 试样的制备

原子力显微镜研究对象可以是有机固体、聚合物以及生物大分子等，样品的载体选择范围很大，包括云母片、玻璃片、石墨、抛光硅片、二氧化硅和某些生物膜等，其中最常用的是新剥离的云母片，主要原因是其非常平整且容易处理。

试样的厚度，包括试样台的厚度，最大为 10mm。如果试样过重，有时会影响 Scanner 的动作，因此不要放过重的试样。试样的大小以不大于试样台的大小(直径 20mm)为大致的标准。稍微大一点也没问题，但是，最大值约为 40mm。测定前样品一定要固定好，如果未固定好就进行测量可能产生移位。

粉末样品的制备常用的是胶纸法，先把两面胶纸粘贴在样品座上，然后把粉末撒到胶纸上，吹去为粘贴在胶纸上的多余粉末即可。块状样品的制备，陶瓷等固体样品需要抛光，注意固体样品表面的粗糙度。薄膜样品可直接观察。

2) 实验步骤

(1) 依次开启：电脑→控制机箱→高压电源→激光器。

(2) 用粗调旋钮将样品逼近微探针至两者间距小于 1mm。

(3) 再用细调旋钮使样品逼近微探针：顺时针旋细调旋钮，直至光斑突然向 PSD 移动。

(4) 缓慢地逆时针调节细调旋钮并观察机箱上反馈读数：Z 反馈信号约稳定在－150～－250 之间(不单调增减即可)，就可以开始扫描样品。

(5) 读数基本稳定后，打开扫描软件，开始扫描。

(6) 扫描完毕后，逆时针转动细调旋钮退样品，细调要退到底。再逆时针转动粗调旋钮退样品，直至下方平台伸出 1cm 左右。

(7) 实验完毕，依次关闭：激光器→高压电源→控制机箱。

(8) 处理图像，得到粗糙度。

3) AFM 显微结构分析

原子力显微镜在显微结构分析上有以下几个优点：

(1) 高分辨率能力远远超过扫描电子显微镜(SEM)，以及光学粗糙度仪。样品表面的三维数据满足了研究、生产、质量检验越来越微观化的要求。

(2) 非破坏性，探针与样品表面相互作用力为 8～10N 以下，远比以往触针式粗糙度仪压力小，因此不会损伤样品，也不存在扫描电子显微镜的电子束损伤问题。另外扫描电子显微镜要求对不导电的样品进行镀膜处理，而原子力显微镜则不需要。

(3) 应用范围广，可用于表面观察、尺寸测定、表面粗糙测定、颗粒度解析、突起与凹坑的统计处理、成膜条件评价、保护层的尺寸台阶测定、层间绝缘膜的平整度评价、VCD 涂层评价、定向薄膜的摩擦处理过程的评价、缺陷分析等。

(4) 软件处理功能强，其三维图像显示，包括大小、视角、显示色、光泽可以自由设定，并可选用网络、等高线、线条显示。另外，还具有图像处理的宏管理，断面的形状与粗糙度解析,形貌解析等多种功能。

3.8　X射线衍射(XRD)分析方法及基本应用

通过对材料进行X射线衍射,分析其衍射图谱,获得材料的成分、材料内部原子或分子的结构或形态等信息的研究手段。通常使用衍射仪法来获得样品的衍射图谱。

1. 衍射仪的构造

通用的粉末衍射仪是由X光发生器、测角仪以及控制、记录和数据处理系统三部分组成。参见图3-8-1。

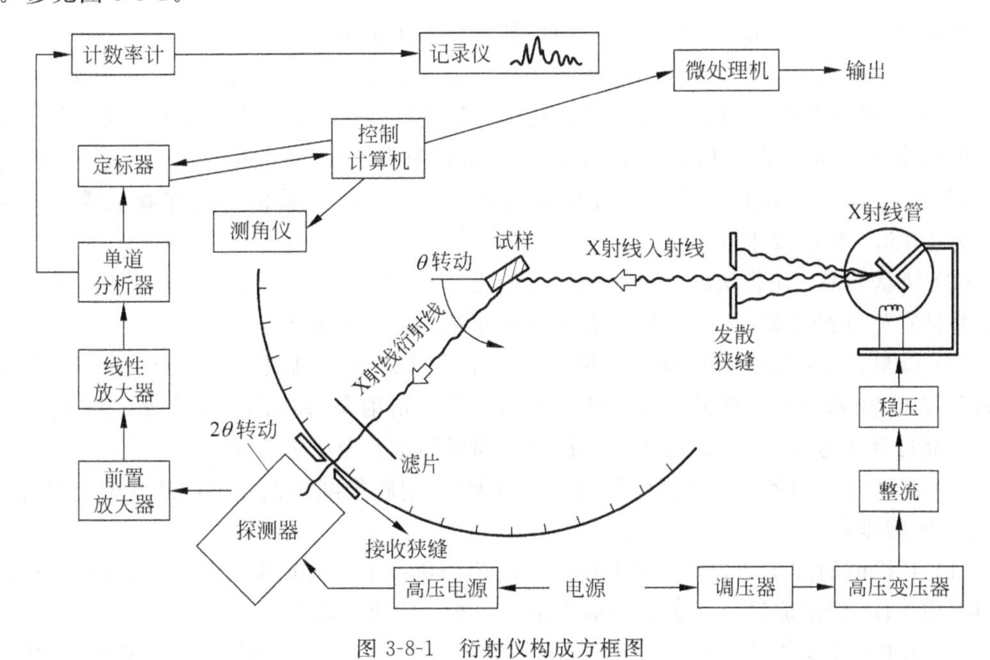

图3-8-1　衍射仪构成方框图

1) 测角仪

测角仪与样品在聚焦圆上联动,由于这种聚焦几何安排,即使试样被照射的面积较大,也可以得到角宽度较小而峰值强度较大的衍射线,从而提高分辨度和灵敏度。测角仪包含一套狭缝系统,发射狭缝与索拉狭缝,用以改变X射线入射线与衍射线的光路。这套狭缝系统对衍射仪的灵敏度和分辨率影响很大,对衍射线的线形、峰背比影响也很大。

2) 探测器

目前,探测器有盖革计数管,正比计数管,闪烁探测器,Si(Li)探测器等几种。粉末衍射仪多采用正比计数管与闪烁探测器。

2. X射线衍射原理

X射线是原子内层电子在高速运动电子的轰击下跃迁而产生的光辐射,主要有连续X射线和特征X射线两种。晶体可被用作X光的光栅,这些很大数目的原子或离子/分子所产生的相干散射将会发生光的干涉作用,从而影响散射的X射线的强度增强或减弱。由于大量原子散射波的叠加,互相干涉而产生最大强度的光束称为X射线的衍射线。满足衍射条件，可应用布拉格公式：$2d\sin\theta=n\lambda$ 应用已知波长的X射线来测量θ角，从而计算出晶面间距d，这是用于X射线结构分析；另一个是应用已知d的晶体来测量θ角，从而计算出特征X射线的波长，进而可在已有资料查出试样中所含的元素。图3-8-2所示为布拉格衍射示意图。

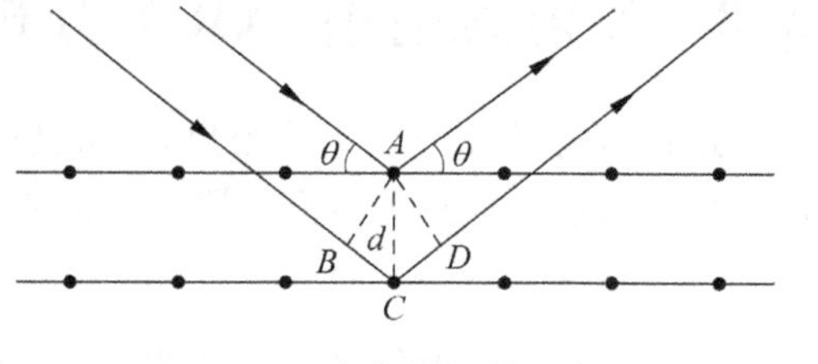

图 3-8-2 布拉格衍射示意图

3. XRD在新型陶瓷材料显微分析中的应用

1）试样的制备

X射线衍射分析的样品主要有粉末样品、块状样品、薄膜样品、纤维样品等。样品不同，分析目的不同(定性分析或定量分析)，则样品制备方法也不同。

(1) 粉末样品：X射线衍射分析的粉末试样必须满足这样两个条件：晶粒要细小，试样无择优取向(取向排列混乱)。所以，通常将试样研细后使用，可用玛瑙研钵研细。定性分析时粒度应小于44μm(350目)，定量分析时应将试样研细至10μm左右。较方便地确定10μm粒度的方法是，用拇指和中指捏住少量粉末，并碾动，两手指间没有颗粒感觉的粒度大致为10μm。样品要求在3g左右。

(2) 块状样品：先将块状样品表面研磨抛光，大小不超过20mm×18mm，然后用橡皮泥将样品粘在铝样品支架上，要求样品表面与铝样品支架表面平齐。

(3) 微量样品：取微量样品放入玛瑙研钵中将其研细，然后将研细的样品放在单晶硅样品支架上(切割单晶硅样品支架时使其表面不满足衍射条件)，滴数滴无水乙醇使微量样品在单晶硅片上分散均匀，待乙醇完全挥发后即可测试。至少需5mg。

(4) 薄膜样品制备：将薄膜样品剪成合适大小，用胶带纸粘在玻璃样品支架上即可。

2）实验步骤

(1) 开机前的准备和检查：盖上顶盖关闭防护罩；开启水龙头，使冷却水流通；X射线管窗口应关闭，管电流管电压表指示应在最小位置；接通总电源。

(2) 开机操作：开启衍射仪总电源，起动循环水泵；待数分钟后，打开计算机X射线衍射仪应用软件，设置管电压、管电流至需要值，设置合适的衍射条件及参数，开始样品测试。

(3) 样品测试：将样品制备好后，检查仪器shuttle灯是否完全关闭，如是按开门键，放入样品，选择所需的测试条件，一般选择$\theta\sim2\theta$连续扫描，对于单峰测试，可以选择慢速连续扫描或者步进扫描，θ或2θ独立运动等方式。

(4) 停机操作：测量完毕，关闭X射线衍射仪应用软件；取出试样；15min后关闭循环水泵，关闭水源；关闭衍射仪总电源及线路总电源。

3）数据处理

测试完毕后，可将样品测试数据存入磁盘供随时调出处理。原始数据需经过曲线平滑，Ka2扣除，谱峰寻找等数据处理步骤，最后打印出待分析试样衍射曲线和d值、2θ、强度、衍射峰宽等数据供分析鉴定。

(1) 物相分析

通过实验室XRD分析软件或者Jade导入数据进行处理。进行衍射峰指标化，晶格参数的计算，根据标样对晶格参数进行校正等。物相分析本质是将试样d值与标准物相的PDF卡片对比。若有两种不同的物相还能通过K值积分强度计算出不同物相的含量，软件功能很齐全。

（2）微晶尺寸

根据X射线衍射理论，在晶粒尺寸小于100nm时，随晶粒尺寸的变小衍射峰宽化变得显著，考虑样品的吸收效应及结构对衍射线型的影响，样品晶粒尺寸可以用谢乐（Scherrer）公式计算。

$$D_{hkl}=k\lambda/\beta\cos\theta$$

式中，D_{hkl}为沿垂直于晶面（hkl）方向的晶粒直径；k为Scherrer常数，k的取值与β的定义有关，当β为半宽高时，k取0.89，当β为积分宽度时，k取1.0；λ为入射X射线波长（Cuka波长为0.154 06nm，Cuka1波长为0.154 18nm）；θ为布拉格衍射角，(°)；β为衍射峰的半高峰宽，rad。

在计算晶粒尺寸时，一般采用低角度的衍射线，如果晶粒尺寸较大，可用较高衍射角的衍射线来代替。谢乐公式适用范围为1～100nm，晶粒尺寸小于1nm或大于100nm时，使用用谢乐公式不太准确，当晶粒尺寸在30nm时其计算的结果最准确。同时，谢乐公式只适合球形粒子，对立方体粒子常数k应改为0.943，半高宽应该转化为弧度制，即$\beta/180\times3.14$。

用XRD计算晶粒尺寸必须扣除仪器宽化和应力宽化影响。在晶粒尺寸小于100nm时，应力引起的宽化与晶粒尺度引起的宽化相比，可以忽略。此时，Scherrer公式适用。但晶粒尺寸大到一定程度时，应力引起的宽化比较显著，此时必须考虑应力引起的宽化，Scherrer公式不再适用。

3.9　X射线光电子能谱（XPS）分析方法及基本应用

XPS是一种用于测定材料中元素构成以及其中所含元素化学态和电子态的定量能谱技术。XPS是一种表面化学分析技术，可以用来分析金属材料在特定状态下或在一些加工处理后的表面化学。

1. X射线光电子能谱（XPS）构造

X射线光电子能谱系统由X射线源、超高真空不锈钢舱室及超高真空泵、电子收集透镜、电子能量分析仪、μ合金磁场屏蔽、电子探测系统、适度真空的样品舱室、样品支架、样品台和样品台操控装置构成。见图3-9-1。

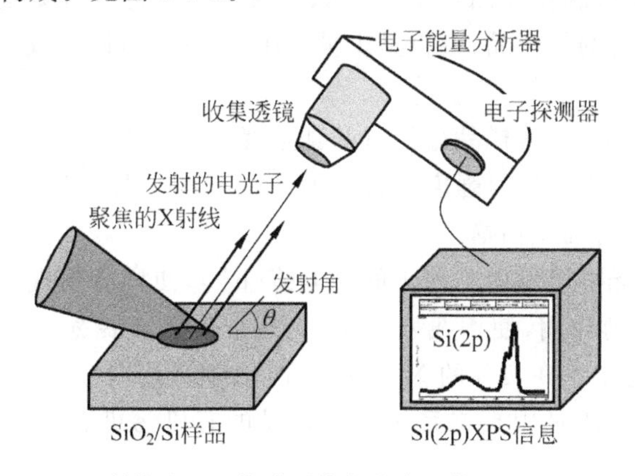

图3-9-1　X射线光电子能谱系统的基本组件（From wikipedia）

2. X射线光电子能谱(XPS)原理

XPS的原理是用X射线去辐射样品，使原子或分子的内层电子或价电子受激发射出来。被光子激发出来的电子称为光电子。可以测量光电子的能量，以光电子的动能/束缚能为横坐标，相对强度(脉冲/s)为纵坐标可作出光电子能谱图，从而获得试样有关信息。X射线光电子能谱学因对化学分析最有用，因此被称为化学分析用电子能谱学(electron spectroscopy for chemical analysis)。

对于陶瓷样品，考虑晶体势场和表面势场对光电子的束缚作用，$E_b=h\nu-E_k-\Phi_s$，E_b为电子结合能，电子脱离原子核及其他电子作用所需的能量，E_k为自由电子动能，Φ_s为逸出功，电子克服晶格内周边原子作用变成自由电子所需的能量。当原子内层电子光致电离而射出后，内层留下空穴，原子处于激发态，这种激发态离子要向低能态转化而发生弛豫，其方式可以通过辐射跃迁释放能量，波长在X射线区称为X射线荧光；或者通过非辐射跃迁使另一电子激发成自由电子，这种电子就称为俄歇电子。对其进行分析能得到样品原子种类方面的信息。

3. X射线光电子能谱(XPS)在新型陶瓷材料显微分析中的应用

1) 试样的制备

(1) 样品的预处理

① 溶剂清洗(萃取)或长时间抽真空除表面污染物。

② 氩离子刻蚀除表面污物。注意刻蚀可能会引起表面化学性质的变化(如氧化还原反应)。

③ 擦磨、刮剥和研磨。对表理成分相同的样品可用SiC(600#)砂纸擦磨或小刀刮剥表面污层；对粉末样品可采用研磨的方法。

④ 真空加热。对于能耐高温的样品，可采用高真空下加热的办法除去样品表面吸附物。

(2) 样品的安装

一般是把粉末样品粘在双面胶带上或压入铟箔(或金属网)内，块状样品可直接夹在样品托上或用导电胶带粘在样品托上进行测定。

其他方法：①压片法：对疏松软散的样品可用此法。②溶解法：将样品溶解于易挥发的有机溶剂中，然后将其滴在样品托上让其晾干或吹干后再进行测量。③研压法：对不易溶于具有挥发性有机溶剂的样品，可将其少量研压在金箔上，使其成一薄层，再进行测量。

2) 实验步骤

样品放入样品室，抽真空，样品分析室的真空度要优于10^{-5}Pa，减少电子在运动过程中同残留气体发生碰撞而损失信号强度。首先做一个全谱。据此获知样品中包含哪些元素，选取感兴趣的窗口，进行细微扫描。

绝缘样品表面的光电子发射引起正的静电荷(h^+)，使样品出现一稳定的表面电势V_s，它对光电子逃离有束缚作用，使谱线发生位移，还会使谱峰展宽、畸变，因此要进行电荷补偿，给样品补偿低能电子。在实际的XPS分析中，一般采用内标法进行校准，而非进行荷电效应补偿。最常用的方法是用真空系统中最常见的有机污染碳C1s的结合能为284.6eV进行校准。

3）XPS 显微结构分析

（1）表面元素全分析

全分析实质上就是根据能量校正后的结合能的值，与标准数据或标准谱线对照，找出谱图上各条谱线的归属，谱图上一般只标示出光电子线和俄歇线，其他的伴线只用来作为分析时的参考。

分析方法为：①利用污染碳的 C1s 或其他的方法扣除荷电。②首先标识那些总是出现的谱线。如 C1s、CKLL、O1s、OKLL、O2s、X 射线卫星峰和能量损失线等。③利用标准结合能数值标识谱图中最强的、代表样品中主体元素的强光电子谱线，并且与元素内层电子结合能标准值仔细核对。

（2）元素窄区谱分析

元素窄区谱分析，也称为分谱分析或高分辨谱分析，它的扫描时间长、扫描步长小，扫描区间在几十个电子伏特内。元素窄区谱的能量范围以强光电子线为主。元素窄区谱分析，可以得到谱线的精细结构，这也是 XPS 分析的主要工作之一。另外，在定量分析时最好也用窄区谱，这样得到的结果的误差会小一些。可分析数据包括：①离子价态分析；②元素不同离子价态比例；③材料表面不同元素之间的定量。

（3）XPS 定量分析

XPS 定量分析的关键是如何把所观测到的谱线的强度信号转变成元素的含量。光电子强度的大小主要取决于样品中所测元素的含量。如果直接用谱线的强度进行定量，所得到的结果误差较大。这是由于不同元素的原子或同一原子不同壳层上的电子的光电截面是不一样的，被光子照射后产生光电离的几率不同。即有的电子对光照敏感，有的电子对光照不敏感，敏感的光电子信号强，反之则弱。所以，不能直接用谱线的强度进行定量。目前一般采用元素灵敏度因子法定量。

（4）深度分析

XPS 只能用于表层分析，但是，目前的仪器都附带一个离子枪，其目的一是用来清洗材料表面以去除污染，二来可以做材料的深度分析。其原理就是用离子枪打击表面，这样就可以不断打击出新的下表面，连续测试、循序渐进就可以做深度分析，得到沿表层到深层元素的浓度分布。

3.10 X 射线荧光光谱（XRF）分析方法及基本应用

用 X 射线或其他激发源照射待分析样品，样品中的元素之内层电子被击出后，造成核外电子的跃迁，在被激发的电子返回基态的时候，会放射出特征 X 射线；不同的元素会放射出各自的特征 X 射线，具有不同的能量或波长特性。检测器（detector）接收这些 X 射线，仪器软件系统将其转为对应的信号。

1. X 射线荧光光谱（XRF）构造

如图 3-10-1 所示，波长色散型 X 射线荧光光谱仪由四部分构成：X 射线光源、分光晶体、检测器和记录显示。波长色散型是由晶体分光的，分光晶体与检测器同步转动进行扫描。而能量色散型 X 射线荧光光谱仪没有分光晶体，根据选用探测器的不同，可分为半导体探测器和正比计数管两种主要类型。

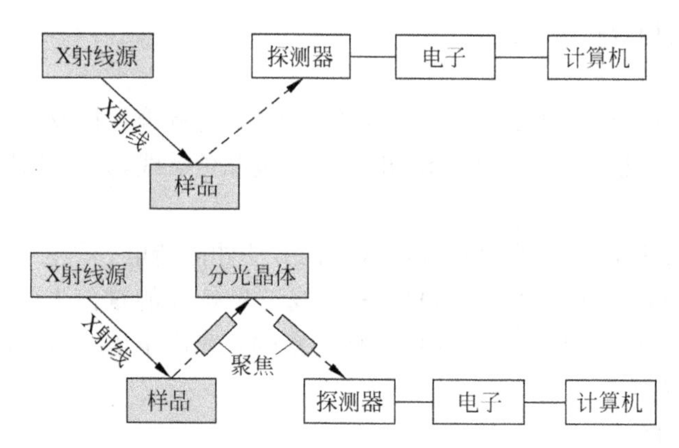

图 3-10-1　X 射线荧光光谱仪能量色散和波长色散基本原理图(From wikipedia)

2. X 射线荧光光谱仪(XRF)原理

对每一种化学元素的原子来说,都有其特定的能级结构,其核外电子都以各自特有的能量在各自的固定轨道上运行,内层电子在足够能量的 X 射线照射下脱离原子的束缚,成为自由电子,我们说原子被激发了,处于激发态,这时,其他的外层电子便会填补这一空位,也就是所谓跃迁,同时以发出 X 射线的形式放出能量。由于每一种元素的原子能级结构都是特定的,它被激发后跃迁时放出的 X 射线的能量也是特定的,称之为特征 X 射线。通过测定特征 X 射线的能量,便可以确定相应元素的存在,而特征 X 射线的强弱(或者说 X 射线光子的多少)则代表该元素的含量。

3. X 射线荧光光谱仪(XRF)在新型陶瓷材料显微分析中的应用

1) 试样的制备

(1) 块状样品要求:①块状大小合适;②有合适的平面且平整、光洁、无裂纹、无气孔;③表面干净无污染。

(2) 粉末样品制备方法:①压片法:一些脆性材料,如矿石、水泥、陶瓷、耐火材料、渣、部分合金可以制成粉末样品。一般是以粒度 200 目以上为平均指标。一般疏松样品不易成块,压片成型时可以加入 10%～15%的黏结剂,如甲基或乙基纤维素、淀粉、硼酸等。②熔融法:一些基体复杂,矿物效应严重不能采用压片法的可考虑熔融。熔融一般使用 5%黄金 95%铂金的坩埚,溶剂与粉体质量比一般为 10 : 1,常用溶剂为 $Li_2B_4O_7$(熔点 930℃)、$LiBO_2$(熔点 850℃),常用的脱模剂为 NaBr、LiF、NH_4I、NH_4Br。

2) 实验步骤

(1) 首先检查电源、计算机、仪器之间的连线,确定连接正确。打开电源,开机。

(2) 打开仪器门,放入标样 EC681,选择曲线 CrCl。单击参数设置,选择测量时间,将测量时间设定为 1000s。单击开始测试按钮,在测试过程中对仪器进行预热。

(3) 预热完成后,单击分析报告,会出现分析报告保存路径对话框,输入相关信息,选择当日的保存文件夹。

(4) 打开仪器门,放入纯银片,从视频中对准测试部位。关好舱门。选择曲线:测塑胶及其他。单击参数设置,选择初始化,单击 OK。

(5) 初始化完毕后,状态栏的峰通道将显示为 1105 道。

(6) 打开仪器门,放入标样 EC681,从视频中对准测试部位。关好机舱门。单击参数设置,选择测量时间,输入 200s。选择曲线:测塑胶及其他。单击开始测试按钮开始测试。

(7) 测试完毕后,将得出标样的数据,仔细比对测出数据与标样准确值的偏差,如偏差小于±5%,则 OK,打印出结果保存。反之再次进行(4)、(5)、(6)步骤。

(8) 快捷键:Ctrl+B 调出如图所示对话框,将 Sb、Ba、Se 选择为 True。单击 OK 确认。再次放入纯银片准备初始化。选择曲线:测塑胶及其他。单击参数设置,选择初始化,单击 OK。

(9) 第二次初始化完毕后,取出纯银片,放入标样 PE102。选择曲线:测塑胶及其他。单击参数设置,选择测量时间,输入 200s。单击开始测试按钮开始测试。测试完成后,比对 Sb、Ba、Se 的结果与标准值的偏差。如偏差小于±5%,则单击 OK,打印出结果保存。反之再次进行(8)、(9)步骤。

(10) 将需要测试的样品放入仪器内,通过视频图像摆正位置。根据所测样品的材质选择相应测试曲线。单击参数设置,选择测量时间,将测量时间设定为 100s。单击开始测试按钮,出现样品信息对话框,输入相关信息后按确定开始测试。测试完毕后,单击保存按钮。

(11) 关闭电脑和仪器。

3) XRF 显微结构分析

XRF 用于元素的定量与定性分析,有以下特点:

(1) 优点

① 分析速度高。测定用时与测定精密度有关,但一般都很短,2~5min 就可以测完样品中的全部待测元素。

② X 射线荧光光谱跟样品的化学结合状态无关,而且跟固体、粉末、液体及晶质、非晶质等物质的状态也基本上没有关系。(气体密封在容器内也可分析)但是在高分辨率的精密测定中却可看到有波长变化等现象。特别是在超软 X 射线范围内,这种效应更为显著。波长变化用于化学位的测定。

③ 非破坏分析。在测定中不会引起化学状态的改变,也不会出现试样飞散现象。同一试样可反复多次测量,结果重现性好。

④ X 射线荧光分析是一种物理分析方法,所以对在化学性质上属同一族的元素也能进行分析。

⑤ 分析精密度高。

⑥ 制样简单,固体、粉末、液体样品等都可以进行分析。

(2) 缺点

① 难以做绝对分析,故定量分析需要标样。

② 对轻元素的灵敏度要低一些。

③ 容易受相互元素干扰和叠加峰影响。

3.11　吸收光谱分析方法及基本应用

吸收光谱是材料在某一些频率上对电磁辐射的吸收事件所呈现的比率。一般对于陶瓷材料来说常用的吸收光谱是紫外可见近红外波段的吸收光谱。紫外吸收光谱和可见吸收光谱都属于分子光谱，它们都是由于价电子的跃迁而产生的。利用物质的分子或离子对紫外和可见光的吸收所产生的紫外可见光谱及吸收程度可以对物质的组成、含量和结构进行分析、测定、推断。

1. 吸收光谱构造

紫外可见吸收光谱仪由光源、单色器、吸收池、检测器以及数据处理及记录等部分组成，见图 3-11-1。

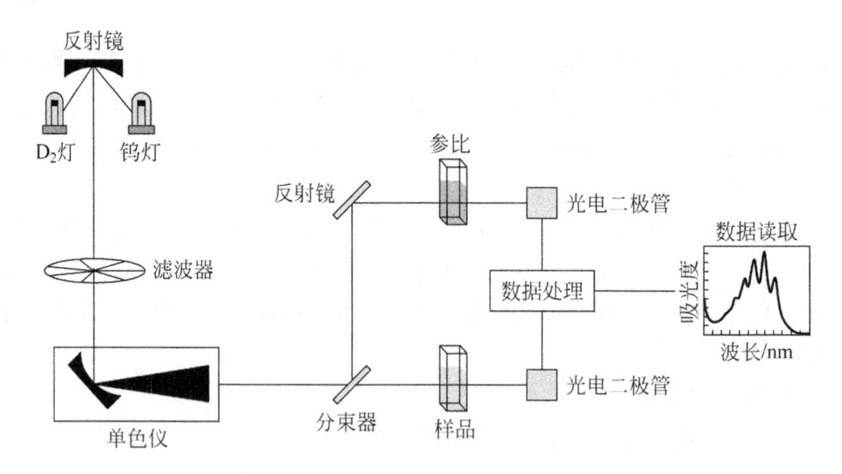

图 3-11-1 紫外可见分光光度计系统的基本组件(From wikipedia)

普通紫外可见光谱仪，主要由光源、单色器、样品池(吸光池)、检测器、记录装置组成。为得到全波长范围(200～800nm)的光，使用分立的双光源，其中氘灯的波长为 185～395nm，钨灯的为 350～800nm。绝大多数仪器都通过一个动镜实现光源之间的平滑切换，可以平滑地在全光谱范围双光束分光光度计的扫描。光源发出的光通过光孔调制成光束，然后进入单色器；单色器由色散棱镜或衍射光栅组成，光束从单色器的色散原件发出后成为多组分不同波长的单色光，通过光栅的转动分别将不同波长的单色光经狭缝送入样品池，然后进入检测器(检测器通常为光电管或光电倍增管)，最后由电子放大电路放大，从微安表或数字电压表读取吸光度，或驱动记录设备，得到光谱图。

2. 吸收光谱原理

紫外可见吸收光谱的基本原理是利用在光的照射下待测样品内部的电子跃迁，由此可得所得样品的吸收带边。通过紫外可见漫反射吸收光谱可以测量块体或者粉末样品的吸收带边，通过本征吸收的吸收系数 α 与光子能量的关系：$\alpha(h\nu)^m=h\nu-Eg$ 计算得到带隙，其中 $m=0.5$ 或 2，与直接带隙和间接带隙有关。

3. 吸收光谱在新型陶瓷材料显微分析中的应用

1) 试样的制备

有一定透过率的样品可以镀在石英基片上测量直线吸收；粉末样品可以负载在硫酸钡(100%反射)测量漫反射(积分球)；块状样品直接通过积分球测量吸收。

2) 实验步骤

(1) 开机：打开电源开关连接仪器电源线，确保仪器供电电源有良好的接地性能。接通电源，使仪器预热 30min，之后开电脑连接后按 M 键，调节需要测试的波长范围，扫描速度等参数。

(2) 测试：用标准样品校准基线，测定试样，保存数据。

(3) 关机以及数据处理。

3) 吸收光谱显微结构分析

光吸收的一般规律朗伯特定律，$I=I_0 e^{-\alpha x}$，α 为吸收系数，在电磁波谱的可见光区：金属和半导体的吸收系数很大；电介质材料吸收系数小。在紫外吸收端：禁带宽度大的材料，紫外吸收端的波长较小；在红外区：离子的弹性振动与光子辐射发生谐振消耗能量所致。有一定带隙无机非金属材料对光子吸收的示意图如图 3-11-2 所示。

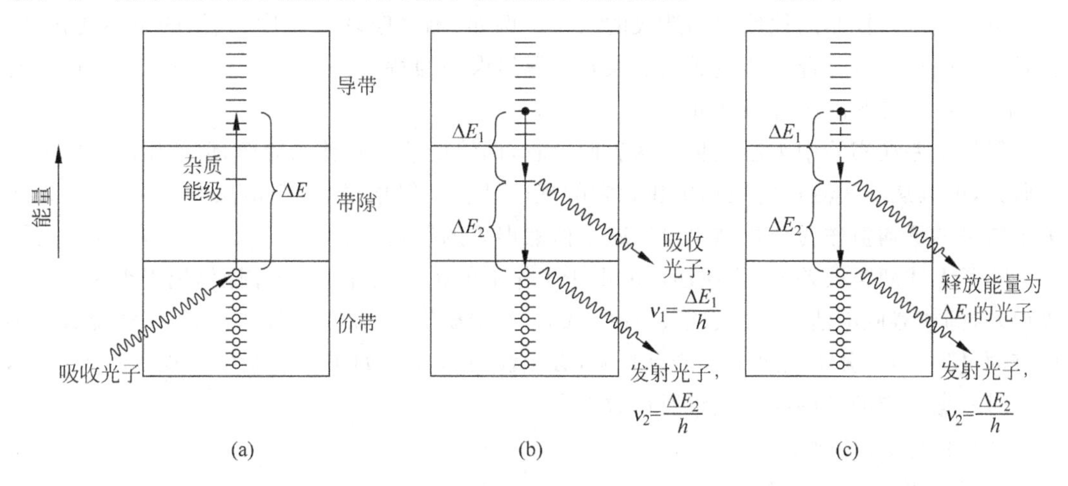

图 3-11-2　有一定带隙无机非金属材料对光子的吸收示意图

无机非金属材料有如下光学性质：①在红外区有一定程度的吸收；②吸收可见辐射，一般不透明(半导体)；③绝缘体倾向于对可见辐射透明(E_g 大)；④漫反射由多次内反射造成；⑤加工过程中留下的孔洞会降低透明度。

3.12　实验数据处理

3.12.1　实验误差和数据处理

材料合成与制备是一门实验科学，常进行许多定量的测定，然后由测得的数据，经过计算得到分析结果。分析结果是否可靠是一个十分重要的问题，不准确的分析结果往往会导致错误的结论。但是，在实际测定过程中即使采用最可靠的分析方法，使用最精密的仪器，由技术很熟练的分析人员进行测定，也不可能得到绝对准确的结果。同一个人在相同的条件下对同一个试样进行多次测定，所得结果也不会完全相同。这表明，测定过程中的误差是客观存在的，应根据实际情况正确测定、记录并处理实验数据，使分析结果达到一定的准确度。所以树立正确的误差及有效数字的概念，掌握分析和处理实验数据的科学方法十分必要。

1）误差

（1）误差的种类

在定量分析中，由多种原因造成的误差，按照性质可分为系统误差和偶然误差两类。

① 系统误差（可测误差）

由实验方法、所用仪器、试剂及实验者本身的主观因素造成的误差，称为系统误差。系统误差的特点是：a. 对测定结果的影响比较恒定；b. 在同一条件下的重复测定中会重复出现；c. 使测定结果系统地偏高或偏低；d. 它的大小和正负是可测的。

从系统误差的来源和特点不难看出，经过校正系统误差可接近消除。

② 偶然误差（未定误差）

由一些难以控制的偶然原因造成的误差。例如，测量时环境温度、气压的微小变化，实验者一时的辨别差异都可能造成偶然误差。偶然误差的特点是：a. 误差数值不定，时大，时小；b. 误差方向不正，时正，时负。

偶然误差在实验中无法避免。从表面上看，偶然误差没有什么规律，但若用统计的方法去研究，可以从多次测量的数据中找到它的规律性。一般地说，适当增加测定次数，取多次测定结果的平均值作为分析结果可以减小偶然误差的影响。

除了上述两类误差外，往往还可能由于工作上的粗枝大叶，不遵守操作规程等而造成过失误差，例如器皿不洁净，丢失试液，加错试剂，看错砝码，记录及计算错误等，这些都属于不应有的过失，会对分析结果带来严重影响，必须注意避免。如果在实验中发现了过失误差，应及时根据一定的准则纠正或将所得数据弃去。

（2）准确度和精密度

① 准确度

准确度表示测定值与真实值的接近程度，说明测定的可靠性，常用误差来表示。误差分为绝对误差和相对误差两种。

$$\text{绝对误差} = X_i - X_t \tag{3-12-1}$$

$$\text{相对误差} = \frac{X_i - X_t}{X_t} \times 100\% \tag{3-12-2}$$

式中，X_i 为测定值；X_t 为真实值。

绝对误差具有与测定值相同的量纲，相对误差无量纲。绝对误差和相对误差都有正值和负值，正值表示测定值偏高，负值表示测定值偏低。

② 精密度

精密度表示各次测定值相互接近的程度，说明测定数据的重复性，常用偏差来表示。偏差分为绝对偏差和相对偏差两种。

$$\text{绝对偏差} = X_i - \overline{X} \tag{3-12-3}$$

$$\text{相对偏差} = \frac{X_i - \overline{X}}{\overline{X}} \times 100\% \tag{3-12-4}$$

式中，$\overline{X}$ 为算术平均值，$\overline{X} = \frac{\sum_{i=1}^{n} X_i}{n}$。

准确度和精密度是两个不同的概念，它们是实验结果好坏的主要标志。精密度是保证准确度的先决条件，精密度差，所得结果不可靠。但是精密度高的测量结果不一定准确，这往往是由系统误差造成的，只有在消除了系统误差之后，精密度高的测定结果才是既精密，又准确的。因此对初学者来说，在实验中首先要做到精密度达到规定的标准。

2）数据处理

（1）本教材的定量分析实验，一般要求对试样进行2～3次重复测定，数据处理仅要求计算平均值 $\overline{X}$ 和测定值的相对偏差 $\frac{X_i-\overline{X}}{\overline{X}}\times 100\%$。

（2）当测定次数较多时，数据处理则要求以下几个内容：①计算平均值 $\overline{X}$、平均偏差 $\overline{d}$ 和标准偏差 S；②对可能由于过失误差引起的可疑数据进行剔除；③按置信度求出平均值的置信区间。

例：测定某一热交换器水垢中的 Fe_2O_3 百分含量，进行7次平行测定，经校正系统误差后，其数据为79.58，79.45，79.47，79.50，79.62，79.38和79.80。求平均值、平均偏差和置信度分别为90%和99%时平均值的置信区间。

解：

① 算术平均值：

$$\begin{aligned}\overline{X} &= \frac{\sum_{i=1}^{n} X_i}{n} \\ &= \frac{79.38+79.45+79.47+79.50+79.58+79.62+79.80}{7} \\ &= 79.54\end{aligned}\tag{3-12-5}$$

平均偏差：

$$\begin{aligned}\overline{d} &= \frac{\sum |X_i-\overline{X}|}{n} \\ &= \frac{0.16+0.09+0.07+0.04+0.04+0.08+0.26}{7} \\ &= 0.11\end{aligned}\tag{3-12-6}$$

标准偏差：

$$\begin{aligned}S &= \sqrt{\frac{\sum (X_i-\overline{X})^2}{n-1}} \\ &= \sqrt{\frac{0.16^2+0.09^2+0.07^2+0.04^2+0.04^2+0.08^2+0.26^2}{7-1}} \\ &= 0.14\end{aligned}\tag{3-12-7}$$

② 对7个测定数据进行整理，其中79.80与其余6个数据相差较大，但又无明显的原因可将它剔除，现根据 3σ 准则决定取舍。这是使用的比较简单的一种方法。对得到的数据，从大到小（或从小到大）依次排列。只要 $|x_i-\overline{x}|>3S$ 就剔除。剔除一个后还需重新做算数均值和标准偏差。

根据计算，$|79.80-79.54|<3\times 0.14$，所以79.80应保留。

③ 查 t 值表，当置信度为90%，$n=7$ 时，$t=1.94$，$\mu=\overline{X}\pm\frac{tS}{\sqrt{n}}=79.54\pm\frac{1.94\times 0.14}{\sqrt{7}}=$

79.54±0.10。

同理，对于置信度为99%(t=3.71)，可得

$$\mu = 79.54 \pm \frac{3.71 \times 0.14}{\sqrt{7}} = 79.54 \pm 0.20 \tag{3-12-8}$$

注：可疑数据的取舍——置信度和平均值的置信区间等内容请参阅有关教材。

3.12.2 有效数字

1. 有效数字的概念

有效数字是指在具体工作中实际能测量到的数字。例如，将一蒸发皿用分析天平称量，称得质量为30.5109g，这些数字都是有效数字，即有6位有效数字。如改用台秤，则称得质量为30.5g，这样就仅有3位有效数字。可见有效数字是随实际情况而定，不是由计算结果决定的。

如果数字中有“0”，则要具体分析。“0”有两种用途，一是表示有效数字，二是决定小数点的位置。例如，20.30mL中的“0”都是有效数字，这个容积的有效数字是4位。0.0025g中的“0”只表示位数，不是有效数字，这个质量的有效数字仅有2位。0.0100g中，“1”左边的2个“0”不是有效数字，只起定位作用，而“1”右边的2个“0”是有效数字，这个质量的有效数字是3位。当需要在数的末尾加“0”作定位时，应采取指数形式表示，否则有效数字的位数含混不清。例如，质量为25.0g，若以毫克为单位，则可表示为2.50×10^4 mg，就易误解为5位有效数字。

2. 有效数字的应用规则

(1) 有效数字的最后一位数字一般是不定值，通常都有正负1个单位的误差。例如，使用最小刻度为0.1mL的50mL滴定管滴定，读数为20.26mL，前3位由滴定管的刻度直接读得，最后一位则是在20.2～20.3mL的刻度中间估计得出的，是一位不定值，它有±0.01mL的误差，真实体积应在20.25～20.27mL之间。

(2) 进行加减运算时，它们的和或差有效数字的保留应依小数点后位数最少的数据为根据，即取决于绝对误差最大的那个数。例如，将0.0121，25.64及1.057 82三数相加，其中25.64为绝对误差最大的数据，所以应将计算器显示的相加结果26.709 92也取到小数点后的第二位，修约成26.71。

(3) 进行乘除法运算时，所得结果的有效数字的位数取决于相对误差最大的那个数。例如，

$$\frac{0.0325 \times 5.103 \times 60.6}{139.8} = 0.0713$$

各数的相对误差分别为

$$0.0325\text{——}\frac{\pm 0.0001}{0.0325} \times 100\% = \pm 0.3\%;$$

$$5.103\text{——}\pm 0.02\%;$$

$$60.06\text{——}\pm 0.02\%;$$

$$139.8\text{——}\pm 0.07\%。$$

可见，4个数中相对误差最大即准确度最差的是0.0325，是3位有效数字，因此计算结果也应取3位有效数字0.0713。

(4) 在化学计算中，经常会遇到算式中含有倍数或分数的情况，如2mol=2×63.54，式中的2是个自然数，不是测量所得，不应看作1位有效数字，而应认为是无限多位的有效数字。再如，从250mL容量瓶中吸取25mL试液时，也不能根据25/250只有2位或3位数来确定分析结果的有效数字的位数。

(5) 运算时，一般以"四舍五入"为原则弃去多余的数字。也可采用"四舍六入五留双"的原则处理数据的尾数，即当尾数≤4时舍去；尾数≥6时进位；而当尾数恰为5时，则看保留下来的末位数是奇数还是偶数，是奇数时就将5进位，是偶数时则将5弃去，总之，使得留下来的末位数为偶数。例如，根据此原则将4.175和4.165处理为3位数，则分别为4.18和4.16。

(6) 有关化学平衡的计算(如求平衡状态下某离子浓度)，一般保留2位或3位有效数字。对于pH、pM、lg$K$等对数数值，一般取1位或2位有效数字。如pH=5.30，其有效数字为2位，仅取决于尾数部分的位数而非3位有效数字，因整数部分是代表该数的方次，pH=5.30即$c(H^+)=5.0\times10^{-6}$ mol/L。

(7) 大多数情况下，表示误差或偏差时，取1～2位有效数字。

目前，电子计算器的应用相当普遍，虽然在运算过程不必对每一步计算结果进行位数确定，但应注意正确保留最后计算结果的有效数字位数，不可全部照抄计算器显示的数字。

3.12.3 实验数据的表示

1. 实验的数据表示方法

材料化学实验数据的表示方法主要有列表法、图解法和数学方程式三种。现将常用的列表法和图解法分述如下：

1) 列表法

把实验数据列入简明合理的表格中，使得全部数据一目了然，便于数据的处理、运算和检查。一张完整的表格应包含表的顺序号、名称、项目、说明及数据来源五项内容。作表格时应注意以下两点：

(1) 表格的横排称为"行"，竖排称为"列"。每个变量占表中一行，一般先列自变量，后列应变量。每一行的第一列应写出变量的名称和量纲。

(2) 每一行所记数据应注意其有效数字位数。同一列数据的小数点要对齐。数据应按自变量递增或递减的次序排列，以显示出变化规律。

2) 图解法

通常是在直角坐标系中，用图解法表示实验数据，即用一种线图来描述所研究的变量间的关系。图解法颇为直观，并可由线图求算变量的中间值，确定经验方程中的常数等。现举例说明图解法在实验中的作用。

(1) 表示变量间的定量依赖关系：将主变量作横轴，应变量作纵轴，所得曲线表示两变量间的定量关系。在曲线所示范围内，对就任意主变量的应变量值均可方便地从曲线上读得。如温度计较正曲线、吸光度-浓度曲线等。

(2) 求外推值：对一些不能或不易直接测定的数据，在适当的条件下，可用作图外推的方法取得。所谓外推法，就是将测量数据间的关系外推至测量范围以外，以求得测量范围以外的值。但必须指出，只有在有充分理由确信外推所得结果可靠时，外推法才有实际价值。即外推的那段范围与实测的范围不能相距太远，且在此范围内变量间关系是已知的物理规律，而不是曲线拟合结果，外推值与已有的正确经验不能相抵触。例如，测定反应热时，两种溶液刚混合时的最高温度不易直接测得，但可测得混合后随时间变化的温度值，通过作温度-时间图，外推得最高温度。

(3) 求直线的斜率和截距：两变量间的关系如符合 $y=mx+b$，则 y 对 x 作图是一条直线，用作图法可求得直线的斜率 m 和截距 b。

2. 作图技术简介

利用图解法能否得到良好的结果，这与作图技术的高低有十分密切的关系。下面简单介绍用直角坐标纸作图的要点。

(1) 一般以主变量作横轴，应变量作纵轴。

(2) 坐标轴比例选择非常重要，要遵守以下各点：①要充分利用图纸，不一定所有的图均要把坐标原点作为 0，应视实验具体数值的范围而定。②坐标纸标度要能表示出全部有效数字，使从图中得到的精密度与测量的精密度相当。③所选定的坐标标度应便于从图上读出任一点的坐标值，通常使用单位坐标格所代表的变量为 1、2、5 的倍数，不用 3、7、9 的倍数。

(3) 把所测的数值画在图上，就是代表点，这些点要能表示正确的数值。若在同一纸上画几条直(曲)线时，则每条线的代表点需用不同的符号表示。

(4) 在图纸上画好代表点后，根据代表点的分布情况，作出直线或曲线。这些直线或曲线描述了代表点的变化情况，不必要求它们通过全部代表点，而是能使代表点均匀地分布在线的两边。

(5) 图作好后，要写上图的名称、注明坐标轴代表的量的名称、所用单位、数值大小以及主要的测量条件。

参考文献

[1] 吴泳. 大学化学新体系实验[M]. 北京：科学出版社，1999.
[2] 徐如人，庞文琴. 无机合成与制备化学[M]. 北京：高等教育出版社，2002.
[3] 刘祖武. 现代无机合成[M]. 北京：化学工业出版社，1999.
[4] 浙江大学. 综合化学实验[M]. 北京：高等教育出版社，2001.
[5] 郑春生. 基础化学实验[M]. 天津：南开大学出版社，2001.
[6] 曲远方. 无机非金属材料专业实验[M]. 天津：天津大学出版社，2003.
[7] 张金升. 陶瓷材料显微结构性能[M]. 北京：化学工业出版社，2007.
[8] 王英华. X光衍射技术基础[M]. 北京：原子能出版社，1993.
[9] 章晓中. 电子显微分析[M]. 北京：清华大学出版社，2006.
[10] 王中林. 纳米材料表征[M]. 北京：化学工业出版社，2005.
[11] 白春礼. 扫描力显微束[M]. 北京：科学出版社，2000.
[12] 陈成钧. 扫描隧道显微学引论[M]. 北京：中国轻工业出版社，1996.

[13] 卢炯平. X射线光电子能谱在材料研究中的应用[J]. 分析测试技术与仪器：1995(1)：1-12.
[14] 李昌厚. 紫外可见分光光度计[M]. 北京：化学工业出版社，2005.
[15] 孙业英. 光学分析[M]. 北京：清华大学出版社，1997.
[16] 关振铎，张中太，焦金生. 无机材料物理性能[M]. 北京：清华大学出版社，2011.
[17] 田莳. 材料物理性能[M]. 北京：北京航空航天大学出版社，2004.
[18] 周馨我. 功能材料学[M]. 北京：北京理工大学出版社，2002.
[19] 殷之文. 电介质物理学[M]. 2版. 北京：科学出版社，2005.
[20] 钟维烈. 铁电体物理学[M]. 北京：科学出版社，1996.
[21] 许煜寰. 铁电与压电材料[M]. 北京：科学出版社，1978.
[22] 戴道生，钱昆明. 铁磁学[M]. 北京：科学出版社，1998.
[23] 金格瑞，鲍恩，乌尔曼. 陶瓷导论[M]. 清华大学新型陶瓷与精细工艺国家重点实验室，译. 北京：高等教育出版社，2010.
[24] 陈登明，孙建春，蔡苇. 材料物理性能及表征[M]. 北京：化学工业出版社，2013.
[25] 马南钢. 材料物理性能综合实验[M]. 北京：机械工业出版社，2010.
[26] 刘振海，自由山立子，等. 热分析(分析化学手册 第六分册)[M]. 北京：化学工业出版社，1994：134.
[27] 刘振海，等. 热分析导论[M]. 北京：化学工业出版社，1991.
[28] 杨南如. 无机非金属材料测试方法[M]. 武汉：武汉理工大学出版社，1993.
[29] 陈泉水，郑举功，任广元. 无机非金属材料物性测试[M]. 北京：化学工业出版社，2013.
[30] 陶文宏，杨中喜，师瑞霞. 现代材料测试技术[M]. 北京：化学工业出版社，2013.
[31] 刘芙，张升才. 材料科学与工程基础实验指导书[M]. 杭州：浙江大学出版社，2011.
[32] 全国信息与文献标准化技术委员会. 精细陶瓷弯曲强度试验方法：GB/T 6569—2006/ISO 14704：2000[S]. 北京：中国标准出版社，2006.
[33] 全国信息与文献标准化技术委员会. 多孔陶瓷显气孔率、容重试验方法：GB/T 1966—1996[S]. 北京：中国标准出版社，1996.
[34] International Organization for Standardization. Dentistry-Ceramic materials：ISO6872—2008[S/OL].
[35] 全国信息与文献标准化技术委员会. 绝缘材料电气强度试验方法第1部分：工频下试验：GB1408—2006[S]. 北京：中国标准出版社，2006.
[36] 全国信息与文献标准化技术委员会. 压电陶瓷材料性能测试方法性能参数的测试：GB/T 3389—2008[S]. 北京：中国标准出版社，2008.
[37] 全国信息与文献标准化技术委员会. 压电陶瓷材料性能试验方法圆片径向伸缩振动模式：GB/T 2414.1—1998[S]. 北京：中国标准出版社，2008.
[38] 郭大宇. 显微结构对陶瓷材料物理性能的影响[J]. 辽宁大学学报(自然科学版)，2007，34(1)：25-27.
[39] 路长春，陆现彩，刘显东，等. 基于探针气体吸附等温线的矿物岩石表征技术Ⅳ：比表面积的测定和应用[J]. 矿物岩石地球化学通报，2008，27(1)：28-34.
[40] JURGEN BLUMM. 导热系数测量方法及仪器[EB/OL]. 曾智强，译. (2011-08-01)[2016-05-31]. http://wenku.baidu.com/link?url=bttS1RSu9wp4lU_dgZk-CLho1ibnExM9Vw08qDSL5M3Rdux-mmgeCPRmtAjGSeBDSeke3XmAbc7YP4kv9BPKLhDHa-Ja6QCBxjvkQZ1FTuya.
[41] 王东，孙晓红，赵维平，等. 激光闪射法测试耐火材料导热系数的原理与方法[J]. 计量与测试技术，2009，36(3)：38-42.
[42] 李大梅，尤显卿，许育东，等. 氧化铝基陶瓷材料断裂韧性的测量与评价[J]. 硬质合金，2004，21(4)：231-236.
[43] 李国星，陈昌平，李玮，刘安，等. 陶瓷材料断裂韧性测试方法[J]. 河南建材，2003(4)：15-17.
[44] 东莞市大中仪器有限公司. 陶瓷材料硬度测试方法[EB/OL]. (2010-08-25)[2016-05-31]. http://www.chem17.com/tech_news/detail/86181.html.

[45] 吴音，周和平，缪卫国．流延法制作 AlN 陶瓷基片工艺[J]．电子元件与材料，1996(1)：20-23.

[46] 蔡娟，潘伟，翟普，等．W/Si_3N_4 界面反应动力学研究：第九届全国特种陶瓷学术年会论文专辑[C]．1996.

[47] 周和平，刘耀诚，吴音．Dy_2O_3 掺杂 AlN 陶瓷的低温烧结研究：第九届全国特种陶瓷学术年会论文专辑[C]．1996.

[48] 袁鸿昌，齐月，潘伟，等．纳米 ZrO_2-Y_2O_3 烧结行为的研究：第九届全国特种陶瓷学术年会论文专辑[C]．1996.

[49] 吴音，缪卫国，周和平，等．冲击波处理的 AlN 粉体的低温烧结[J]．无机材料学报，1998(2)：229-233.

[50] 王德君，曾智强，蔡娟，等．热分析技术在无机材料研究中的某些应用[J]．压电与声光，1997(3)：208-214.

[51] 吴音，周和平，刘耀诚，等．一种低温共烧 AlN 陶瓷基片的排胶技术[J]．无机材料学报，1998(3)：396-400.

[52] 董青云．粒度测试方面的基本知识和基本方法[J]．电子测试，2007(1)：14-21.

[53] 贾玉宝．水煤浆颗粒的测定方法[J]．陶瓷，2006(3)：28-30.

[54] 谈启明，杨师鞠，陈学信，等．容量法 BET 表面测定仪的改进和简化[J]．石油化工，1977(5).

[55] 王长顺．金、银纳米结构的可控生长及表征研究[D]．南京：南京航空航天大学，2010.

[56] 李建辉，徐宏坤，孙枫，等．TGA/SDTA851e 热重分析仪影响分析的因素及常见故障排除[J]．分析仪器，2014(7)：108-110.

[57] 吴敏明．压敏电阻及其应用[J]．家庭电子，2003(5)：35-36.

[58] 李俊虎．导热系数测量方法的选择与优化：第七届(2009)中国钢铁年会大会论文集(中)[C]．北京：冶金工业出版社，2009.

[59] 邓建兵．固体材料导热率测量标准装置的研究[D]．武汉：华中科技大学，2006.

[60] 曾祥明，康雪雅，张明，等．片式高压多层陶瓷电容器击穿问题的研究[J]．电子元件与材料，2005，24(9)：16-18.

[61] 白金．非均匀电场中沙尘两相体放电实验研究[D]．武汉：华中科技大学，2007.

[62] 尹奇异．新型钛酸铋钠基无铅压电陶瓷及器件应用研究[D]．成都：四川大学，2005.

[63] 振动样品磁强计(VSM)实验[EB/OL]．(2014-09-13)[2016-05-31]．http://wenku.baidu.com.cn.

第4章

粉体合成及性能表征实验

新型无机非金属材料制备的基本特点是以粉体为原料经成型和烧结形成多晶烧结体。粉体质量的好坏包括原料的细度、表面状态和混合均匀程度，对其后续的制备工艺(成型、烧结等)以及最终产物的微观组织结构和宏观物理性能有着非常重要的影响。因此，粉体的合成是材料制备中重要工艺。按照合成过程中是否有化学反应，粉体合成方法分为物理方法和化学方法。物理方法主要为机械粉碎和物理气相沉积技术(蒸发-凝结法)。化学方法按照原料的形态分为液相合成、气相合成和固相合成。

本章选取目前材料合成中常用的方法，合成具有代表性的新型无机非金属陶瓷材料，并对其进行性能表征。其中绝大部分是近年来无机材料合成的新方法新技术。如目前备受关注的在实验室广泛使用的溶胶-凝胶法和共沉淀法，也有传统的固相反应合成法。通过实验训练加大对学生动手能力的培养，了解材料合成路线及方法的基本模式，掌握陶瓷粉体合成的基本方法和材料性能表征的常用手段，对不同的合成制备技术有一个初步的认识，为今后工作和进一步学习奠定良好基础。

4.1 实验一 共沉淀法制备 NiZn 铁氧体粉体

1. 实验目的

(1) 了解 NiZn 铁氧体的特性和用途；

(2) 了解共沉淀法合成新型无机非金属材料粉体的原理；

(3) 掌握共沉淀法制备 NiZn 铁氧体粉体的方法；

(4) 了解利用综合热分析制定前驱体热处理制度。

2. 实验原理

铁氧体一般是指铁族元素和一种或多种其他金属的复合氧化物，是一种用途广泛的磁性材料，可应用于软磁、旋磁、矩磁、磁记录及磁泡等领域。软磁铁氧体是电子信息和电子工业的基础性功能材料，铁酸锌、铁酸镍均为重要的软磁材料。同时，铁酸锌还具有很高的光催化活性，是重要的可见光敏感的半导体催化剂；铁酸镍可用于制备具有优良性能的磁头材料、矩磁材料、微波磁性材料和磁致伸缩材料。二者在纳米相的复合带来更广阔的应用前景。与 MnZn 铁氧体相比，NiZn 铁氧体具有电阻率高、损耗小的特点，是高频范围(1～100MHz)内应用最广、性能最为优异的软磁铁氧体材料。

合成铁氧体软磁材料的传统方法是高温固相反应法，但是固相反应难以使物料在分子或原子尺度混合均匀，合成的粉体颗粒尺寸分布较宽，不够细，杂质易于混入。而液相合成法和气相合成法可以较好地解决这些问题。

气相合成是利用加热、等离子激励或光辐射等各种能源，在反应器内使气态或蒸气状态的化学物质在气相或气固界面上经化学反应形成固态沉积物的技术。即两种或两种以上的气态原材料导入到一个反应室内，相互之间发生化学反应，形成一种新的材料，沉积到基片表面上。其工艺特点是工艺复杂，能耗高，产品颗粒小，纯度高，粒度分布窄。主要有化学气相沉积技术(CVD)和气相渗透技术。

液相合成其工艺特点是通过液相来合成粉料，原料在液相中配制，各组分的含量可精确控制，并可实现在分子、原子水平上的均匀混合。液相合成是目前实验室和工业最为广泛的合成超微粉体材料的方法。主要有共沉淀技术、均相沉淀技术、溶胶-凝胶技术、微乳液技术和水热合成技术等。本实验将采用共沉淀技术制备 NiZn 铁氧体粉体。

沉淀的形成一般要经过晶核的形成和晶核长大两个过程。当形成沉淀的离子浓度达到了成核的最小浓度时，离子通过相互碰撞聚集成微小的晶核。晶核形成后，溶液中的构晶离子向晶核表面扩散，并沉积在晶核上，晶核长大形成沉淀微粒。晶核生成速率和晶核长大速率的相对大小，直接影响到生成的沉淀物的类型。当晶核生成速率高于晶核长大速率时，离子很快聚集成大量晶核，溶液的过饱和度迅速下降，溶液中没有更多的离子聚集到晶核上，于是晶核就迅速聚集成细小的无定形颗粒，得到非晶形沉淀，甚至是胶体。当晶核长大速率高于晶核生成速率时，溶液中最初形成的晶核不多，有较多的离子以晶核为中心，按一定的晶格定向排列而成为颗粒较大的晶形沉淀。

影响沉淀的因素如下：

(1) 溶液的浓度：溶液浓度对沉淀的晶形影响很大。制备晶形沉淀应在低浓度溶液中进行，低浓度溶液更有利于晶核长大，如图 4-1-1 所示；过饱和度不太大时(S 为 1.5～2.0)可得到完整结晶，而过饱和度较大时，晶粒较小，结晶速率很快，易产生错位和晶格缺陷，也易包藏杂质；沉淀剂应在搅拌下均匀缓慢加入，以免局部过浓。而制备非晶形沉淀应在较高浓度溶液中进行，沉淀剂应在搅拌下迅速加入。

(2) 温度：晶核生成速率、长大速率存在极大值，晶核生成速率最大时的温度比晶核长大速率最大时的温度低得多，如图 4-1-2 所示，低温有利于晶核生成，不利于晶核长大，一般得到细小颗粒。晶形沉淀应在较热溶液中进行，并且热溶液中沉淀吸附杂质少、沉淀时间短(一般为 70～80℃)。

(3) pH 值：同一物质在不同 pH 值下沉淀可能得到不同的晶形，多组分金属盐的共沉淀，pH 值的变化会引起先后沉淀，因此为了保证沉淀颗粒的均一性、均匀性，pH 值必须保持相对稳定。

(4) 加沉淀剂方式：有三种方法：①顺加法：把沉淀剂加到金属盐溶液中。如果几种金属盐沉淀的 pH 值不同，会发生先后沉淀，得到不均匀沉淀物。②逆加法：把金属盐溶液

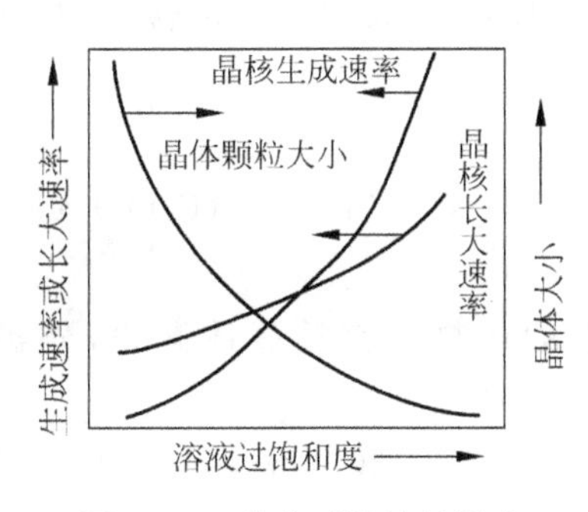

图 4-1-1　浓度对沉淀的影响

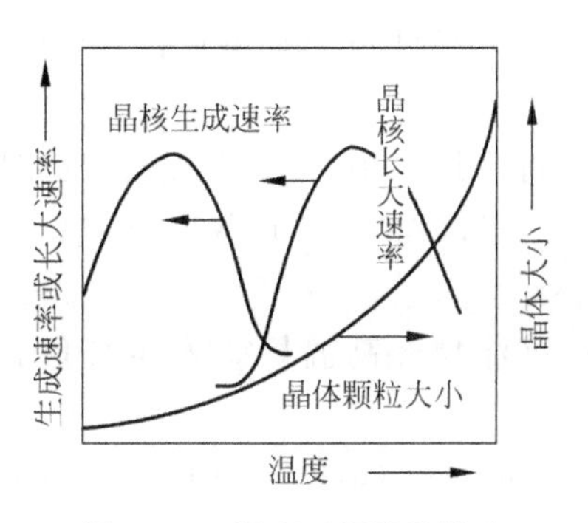

图 4-1-2　温度对沉淀的影响

加到沉淀剂中。容易实现几种金属离子同时沉淀,但沉淀剂可能过量,较高的 pH 值会引起两性氢氧化物重新溶解。③并加法：把金属盐溶液和沉淀剂按照一定比例同时加到反应器中,可以避免顺加法和逆加法的不足。

(5) 搅拌强度：搅拌强度大,液体分布均匀,但沉淀粒子可能被搅拌浆打碎；搅拌强度小,液体不能混合均匀。对于晶形沉淀,沉淀剂应在搅拌下均匀缓慢加入,以免局部过浓；对于非晶形沉淀,沉淀剂应在搅拌下迅速加入。

化学共沉淀(chemical co-precipitation)技术是将含有两种或两种以上金属盐的混合溶液与一种沉淀剂作用,形成多组分沉淀物的方法。其优点是粉体分散性和均匀性好。化学共沉淀技术的基本做法是：选择含有所需组分离子的可溶性盐为原料,将其溶制成溶液后以一定的比例混合,控制混合溶液的浓度、温度、pH 值等条件,加入适量的沉淀剂,从而使组元离子按所需比例均匀地沉淀出来形成产物或产物先驱体,然后经过陈化,再通过对产物先驱体的分离、清洗、干燥、煅烧最终得到所需的产物。

陈化是在沉淀反应结束后,将沉淀物和母液一起放置一段时间,其作用就是使得沉淀颗粒长大,晶形完善,晶形转变及净化沉淀。陈化过程使初生沉淀的不稳定结构逐渐变成稳定结构,使小晶粒逐渐溶解,大晶粒逐渐长大,得到更为完整的晶形。陈化过程中,随着小晶粒的溶解,被吸附、吸留和包藏在沉淀内部的杂质重新进入溶液,从而去除沉淀中的杂质,提高沉淀的纯度。另外在陈化过程中,非晶形沉淀可能变为晶形沉淀,如分子筛、水合氧化铝等。多晶态沉淀物在不同老化条件下可得到不同晶形物质,如水合氧化铝等。

清洗沉淀的方法对最终产物的质量(团聚状态)有一定的影响。通常采用有机溶剂如无水乙醇进行洗涤。用乙醇洗涤后,乙醇分子使颗粒表面的部分吸附水脱离并取而代之,从而阻止颗粒间的进一步接近而发生两个颗粒表面上羟基的氢键作用,不会导致颗粒间真正的化学键合的产生,在一定程度上阻止了团聚现象的发生。因此用无水乙醇洗涤得到的粉体松散,煅烧后颗粒较细且分散比较均匀。此外,用乙醇洗涤后,沉淀较容易干燥。而用水洗涤只能去除一些可溶性杂质,并且由于产物与水结合力强,致使干燥困难,在干燥时使颗粒产生硬团聚,煅烧后得到的产品为硬块状或粗颗粒。

根据沉淀剂的不同,共沉淀法有很多种,比较成熟并应用于工业批量生产的有草酸盐共沉淀技术和铵盐共沉淀技术。

本实验用草酸盐共沉淀法制备镍锌铁氧体微粉。由于反应物可以是含有 Ni^{2+}、Zn^{2+}、Fe^{2+},且没有反应性阴离子的任何盐类,因此实验选择了最为廉价的硫酸镍($NiSO_4 \cdot 6H_2O$),

硫酸锌($ZnSO_4 \cdot 7H_2O$)和硫酸亚铁($FeSO_4 \cdot 7H_2O$)为原料,沉淀剂为草酸铵($(NH_4)_2C_2O_4 \cdot H_2O$)。

首先制备出产物前驱体沉淀物,沉淀反应见式(4-1-1):

$$0.5Ni^{2+} + 0.5Zn^{2+} + 2Fe^{2+} + 3C_2O_4^{2-} + 6H_2O \longrightarrow (Ni_{0.5}Zn_{0.5})Fe_2(C_2O_4)_3 \cdot 6H_2O \downarrow \tag{4-1-1}$$

然后沉淀物经高温煅烧发生分解,得到所需的产物镍锌铁氧体微粉,分解反应如式(4-1-2):

$$(Ni_{0.5}Zn_{0.5})Fe_2(C_2O_4)_3 \cdot 6H_2O \longrightarrow (Ni_{0.5}Zn_{0.5})Fe_2O_4 + 2CO_2 \uparrow + 4CO \uparrow + 6H_2O \tag{4-1-2}$$

3. 工艺流程

草酸盐共沉淀法制备 NiZn 铁氧体微粉具体工艺流程如图 4-1-3 所示:

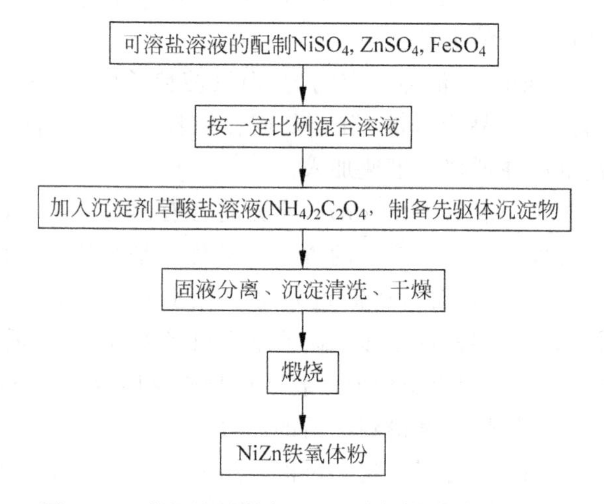

图 4-1-3 共沉淀法制备 NiZn 铁氧体微粉工艺流程

4. 仪器和试剂

仪器:电子天平、磁力搅拌机、电机搅拌装置、恒温水浴、抽滤装置、恒温烘箱、箱式电炉、容量瓶、烧杯、量筒、干燥皿、瓷坩埚、激光粒度测试仪等。

试剂:$NiSO_4 \cdot 6H_2O$、$ZnSO_4 \cdot 7H_2O$、$FeSO_4 \cdot 7H_2O$、$(NH_4)_2C_2O_4 \cdot H_2O$、0.1%(质量分数)$H_2SO_4$ 的去离子水溶液、$BaCl_2$ 溶液(1mol/L)、无水乙醇,均为分析纯 AR。

5. 课前准备

1) 溶液配制

(1) 计算配制 50mL 0.7mol/L $NiSO_4$ 溶液所需 $NiSO_4 \cdot 6H_2O$ 的克数;

(2) 计算配制 50mL 0.7mol/L $ZnSO_4$ 溶液所需 $ZnSO_4 \cdot 7H_2O$ 的克数;

(3) 计算配制 250mL 0.7mol/L $FeSO_4$ 溶液所需 $FeSO_4 \cdot 7H_2O$ 的克数;

(4) 计算配制 500mL 0.35mol/L $(NH_4)_2C_2O_4$ 溶液所需$(NH_4)_2C_2O_4 \cdot H_2O$ 的克数。

2) 计算盐溶液用量

按给出的反应式,计算形成 30g 沉淀物所需各类盐溶液的用量。

$$0.5Ni^{2+} + 0.5Zn^{2+} + 2Fe^{2+} + 3C_2O_4^{2-} + 6H_2O \longrightarrow (Ni_{0.5}Zn_{0.5})Fe_2(C_2O_4)_3 \cdot 6H_2O \downarrow$$

6. 实验步骤

(1) 按课前准备要求，计算配制三种可溶性盐溶液及沉淀剂溶液所需的试剂用量，配制各可溶盐溶液和沉淀剂溶液。

(2) 将形成30g沉淀物所需的沉淀剂草酸铵溶液盛于一烧杯中待用，所需的其他三种可溶性盐溶液分别移取至1000mL烧杯中。分别加热上述溶液至65℃，并恒温、搅拌。然后将沉淀剂草酸铵溶液加入装有三种混合盐溶液的烧杯中，搅拌30min后，放置陈化24h。

(3) 将陈化后的沉淀转移至抽滤装置中过滤，反复以去离子水清洗沉淀，直至滤液中不含SO_4^{2-}离子为止(以$BaCl_2$溶液检验)，最后用无水乙醇洗涤一次，抽干。

(4) 将滤饼转入干燥皿中，放入烘箱干燥(120℃，2h)。

(5) 将干燥后的物料转移至瓷坩埚中，加盖后放入箱式电炉中进行热处理，首先在200℃烘烤1h，然后缓慢升温至700℃，保温0.5h后停止加热，待炉膛冷却至100℃以下时，用坩埚钳将瓷坩埚取出。

(6) 对得到的粉体进行表征：计算产率，检验磁性，粒度分布测试。

思考题

1. 配制硫酸亚铁溶液时为何用0.1wt% H_2SO_4的去离子水作溶剂？

2. 沉淀反应结束后为何要进行陈化？

3. 清洗沉淀物的目的是什么？如清洗不彻底会引起什么后果？为何最后用无水乙醇清洗？

4. 抽滤系统中，安装布氏漏斗斜口为何要正对滤瓶支气口？

5. 热处理温度是如何确定的？

4.2　实验二　均匀沉淀法制备纳米氧化铁/纳米氧化锌

1. 实验目的

(1) 了解氧化铁、氧化锌的特性和用途；

(2) 掌握均匀沉淀法制备纳米氧化铁、氧化锌的方法；

(3) 掌握均匀沉淀法制备新型无机非金属材料粉体的原理。

2. 实验原理

均匀沉淀(homogeneous precipitation)是利用某一化学反应使溶液中的构晶离子由溶液中缓慢均匀地释放出来，通过控制溶液中沉淀剂浓度，保证溶液中的沉淀处于一种平衡状态，从而均匀地析出。通常加入的沉淀剂，不立刻与被沉淀组分发生反应，而是通过化学反应使沉淀剂在整个溶液中缓慢生成，克服了由外部向溶液中直接加入沉淀剂而造成沉淀剂的局部不均匀，使得沉淀颗粒粗细不均，粒度分布过宽，沉淀含杂质较多等缺点。

均匀沉淀的理论基础：过饱和溶液中形成沉淀过程如图4-2-1所示，为了使液相中析出大小均匀一致的固相颗粒，获得粒度均匀、尺寸分布窄、纯度高的单分散纳米粒子，必须使成核和生长两个过程分开，在第一批晶核形成后，过饱和溶液的浓度维持在既能保证晶核生长，又能保证低于再次成核所需数值，确保一次爆发成核，防止再次成核，以便使已形成的晶核同步长大，并在生长过程中不再有新核形成。这是形成单分散体系的必要条件。

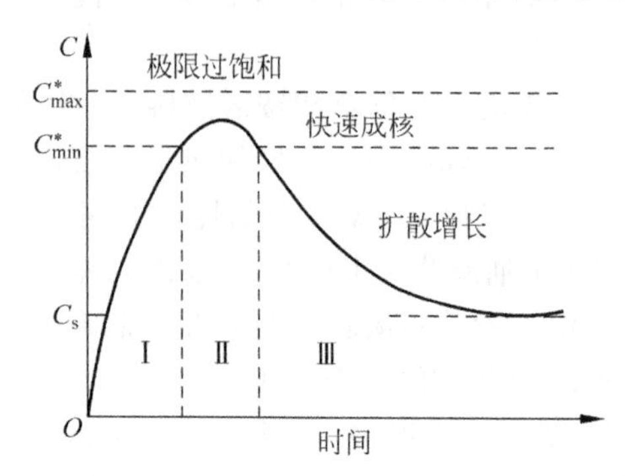

图 4-2-1　过饱和溶液中形成沉淀过程（C_s：溶解度；C^*_{min}：成核最小浓度；C^*_{max}：成核最大浓度）
Ⅰ—成核前期；Ⅱ—成核期；Ⅲ—生长期

均匀沉淀制备纳米粉体的影响因素如下：

(1) 过饱和度的影响：溶液过饱和度越高成核速率越高，当成核速率大于生长速率时，有利于纳米颗粒的形成。当成核速率小于生长速率时，有利于生长大而少的粗粒子。因而，为了获得纳米粒子，须保证成核速率大于其生长速率，即保证反应在较高的过饱和度下进行。

(2) 反应温度及时间的影响：在沉淀形成的过程中颗粒的大小由成核速率和核生长速率两个方面决定，而核生长速率更受温度的影响，低温时晶核生成速率高于晶核生长速率，而高温则利于晶核生长。延长反应时间，能够使反应更完全，收率更高，产物的粒径也越大。因而，为了获得纳米粒子，除了须保证成核速率大于其生长速率，还要保证反应在较冷的温度下进行。

均匀沉淀法的沉淀剂主要有：

(1) 尿素。通过尿素的缓慢水解，升高 pH 或提供碳酸根。

(2) 可溶性酯。通过酯的水解缓慢降低 pH，常用乙二醇的单乙酸酯。

(3) 过氧化氢＋EDTA。通过过氧化氢氧化破坏 EDTA 释放被 EDTA 络合的金属离子。

(4) $NaNO_2$＋ 2-萘酚。通过缓慢反应生成 1-亚硝基-2-萘酚沉淀金属离子。

金属氧化物纳米粉体的制备，常用尿素作沉淀剂，尿素在温度高于 60℃时开始发生水解反应，温度达到 90℃时水解速度加快。尿素水解反应生成氨和二氧化碳（水解反应见式(4-2-1)），NH_3 起到沉淀剂的作用，得到金属氢氧化物或碱式碳酸盐沉淀。

$$CO(NH_2)_2 = 2NH_3 + CO_2 \tag{4-2-1}$$

影响尿素的水解因素主要有：①温度：温度对尿素的水解速度影响较大，尿素水解是吸热反应，因此提高温度，有利于水解，通常每增加 10℃反应速度增加 1.4～1.5 倍。②尿素的水解率与溶液中尿素的初始浓度有关，溶液中尿素的初始浓度越低水解率越高。③停留时间：尿素的水解速率与停留反应时间成正比，停留时间越长，水解越完全。④pH 值：水解速度随 pH 值增加而逐渐降低，在 pH 值为 3.0～5.0 间，水解速度下降平缓。

此外，生成的沉淀物不仅与以上因素有关，还与尿素的用量有关，在 100℃条件下，

1mol/L 尿素水溶液中只有 1.3%尿素转化为 NH_3。因此，当尿素用量小时，只能起到中和溶液中的 H^+ 作用，沉淀物为金属氢氧化物。只有增大尿素的用量才能生成碱式碳酸盐沉淀。生成的沉淀物还与金属离子本性以及盐的阴离子有关。对有些金属盐在低 pH 值条件下，得到金属氢氧化物沉淀；在高 pH 值条件下，得到碱式碳酸盐沉淀。而对有些金属盐溶液只生成一种沉淀物，如铝盐溶液，生成沉淀物为 $Al(OH)_3$。

均匀沉淀法是目前制备纳米材料一种较好的方法，其原料多采用无机原料，成本低，生产设备和工艺过程简单，而且颗粒的纯度高，粒度小，粒径分布均匀，是一种具有广阔应用前景的方法。

3. 实验内容

1) 均匀沉淀法制备纳米氧化铁

纳米氧化铁粒子由于具有良好的磁性、耐光性，对紫外光具有强吸收和屏蔽效应，可广泛用于涂料、橡胶、油墨、塑料、催化剂及生物医学等领域。目前，纳米氧化铁粒子常用的化学制备方法主要有沉淀法、溶胶凝胶法、水热法、固相法和微乳液法等。

本实验采用三氯化铁与尿素为反应体系，制备纳米 $\alpha\text{-}Fe_2O_3$ 粒子。利用尿素高温发生水解反应，缓慢生成构晶离子，随着反应的缓慢进行，溶液的 pH 值逐渐上升，Fe^{3+} 和 OH^- 反应，并在溶液的不同区域中均匀地形成铁黄粒子。

尿素的分解速率直接影响了形成铁黄粒子的粒度，而尿素的分解速率又由反应温度所决定。因此反应温度对晶粒的生成和长大都有很大的影响。温度很低时，离子具有的能量较低，晶粒生成速度很小，虽然有利于形成稳定的晶粒，但反应速度太慢，使得粒径大且分布不均匀。反应温度升高则反应速度加快，晶粒形成的速度也加快，但温度过高，不利于形成稳定的晶粒，晶粒生成速度反而下降。

尿素分解反应：

$$CO(NH_2)_2 + 3H_2O = CO_2\uparrow + 2NH_3\cdot H_2O \tag{4-2-2}$$

$$(NH_3\cdot H_2O \rightleftharpoons NH_4^+ + OH^-)$$

沉淀反应：

$$Fe^{3+} + 3NH_3\cdot H_2O = Fe(OH)_3\downarrow + 3NH_4^+ \tag{4-2-3}$$

热处理：

$$2Fe(OH)_3 = Fe_2O_3 + 3H_2O \tag{4-2-4}$$

(1) 工艺流程

以三氯化铁和尿素为原料，利用均匀沉淀法制备 $\alpha\text{-}Fe_2O_3$ 工艺流程如图 4-2-2 所示。

(2) 仪器及试剂

仪器：电子天平、磁力搅拌装置、电机搅拌、恒温水浴、抽滤装置、恒温烘箱、箱式电炉、烧杯、量筒、干燥皿、瓷坩埚、X 射线衍射仪等。

试剂：$FeCl_3\cdot 6H_2O$、$CO(NH_2)_2$、无水乙醇、去离子水、$AgNO_3$ 溶液(0.1mol/L)。

(3) 实验步骤

① 分别配制 30mL 浓度为 0.2mol/L 的 $FeCl_3\cdot 6H_2O$ 溶液和 80mL 浓度为 4.0mol/L $CO(NH_2)_2$ 溶液。

② 将上面配制的两种溶液混合于烧杯中置磁力搅拌装置搅拌 20min。

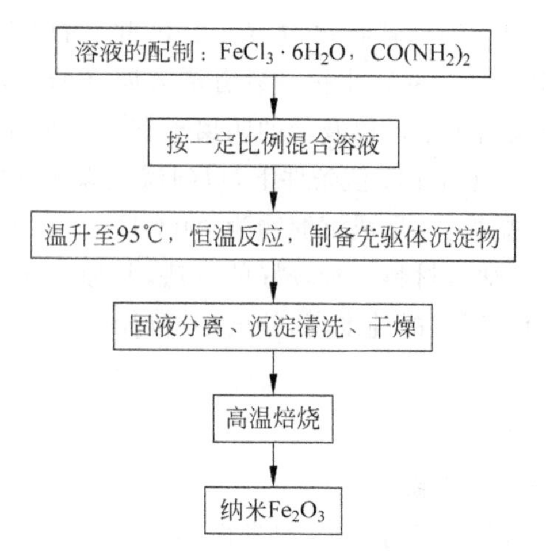

图 4-2-2　均匀沉淀法制备纳米氧化铁工艺流程图

③ 置于恒温水浴装置，搅拌，从室温升至 95℃，并在此温度下恒温反应 3h，陈化 24h。

④ 将沉淀移至抽滤系统中过滤，反复以去离子水清洗沉淀，至洗液中不含 Cl^- 离子为止(以 $AgNO_3$ 溶液检验)，最后用无水乙醇洗涤一次，抽干。所得滤饼即为氧化铁前驱体。

⑤ 将滤饼转入蒸发皿中，置于 120℃的恒温烘箱中干燥 30min。

⑥ 将干燥后的物料转移至瓷坩埚中，加盖后放入箱式电炉中，500℃下灼烧 1h，待炉膛冷却至 100℃以下时，用坩埚钳将瓷坩埚取出，得到纳米氧化铁。

⑦ 对合成的氧化铁粉体进行 X 射线物相分析。

思考题

1. 实验中以尿素为沉淀剂，当尿素溶液与 $FeCl_3$ 溶液混合时，立刻反应生成沉淀吗？
2. 均匀沉淀法与共沉淀法合成粉体其原理有何不同？
3. 实验中反应物尿素为什么需过量？

2) 均匀沉淀法制备纳米氧化锌

氧化锌是一种性能优异的半导体材料，室温下禁带宽度为 3.37eV，激子束缚能为 60meV，具有很好的光学、电学、催化特性。作为一种重要的宽禁带半导体材料，ZnO 具有优异的光、电性能，被广泛应用作传感器、变阻器、紫外屏蔽材料、高效光催化剂、太阳能电池等。

本实验以硝酸锌、尿素为原料，采用均匀沉淀法制备 ZnO 粉体。通过对产物前躯体进行红外光谱、X 射线图谱和差热分析得出，沉淀剂通过尿素水解生成的构晶离子 OH^- 和 CO_3^{2-} 与硝酸锌反应，生成产物前躯体碱式碳酸锌混合物，碱式碳酸锌再经过分解得到纳米氧化锌，其反应机理如下：

① 尿素分解反应：

$$CO(NH_2)_2 + 2H_2O = CO_2\uparrow + 2NH_3 \cdot H_2O \qquad (4\text{-}2\text{-}5)$$

② OH^- 的生成：

$$NH_3 \cdot H_2O = NH_4^+ + OH^- \tag{4-2-6}$$

③ CO_3^{2-} 的生成：

$$2NH_3 \cdot H_2O + CO_2 = 2NH^{4+} + CO_3^{2-} \tag{4-2-7}$$

④ 解产物与硝酸锌反应生成碱式碳酸锌沉淀：

$$3Zn^{2+} + CO_3^{2-} + 4OH^- + H_2O = ZnCO_3 \cdot 2Zn(OH)_2 \cdot H_2O \downarrow \tag{4-2-8}$$

⑤ 热处理得产物 ZnO：

$$ZnCO_3 \cdot 2Zn(OH)_2 \cdot H_2O = 3ZnO + 3H_2O + CO_2 \uparrow \tag{4-2-9}$$

(1) 工艺流程

以硝酸锌和尿素为原料，利用均匀沉淀法制备 ZnO 粉体工艺流程如图 4-2-3 所示。

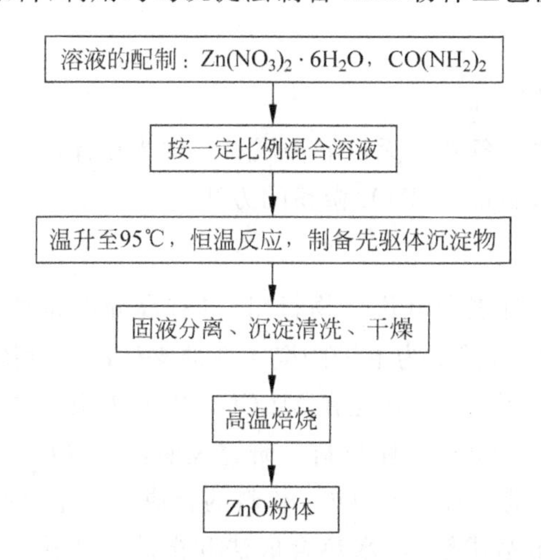

图 4-2-3　均匀沉淀法制备氧化锌微粉工艺流程图

(2) 仪器及试剂

仪器：电子天平，磁力搅拌装置、电机搅拌、恒温水浴、抽滤装置、恒温烘箱、箱式电炉、烧杯、量筒、干燥皿、瓷坩埚、X 射线衍射仪等。

试剂：$Zn(NO_3)_2 \cdot 6H_2O$、$CO(NH_2)_2$、无水乙醇、去离子水。

(3) 实验步骤

① 分别配制尿素和硝酸锌溶液，n(尿素)∶n(硝酸锌)＝3∶1，摩尔浓度比为 2∶1，尿素溶液浓度为 1.0mol/L，产物先驱体 30g；

② 将上面配制的两种溶液混合于烧杯中，置磁力搅拌装置搅拌 20min；

③ 置于恒温水浴装置，搅拌，从室温升至 95℃，并在此温度下恒温反应 3h，烧杯出现沉淀，陈化 24h；

④ 将沉淀移至抽滤装置中过滤，反复以去离子水清洗沉淀，最后用无水乙醇洗涤一次，抽干，所得滤饼即为产物前驱体；

⑤ 将滤饼转至蒸发皿中，放入 120℃的恒温烘箱，干燥 30min；

⑥ 将干燥后的物料转移至瓷坩埚中，加盖后置于箱式电炉中，450℃温度下灼烧 2h，即得到氧化锌粉末样品；

⑦ 对合成的氧化锌粉末进行 X 射线物相分析。

思考题

1. 实验中以尿素为均匀沉淀剂，当尿素溶液与硝酸锌溶液混合时，它是立刻与硝酸锌反应生成沉淀吗？

2. 均匀沉淀法与共沉淀法合成粉体其原理有何不同？

3. 本实验反应物需加热进行，为什么？

4.3 实验三　溶胶-凝胶法制备 $BaTiO_3$ 微粉

1. 实验目的

(1) 了解 $BaTiO_3$ 的用途；

(2) 掌握溶胶-凝胶法制备新型无机非金属材料纳米粉体的原理；

(3) 掌握溶胶-凝胶法制备 $BaTiO_3$ 微粉的方法。

2. 实验原理

钛酸钡($BaTiO_3$)是一种强介电化合物材料，具有高介电常数和低介电损耗，是电子陶瓷中使用最广泛的材料之一，被誉为电子陶瓷工业的支柱。通过掺杂改性，可以得到了大量的新材料，其应用前景极其广阔，尤其是在 MLCC 方面的应用。在 $BaTiO_3$ 基功能陶瓷的生产中，往往需要预先合成 $BaTiO_3$ 粉体材料。研究表明，$BaTiO_3$ 粉体的高纯、超细和均化是获得高质量功能陶瓷的关键。常用 $BaTiO_3$ 粉料的合成方法主要有：高温固相反应法、化学共沉淀法、溶胶-凝胶法、醇盐水解法、水热合成法和微波合成法等，传统的固相反应法是以 TiO_2 和 $BaCO_3$ 经高温反应制取钛酸钡粉体，该法产品杂质含量高，颗粒粗，均匀性差，粉体烧结温度高。与高温固相反应相比，液相法合成的钛酸钡粉体具有化学纯度高，颗粒细小，粒度分布均匀等优点。特别是以醇盐为原料，采用溶胶-凝胶法制备的钛酸钡粉体，其性能非常优异，已为许多研究者所关注。

溶胶-凝胶(sol-gel)法是 20 世纪 60 年代发展起来的一种制备玻璃、陶瓷等无机材料的新工艺。溶胶-凝胶法是以金属醇盐或无机盐为原料，在液相下将这些原料均匀混合，并进行水解、缩合化学反应，在溶液中形成稳定的透明溶胶体系。溶胶经陈化，胶粒间缓慢聚合，形成三维空间网络结构的凝胶，凝胶网络间充满了失去流动性的溶剂，形成凝胶。凝胶经过干燥、煅烧处理获得超细粉体。溶胶-凝胶法制备微粉的化学过程：首先是将原料分散在溶剂中，然后经过水解反应生成活性单体，活性单体进行聚合，开始成为溶胶，进而生成具有一定空间结构的凝胶，经过干燥和热处理制备出纳米粒子和所需要材料。其最基本的反应是：

水解反应：

$$M(OR)_n + xH_2O \longrightarrow M(OH)_x(OR)_{n-x} + xROH \quad (4\text{-}3\text{-}1)$$

聚合反应：

$$—M—OH + HO—M— \longrightarrow —M—O—M— + H_2O \quad (4\text{-}3\text{-}2)$$

$$—M—OR + HO—M— \longrightarrow —M—O—M— + ROH \quad (4\text{-}3\text{-}3)$$

溶胶-凝胶法与其他方法相比具有许多独特的优点：

(1) 由于溶胶-凝胶技术中所用的原料是首先被分散到溶剂中而形成低黏度的溶液，因此，就可以在很短的时间内获得分子水平的均匀性，在形成凝胶时，反应物之间很可能是在分子水平上被均匀地混合，容易均匀定量地掺入一些微量元素，实现分子水平上的均匀掺杂。

(2) 与固相反应相比，化学反应将容易进行，而且仅需要较低的合成温度，一般认为溶胶-凝胶体系中组分的扩散在纳米范围内，而固相反应时组分扩散是在微米范围内，因此反应容易进行，温度较低。因此，用溶胶-凝胶法制备陶瓷材料粉体纯度高、组成均匀、颗粒形状好、粒群分布窄，不需后续处理。目前已成为实验室常用的手段，在材料研究方面发挥重要作用。

溶胶-凝胶法的存在问题：

(1) 原料价格比较昂贵，有些原料为有机物，对健康有害；

(2) 溶胶-凝胶过程所需时间较长，常需要几天或几周。

在 $BaTiO_3$ 粉体的溶胶-凝胶制备技术中，以钛酸丁酯（$Ti(C_4H_9O)_4$）和乙酸钡（$Ba(CH_3COO)_2$）为主要原料的溶液系列是较受关注的 Ba_2Ti 前驱溶液系统。本实验选择以钛酸丁酯和乙酸钡为原料制备 $BaTiO_3$ 超细粉。将钛酸丁酯溶于异丙醇中，加入冰醋酸，得钛酰型化合物溶液，然后加乙酸钡水溶液，使水解反应完全。其反应机理如下：

$$Ti(OR)_4 + xHOAc \longrightarrow Ti(OR)_{4-x}(OAc)_x + xHOR \tag{4-3-4}$$

$$Ti(OR)_{4-x}(OAc)_x + (4-x)H_2O \longrightarrow Ti(OH)_{4-x}(OAc)_x + (4-x)HOR \tag{4-3-5}$$

$$Ti(OH)_{4-x}(OAc)_x + (x+2)H_2O \longrightarrow Ti(OH)_6^{2-} + x(OH)Ac + 2H^+ \tag{4-3-6}$$

$$Ti(OH)_6^{2-} + Ba^{2+} \longrightarrow BaTiO_3 + 3H_2O \tag{4-3-7}$$

由于钛酸丁酯的水解速度非常快，如果将其直接滴入水中时，很快便生成白色沉淀。为避免沉淀反应，采用冰醋酸改变钛盐基团，使水解反应均缓慢进行。通过加乙酸钡水溶液使醇盐水解，生成$[Ti(OH)_6]^{2-}$阴离子，溶液中的 Ba^{2+} 离子就会吸附在其表面，形成具有相同电荷的粒子和双电层，从而使颗粒间互相排斥，形成稳定的溶胶，得到高交联度的络合物。

3. 工艺流程

以钛酸丁酯和乙酸钡为主要原料，利用溶胶-凝胶法制备 $BaTiO_3$ 微粉工艺流程如图 4-3-1 所示。

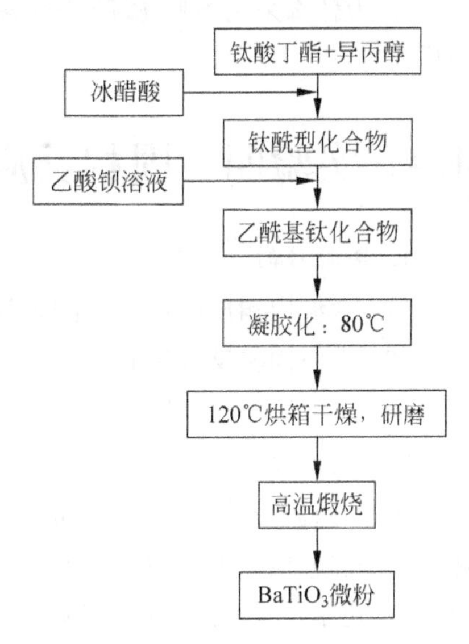

图 4-3-1 溶胶-凝胶法制备 $BaTiO_3$ 工艺流程图

4. 仪器及试剂

仪器：电子天平、磁力搅拌、酸度计、恒温水浴、恒温烘箱、箱式电炉、烧杯、量筒、瓷坩埚、移液管、激光粒度测试仪、X 射线衍射等。

试剂：钛酸四丁酯、乙酸钡、异丙醇、冰醋酸、乙酸(质量分数 36%)。

5. 实验步骤

(1) 取 0.05mol 钛酸丁酯试剂溶于 0.3mol 异丙

醇当中置于磁力搅拌装置上搅拌 15min。滴加 0.15mol 冰醋酸，继续搅拌 15min，得到近乎黄色透明的钛酰型化合物。

(2) 取 0.05mol 乙酸钡溶于 40mL 的乙酸溶液中置于磁力搅拌装置上进行搅拌直至乙酸钡全部溶解。

(3) 将配制好的乙酸钡溶液滴加入钛酰型化合物溶液中继续搅拌 20min，使水解反应完全。液体颜色由黄色变为清澈透明溶胶溶液。

(4) 待上述溶液搅拌均匀后，滴加冰醋酸调整 pH 值到 3.0～4.0，继续搅拌 15min。

(5) 将反应混合物置于 80℃的水浴中，使其发生溶胶-凝胶转化，得到透明的凝胶体，待凝胶陈化后取出。

(6) 将取出的凝胶捣碎，置于烘箱中 120℃充分干燥。

(7) 将干燥后的凝胶转移至瓷坩埚中。放入箱式电炉中分别缓慢升温(5℃/min)至 800℃、900℃、1000℃，保温 1h 后停止加热，待炉温降至 100℃以下后取出坩埚，即得 $BaTiO_3$ 微粉。

(8) 利用 XRD 技术对所得的 $BaTiO_3$ 微粉进行表征(物相分析，利用 Scherrer 公式计算微晶尺寸)。

(9) 利用激光粒度仪对所得的 $BaTiO_3$ 微粉进行粒度分析。

思考题

1. 本实验制备 $BaTiO_3$ 微粉过程中，两次使用了冰醋酸，其作用各是什么？实验中是如何控制钛酸丁酯的水解速率的？

2. 实验中通过滴加冰醋酸调整 pH 值，是否可以通过滴加硫酸或盐酸来调整溶胶 pH 值，为什么？

3. 为什么采用溶胶-凝胶法制备的粉体较其他方法(如共沉淀法，固相法)制备的粉体纯度高？

4.4 实验四 固相反应法制备 $BaTiO_3$ 粉体

1. 实验目的

(1) 掌握固相反应法制备陶瓷粉体的原理；

(2) 掌握固相反应法制备陶瓷粉体的工艺过程；

(3) 了解行星式球磨机的工作原理和使用方法。

2. 实验原理

固相反应(solid state reaction)是固体与固体反应生成固体产物的过程，也指固相与气相、固相与液相之间的反应。固相反应特点：先在界面上(固-固界面、固-液界面、固-气界面等)进行化学反应，形成反应产物层，然后反应物再通过产物层进行扩散迁移，使反应继续进行。低温时固体化学上不活泼，因此固相反应需在高温下进行。由于固体质点(原子、离子、分子)间具有很大作用键力，固态物质的反应活性通常较低，速度较慢，多数情况下，固相反应总是为发生在两种组分界面上的非均相反应，对于颗粒状物料，反应先是通过颗粒间的接触点或面进行，然后，反应物通过产物层进行扩散迁移，使反应继续，故固相反应至少应包括界面上的化学反应和物质的扩散迁移两个过程。

固相反应法是一种制备粉体的传统方法，是将金属盐或金属氧化物按一定比例充分混合、研磨后进行煅烧，通过发生固相反应直接制得粉体。高温固相合成的基本原理是：将所需组元的氧化物或盐类，以一定的比例混合研磨，然后在高温下通过相互间扩散、浸润反应合成最终产物。

具体的反应类型有两种：

$$A(s) + B(s) \longrightarrow C(s) \tag{4-4-1}$$

$$A(s) + B(s) \longrightarrow C(s) + D(g) \tag{4-4-2}$$

通常，高温下的固相反应往往是从A(s)和B(s)的接触界面开始的，最终产物C(s)靠原料组元间的相互扩散反应形成，有的同时还会伴有气相生成。由于固相条件下离子迁移速度较慢，原料的细度、混合均匀程度、加热温度和保温时间都对最终产物的形成具有至关重要的影响。

固相反应法可以生产多种碳化物、硅化物、氮化物和氧化物粉体。由于固相法基于固相反应原理，粉体的化学成分均匀性难以保证，同时由于需要高温煅烧和多次球磨，所制备的粉体具有颗粒尺寸分布较宽、颗粒形状不规则、杂质易于混入等缺点，难以获得高纯、超细、尺寸分布很窄的高质量粉体。但由于该法制备的粉体颗粒无团聚、填充性好、成本低、产量大、制备工艺简单等优点，迄今仍是常用的方法。

目前已开发了多种 $BaTiO_3$ 粉料的合成工艺，如固相反应法、醇盐水解法、共沉淀法、溶胶-凝胶法、水热法等，这些方法各有利弊，其中以固相反应法操作简单、成本最低、工艺最成熟。本实验将使用高温固相法合成 $BaTiO_3$ 粉体。

3. 工艺流程

以碳酸钡和二氧化钛为原料，利用固相反应法制备 $BaTiO_3$ 粉体工艺流程如图4-4-1所示。

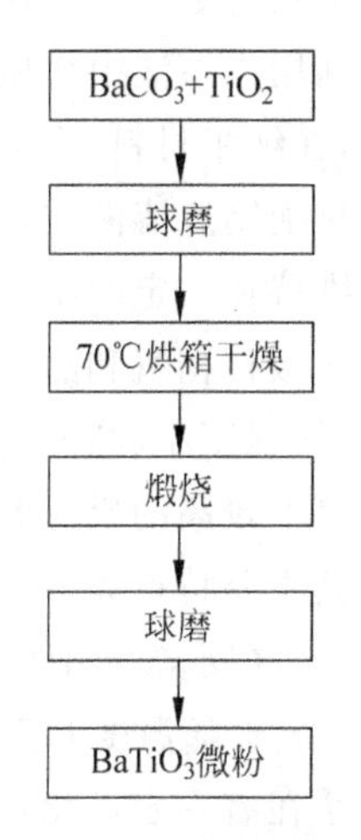

图4-4-1 固相法制备 $BaTiO_3$ 粉体工艺流程图

4. 仪器及试剂

仪器：电子天平、行星式球磨机、恒温烘箱、高温箱式电炉、瓷坩埚(无釉)、蒸发皿、激光粒度仪、X射线衍射仪等。

试剂：$BaCO_3$、TiO_2、无水乙醇。

5. 实验步骤

(1) 根据合成反应方程式：

$$BaCO_3 + TiO_2 \longrightarrow BaTiO_3 + CO_2 \uparrow \tag{4-4-3}$$

计算合成0.1mol所需各粉料的克数。

(2) 根据计算结果称取所需 $BaCO_3$ 和 TiO_2，装入聚四氟乙烯球磨罐中，用玛瑙球作研磨介质，用无水乙醇作分散剂湿法，球磨2h。

(3) 将混合料转移至蒸发皿中，置于70℃恒温烘箱烘干。

(4) 然后转移到瓷坩埚中置于高温炉中分别于950℃、1050℃、1150℃煅烧2h。当炉温低于100℃时，将料取出，进行球磨，烘干[同步骤(2)和步骤(3)]。得到产物 $BaTiO_3$。

(5) 利用激光粒度仪对产物进行粒度分析。

(6) 利用XRD对产物进行物相分析。

思考题

1. 固相合成的煅烧温度是根据什么确定的？
2. 煅烧时如果低于或高于煅烧温度，会出现什么结果？
3. 固相合成作为材料合成的传统，有何优点？有何不足？

4.5 实验五 水热合成法制备ZnO纳米粉

1. 实验目的

(1) 了解水热合成法制备新型无机非金属材料的原理；

(2) 掌握水热合成法制备ZnO的方法；

(3) 掌握高压釜的使用。

2. 实验原理

水热合成(hydrothermal synthesis)是在高温(100～1000℃)和高压(1MPa～1GPa)环境下利用水溶液中物质化学反应所进行的合成。水热合成法是一种常用的无机材料的合成方法，在纳米材料、生物材料和地质材料中具有广泛的应用。水热合成法的主要步骤是将反应原料配制成溶液在水热釜中封装并加热至一定的温度(数百摄氏度)，水热釜使得该合成体系维持在一定的压力范围内，在这种非平衡态的合成体系内进行液相反应，实现原子、分子级的微粒构筑和晶体生长，所制备的粉体晶粒发育完整，具有粒径小且分布均匀、分散性好、团聚程度小、纯度高、活性高等优点，是当前制备高质量粉体的首选方法。水热法的制备过程要求较高的反应温度和较高的压力，当前水热法发展的方向是降低反应温度和反应压力。其主要特点如下：

(1) 在水溶液中离子混合均匀；

(2) 水随温度升高和自生压力增大变成一种气态矿化剂，具有非常大的解聚能力。水热物系在有一定矿化剂存在下，化学反应速度快，能制备出多组分或单一组分的超微粉；

(3) 离子能够比较容易地按照化学计量反应，晶粒按其结晶习性生长，在结晶过程中，可把有害杂质排到溶液当中，生成纯度较高的结晶粉体。

水热合成法的分类如下：

根据加热温度，水热法可以被分为亚临界水热合成法和超临界水热合成法。通常在实验室和工业应用中，水热合成的温度在100～240℃，水热釜内压力也控制在较低的范围内，这是亚临界水热合成法。而为了制备某些特殊的晶体材料，如人造宝石、彩色石英等，水热釜被加热至1000℃，压力可达0.3GPa，这是超临界水热合成法。

在亚临界和超临界水热条件下，由于反应处于分子水平，反应性提高，因而水热反应可以替代某些高温固相反应。又由于水热反应的均相成核及非均相成核机理与固相反应的扩散机制不同，因而可以创造出其他方法无法制备的新化合物和新材料。

本实验用水热法合成纳米氧化锌粉体。

3. 工艺流程

以硝酸锌为主要原料，利用水热法制备纳米 ZnO 粉体工艺流程如图 4-5-1 所示。

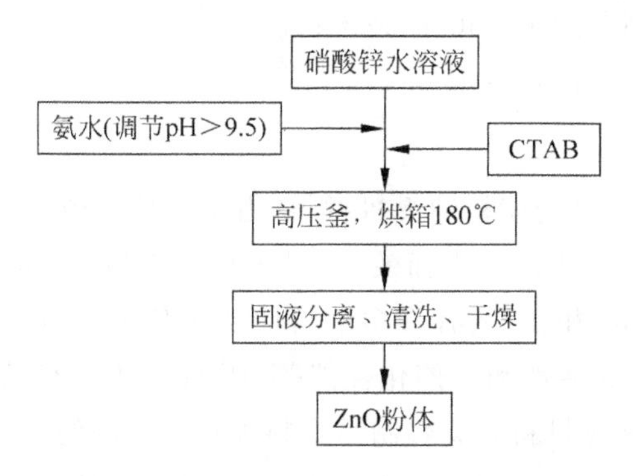

图 4-5-1　水热法制备纳米氧化锌工艺流程图

4. 仪器及试剂

仪器：电子天平、磁力搅拌装置、酸度计、超声波清洗机、水热釜、恒温烘箱、抽滤装置、烧杯、量筒、移液管、X 射线衍射仪、扫描电镜等。

试剂：$Zn(NO_3)_2 \cdot 6H_2O$、十六烷基三甲基溴化铵(CTAB)、无水乙醇、氨水、聚乙二醇(分子量 1000)。

5. 实验步骤

(1) 称取 9g 硝酸锌，用去离子水配制成浓度为 1.5mol/L 的硝酸锌水溶液；

(2) 在上述溶液中边搅拌边滴加氨水(25wt%)，直至溶液 pH 值高于 9.5，溶液中出现白色沉淀，得到前驱体溶液；

(3) 将前驱体溶液转移到聚四氟乙烯内胆的高压釜中，填充量为 70%～80%，再加入一定量的 CTAB，超声 30min；

(4) 把高压釜放入烘箱中，在 180℃下恒温反应 4h；

(5) 反应结束后，自然冷却至室温，将釜内产物取出，用去离子水洗涤，最后用无水乙醇洗涤两次，80℃干燥，即得到产物；

(6) 利用 XRD 对微粉进行表征(物相分析，利用 Scherrer 公式计算微晶尺寸)；

(7) 利用扫描电镜观察微粉颗粒形貌。

思考题

1. 水热合成法与高温固相反应法有什么区别？

2. 高压釜使用时应注意些什么？

4.6 实验六 微乳液法制备 ZnO 纳米粉

1. 实验目的

(1) 了解微乳液法制备新型无机非金属材料纳米粉体的原理；

(2) 掌握微乳液法制备纳米 ZnO 的技术；

(3) 掌握离心机分离沉淀物技术。

2. 实验原理

纳米 ZnO 是一种新型高功能精细无机材料，由于颗粒粒径小、表面能高、表面原子数多等因素，即具有小尺寸效应、表面与界面效应、量子尺寸效应、宏观量子隧道效应等，使得纳米 ZnO 与其本体块状 ZnO 相比，具有许多独特的或更优越的性能，如熔点降低，较低的致密化烧结温度，良好的表面活性和光催化性能等，因而纳米 ZnO 在压电材料、光电材料、图像记录材料、陶瓷材料、催化材料和美容制品材料等具有广阔的开发应用前景。

微乳液法(microemulsion)是 20 世纪 80 年代发展起来的一种制备纳米微粒的有效方法。它具有生产装置简单、操作容易、产物粒子分布均匀、粒径可控和不易团聚等优点。微乳液是指由热力学稳定分散的互不相溶的两相液体组成的宏观上均一而微观上不均匀的外观澄清透明液体混合物。它具有超低界面张力和较大界面熵的柔性界面膜。

用于制备超细颗粒的微乳液体系一般由四个组分组成：表面活性剂、助表面活性剂、有机溶剂和水，有些情况下也可不用助表面活性剂而由三个组分组成。通过改变体系组分的量，分别能出现单相区、微乳区和双相区。这些相区边界的确定是微乳液研究的一个重要方面，通常方法是向含表面活性剂和助表面活性剂的油相中不断滴加水，通过检测体系相行为的变化来确定边界点，然后绘制相图，确定微乳形成范围。相图是研究微乳液的最基本工具。在制备超细颗粒的微乳液中，微小的“水池”被表面活性剂和助表面活性剂所组成的单分子层界面所包围而形成微乳液液滴，以此为反应器制备纳米微粒。在水/油(W/O)型微乳液中，水滴不断地碰撞、聚集和破裂，使得所含溶质不断交换。碰撞过程取决于当水滴在相靠近时表面活性剂尾部的相互吸引作用以及界面的刚性。

本实验采用双微乳液混合法制备纳米 ZnO，微乳液水核中颗粒形成机理如图 4-6-1 所示，以正庚烷为油相，十六烷基三甲基溴化胺 CTAB 为微乳液的主表面活性剂，正丁醇为助表面活性剂，充分混合。在此分别加入增溶反应物 $Zn(NO_3)_2$ 和 $(NH_4)_2CO_3$，充分混合，获得含有 $Zn(NO_3)_2$ 和 $(NH_4)_2CO_3$ 水溶液的稳定的油包水(W/O)型呈透明的微乳液 A 和 B，其液滴直径很小(10～100nm)，均匀地分散于油相中，液滴内部增溶的水相是很好的化学反应环境，液滴形状为规则的球形，大小可以人为控制。将微乳液 A 和 B 充分混合，混合过程导致微乳液滴间的碰撞，发生了水核内物质的相互交换，引起核内发生化学反应，因反应物完全被限制在分散的纳米级水核中，所以两个水核通过碰撞聚结而交换试剂是实现反应的一个先决条件。液滴间的相互碰撞会形成瞬时二聚体，瞬时二聚体为两个液滴提供水池通道，水相内增溶的物质在此时交换并发生反应。二聚体的形成过程改变了表面活性剂膜的形状，所以二聚体处于高能状态，很快会分离。在不断的聚合、分离过程中，化学反应发生并生成产物分子，多个产物分子聚集在一起成核。生成的核作为催化剂使反应加快进行，产物附着在核上，使核成长，最终成为产物粒子，此过程称自催化过程。由于水核的形状和大小是固定的，晶核增长局限在微乳液的水核内部，形成粒子的大小和形状由水核的大小和形状决定。反应生成的沉淀是颗粒的球形 $ZnCO_3$，然后经过离心分离（破乳）、洗涤、抽滤和煅烧等后处理方法，得到烧结活性高的球形 ZnO 粉体。

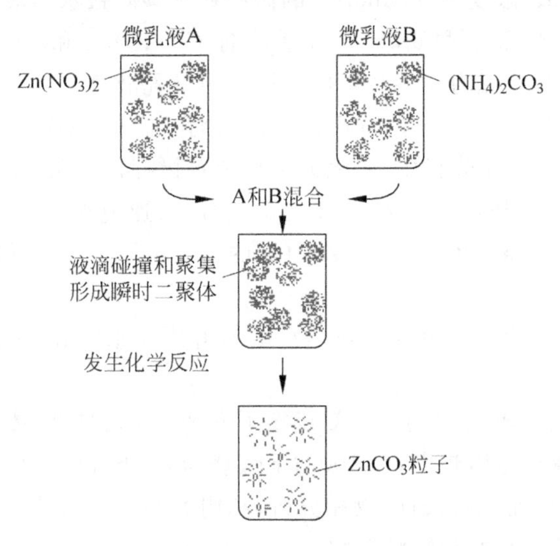

图 4-6-1　微乳液水核中颗粒形成机理示意图

3. 工艺流程

以硝酸锌和碳酸铵为主要原料，利用微乳液法制备 ZnO 粉体工艺流程如图 4-6-2 所示。

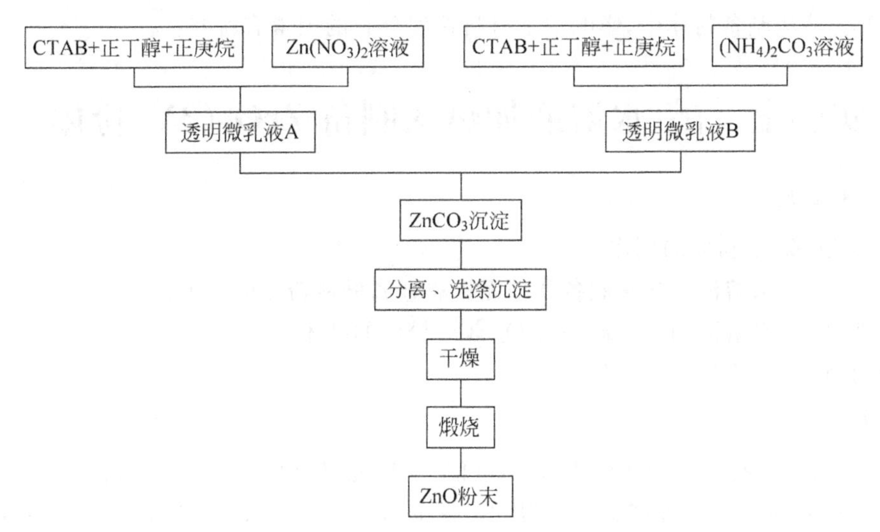

图 4-6-2　微乳液法制备 ZnO 工艺流程图

4. 仪器及试剂

仪器：电子天平、磁力搅拌装置、酸度计、恒温烘箱、恒温水浴、离心机、抽滤装置、箱式电阻炉、烧杯、量筒、移液管、干燥皿、瓷坩埚、X射线衍射仪、扫描电镜等。

试剂：$Zn(NO_3)_2 \cdot 6H_2O$、$(NH_4)_2CO_3 \cdot H_2O$、正庚烷、十六烷基三甲基溴化铵CTAB、正丁醇、无水甲醇、丙酮。

5. 实验步骤

(1) 分别配制50mL浓度为0.1mol/L的硝酸铵和碳酸铵水溶液。

(2) 取正庚烷32mL、正丁醇6mL、表面活性剂(CTAB)5g和步骤(1)配制的$Zn(NO_3)_2$溶液18mL置于烧杯中，置磁力搅拌装置搅拌得透明微乳液A。

(3) 取正庚烷32mL、正丁醇6mL、表面活性剂(CTAB)5g和步骤(1)配制的$(NH_4)_2CO_3$溶液18mL置于烧杯中，置磁力搅拌装置搅拌得透明微乳液B。

(4) 将微乳液A和B按体积比为1∶1比例混合，快速搅拌，此时，体系的颜色由无色慢慢变成白色，表明反应已经发生，生成了$ZnCO_3$的白色沉淀。继续反应30min后，在室温下陈化60min。

(5) 将沉淀置于离心机分离沉淀(4000r/min)，并用无水甲醇及丙酮(体积比1∶1)洗去油和表面活性剂。

(6) 将沉淀转移至干燥皿，置于120℃烘箱干燥20min，得前驱体$ZnCO_3$。

(7) 将该前驱体置于电阻炉内，在400℃下煅烧为0.5h，得产物ZnO粉末。

(8) 利用XRD对微粉进行表征(物相分析，利用Scherrer公式计算微晶尺寸)。

(9) 利用扫描电镜观察微粉颗粒形貌。

思考题

1. 如何形成微乳体系？
2. 微乳液法制备粉体中，影响纳米材料粒度分布的因素有哪些？

4.7 实验七 醇-水溶液加热法制备ZrO_2(3Y)粉体

1. 实验目的

(1) 了解ZrO_2粉体的用途；

(2) 了解醇-水溶液加热法制备新型无机非金属材料粉体的原理；

(3) 掌握醇-水溶液加热法制备ZrO_2(3Y)粉体的技术；

(4) 了解添加Y_2O_3的作用。

2. 实验原理

氧化锆陶瓷具有优良的热性能、机械性能、电性能以及高的耐磨损、耐腐蚀性，在机械工业、电子工业和航空工业等许多领域得到广泛的应用。但是，ZrO_2陶瓷由于在冷却过程中发生由四方相向单斜相的马氏相变，同时伴随3%～5%的体积增加，从而导致瓷件开裂，因此无法用纯ZrO_2粉制备部件，必须进行晶型稳定化处理。经研究表明，在ZrO_2中添加少量的CaO、MgO、Y_2O_3等氧化物作为稳定剂，可以避免在低温产生单斜相的相变，从而有效地稳定ZrO_2的四方相。其中，以添加3mol% Y_2O_3效果最佳。纳米Y-TZP材料的制备是纳米材料研究的热点之一。醇-水溶液加热法是一种新的制备纳米 ZrO_2 粉体的方法，这种方法所得粉体的烧结性能很好，材料可在较低温度下致密化。

醇-水溶液加热法(heating of alcohol-aqueous salt solutions)是采用醇和水混合溶液来替代传统的单一水溶液作为反应介质，主要是利用了醇的介电常数比通常作为溶剂的水小，可以降低生成物在醇水混合溶液中的溶解能力和溶解度，使之易达到过饱和而成核，从而有利于生成细小的颗粒。另一方面在反应及陈化的过程中，醇基的存在能阻止非架桥羟基与颗粒表面以氢键相连形成硬团聚，同时醇具有的空间位阻效应也能减少颗粒碰撞的概率从而降低团聚的形成，这都有利于生成颗粒小、分散性好的纳米颗粒。该法所用原料价格低廉，成本较低，且制备工艺简单、产率高。

醇-水溶液加热法的原理为无机锆盐醇-水溶液在加热时，溶液的介电常数迅速下降，导致溶液的溶剂化能下降、溶剂的溶解力下降，溶液达到过饱和状态而产生沉淀。此方法主要影响因素如下：

(1) 醇-水的比例：乙醇的介电常数为24.5，水的介电常数为78.5，只有当醇-水比例达到一定值时，当加热的温度足够高使得溶液的介电常数<25时，沉淀才可能发生，反应才能进行。当醇-水比例太低时，反应速度极慢，几乎无沉淀产生。

(2) 反应温度：温度的变化是导致反应体系介电常数发生改变的主要原因，因而也是实现醇-水反应的重要条件。

(3) 浓度：锆盐浓度是影响反应过程颗粒生成及长大的最直接因素。当反应物浓度过低时，体系过饱和度较小，不利于生成大量晶核。

(4) 加热时间：加热时间必须足够长，使反应完全，过短的加热时间致使沉淀不够完全时，容易产生团聚。

本实验将利用醇-水溶液加热法合成纳米 ZrO_2(3Y)粉体，以 $ZrOCl_2 \cdot 8H_2O$ 和 $Y(NO_3)_3 \cdot 6H_2O$ 为反应前驱体，用异丙醇-水溶液为溶剂。利用醇-水溶液加热时，溶液的介电常数迅速下降，导致溶液的溶剂化能下降，溶液达到过饱和状态而产生沉淀，获得均匀沉淀的前驱体。

醇-水溶液加热法合成纳米 ZrO_2(3Y)粉体过程中一个重要的阶段是在溶液加热时产生凝胶状沉淀。当 $ZrOCl_2 \cdot 8H_2O$ 和 $Y(NO_3)_3 \cdot 6H_2O$ 同溶于醇-水溶液中加热时，由于溶液中的 pH 值很低，Y^{3+} 的水解反应受到更强烈的抑制，$Y(NO_3)_3 \cdot 6H_2O$ 基本不会发生反应，溶液中只有 $ZrOCl_2 \cdot 8H_2O$ 发生水解发应生成 $Zr_4O_2(OH)_8Cl_4$ 胶粒，并逐渐聚合形成凝胶状沉淀，如式(4-7-1)。

$$4ZrOCl_2 + 6H_2O = Zr_4O_2(OH)_8Cl_4 + 4HCl \tag{4-7-1}$$

在这期间，Y^{3+} 自由分散在凝胶中。由于加热过程是均匀进行，没有外部干扰，Y^{3+} 的分散是比较均匀的。当氨水加入后，$Zr_4O_2(OH)_8Cl_4$ 凝胶将水解完全转变成 $Zr(OH)_4$ 凝胶，而 $Y(NO_3)_3$ 则转变成 $Y(OH)_3$，均匀分散在凝胶中。当凝胶烘干煅烧时，$Zr(OH)_4$ 脱水变成 ZrO_2 粉体，而 $Y(OH)_3$ 也脱水变成 Y_2O_3，并渗入到 ZrO_2 颗粒中使之以四方相的形式稳定下来。

3. 工艺流程

以 $ZrOCl_2 \cdot 8H_2O$ 和 $Y(NO_3)_3 \cdot 6H_2O$ 为主要原料，利用醇-水溶液加热法合成 ZrO_2(3Y)

粉体工艺流程如图 4-7-1 所示。

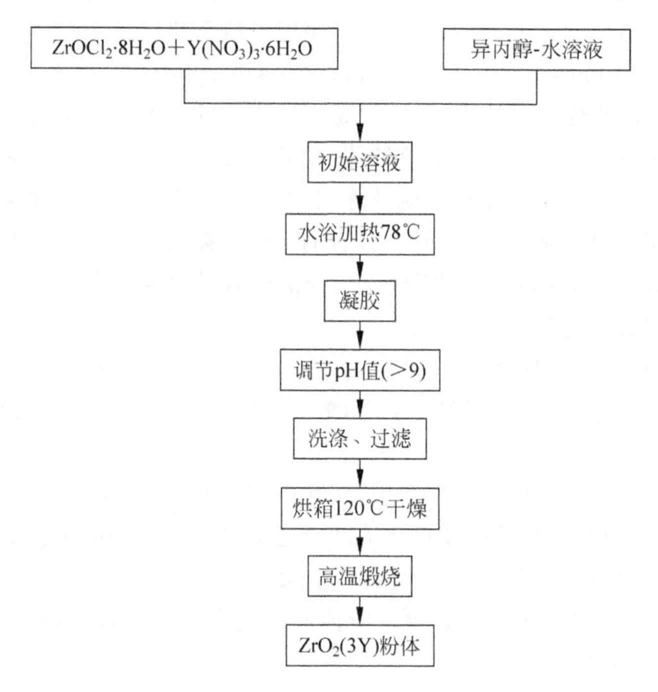

图 4-7-1 醇-水溶液加热法制备 ZrO_2(3Y)粉体工艺流程图

4. 课前准备

计算配制 100mL 浓度为 0.2mol/L 的 $ZrOCl_2·8H_2O$ 和 $Y(NO_3)_3·6H_2O$ 的混合溶液(按 97mol%ZrO_2+3mol%Y_2O_3 的比例)所需 $ZrOCl_2·8H_2O$ 和 $Y(NO_3)_3·6H_2O$ 的克数,溶剂为异丙醇-去离子水(体积比为异丙醇∶水=5∶1)。

5. 仪器及试剂

仪器:电子天平、箱式电阻炉、磁力搅拌装置、酸度计、恒温烘箱、恒温水浴、电机搅拌装置、抽滤装置、干燥皿、瓷坩埚、烧杯、量筒、移液管、X 射线衍射、激光粒度仪等。

试剂:$ZrOCl_2·8H_2O$、$Y(NO_3)_3·6H_2O$、异丙醇、氨水(质量分数 25%)、无水乙醇、$AgNO_3$ 溶液(0.1mol/L)、聚乙二醇 PEG。

6. 实验步骤

(1) 按课前准备要求,称取计算得到所需 $ZrOCl_2·8H_2O$ 和 $Y(NO_3)_3·6H_2O$ 的克数于烧杯中,加入一定量的异丙醇-水溶液;同时,加入分散剂 PEG(用量为物质量分数的 10%),置混合溶液于磁力搅拌装置搅拌 30min,直至固体全部溶解。

(2) 将混合溶液置于 78℃的恒温水浴中,电机搅拌反应 1h,溶液出现白色溶胶沉淀,再滴入氨水直至 pH>9,继续搅拌 1h,使沉淀反应完全。陈化 24h。

(3) 将沉淀转移至抽滤装置,用去离子水反复洗涤直至滤液中不再含有氯离子为止(用 0.1M 的 $AgNO_3$ 溶液检验),最后用无水乙醇洗涤一次,抽干。

(4) 将洗净过滤的沉淀转移至干燥皿,放置烘箱中,120℃干燥 60min 后取出,用研钵研细装入瓷坩埚内。

(5) 将装入沉淀的瓷坩埚置于高温箱式电炉中,以升温速率为5℃/min至600℃煅烧2h,自然冷却至室温后取出。

(6) 利用XRD对所得产物进行物相分析。

(7) 利用激光粒度仪对所得的微粉进行粒度分析。

思考题

1. 醇-水溶液加热法与共沉淀法都是使反应物前驱体沉淀,有什么实质性的区别?

2. 在ZrO_2中添加3mol%的Y_2O_3,其目的是什么?

3. 醇-水溶液加热法合成纳米ZrO_2(3Y)粉体过程中,当溶液加热时$ZrOCl_2 \cdot 8H_2O$和$Y(NO_3)_3 \cdot 6H_2O$是否均转变成$Zr(OH)_4$凝胶和$Y(OH)_3$凝胶。

4.8　实验八　四氯化钛水解法制备TiO_2粉体

1. 实验目的

(1) 了解TiO_2粉体的特性和用途;

(2) 了解$TiCl_4$水解法制备TiO_2粉体的原理;

(3) 掌握$TiCl_4$水解法制备TiO_2粉体的技术;

(4) 了解煅烧温度对TiO_2粉体的晶体结构的影响。

2. 实验原理

二氧化碳(TiO_2)有金红石、锐钛矿和板钛矿三种不同的晶型结构,它的晶体基本结构是钛氧八面体(TiO_6),钛氧八面体连接形式不同而构成锐钛矿相、金红石相和板钛矿相。锐钛矿型和金红石型均属于四方晶系,板钛矿型属正交晶系,一般难以制备,而且板钛型二氧化钛极不稳定且无实用价值,所以目前的研究一般都主要为金红石相及锐钛矿相。板钛矿和锐钛矿是低温相,金红石是高温相,前二者可以在600℃以上转变为金红石型。金红石与锐钛矿结构的TiO_2在电子陶瓷、高活性光催化、装饰涂料、医药、食品、化妆品等领域有着极其广泛的应用。除纯度和晶体结构外,TiO_2颗粒尺寸是决定其用途的重要因素。例如,以超细的TiO_2金红石纳米粉体为原料,可有效降低电子器件的烧成温度,获得性能优异的TiO_2纳米陶瓷;而以超细的TiO_2锐钛矿纳米粉体为催化剂,可以实现室温下水的电解或有机物的分解。

微粉二氧化钛的制备主要包括气相法和液相法。其中气相法可分为物理气相沉积法和化学气相沉积法,而液相法主要有沉淀法、水热法、溶胶-凝胶法、微乳液法、水解法等。四氯化钛($TiCl_4$)水解法制备二氧化钛,是一种污染较轻,不需要特殊设备,操作简单易控,容易扩大生产的方法。本实验将用四氯化钛水解法制备TiO_2粉体。

$TiCl_4$和水之间的反应剧烈且复杂,这与温度和钛离子浓度等条件有关。其反应产物通常为$TiCl_4 \cdot 5H_2O$(水量充足)或$TiCl_4 \cdot 2H_2O$(水量不足或低温),然后该化合物继续发生如下水解反应。

$$TiCl_4 + 5H_2O \longrightarrow TiCl_4 \cdot 5H_2O \quad (4\text{-}8\text{-}1)$$

$$TiCl_4 \cdot 5H_2O \longrightarrow TiCl_3(OH) \cdot 4H_2O + HCl \quad (4\text{-}8\text{-}2)$$

$$TiCl_3(OH) \cdot 4H_2O \longrightarrow TiCl_2(OH)_2 \cdot 3H_2O + HCl \quad (4\text{-}8\text{-}3)$$

$$TiCl_2(OH)_2 \cdot 3H_2O \longrightarrow TiCl(OH)_3 \cdot 2H_2O + HCl \quad (4\text{-}8\text{-}4)$$

$$TiCl(OH)_3 \cdot 2H_2O \longrightarrow Ti(OH)_4 \cdot H_2O + HCl \quad (4\text{-}8\text{-}5)$$

水解产物 $Ti(OH)_4 \cdot H_2O$ 在静置、洗涤或加热过程中会逐渐失去水而变成偏钛酸，以上反应是可逆、分步水解反应过程，同时水解产物 $Ti(OH)_4 \cdot H_2O$ 将发生如式(4-8-6)的聚合反应，形成相对高的分子质量的产物。实际上只要溶液中有 OH^- 和 Cl^- 存在，OH^- 和 Cl^- 即可延伸至网状结构氧化物(—Ti—O—Ti—)链端，致使水解产物不可能全部为 $Ti(OH)_4$，采用加入氨水来中和水解反应释放的 H^+ 和 Cl^-，使反应趋于完全。

$$—Ti—OH—OH—Ti— \longrightarrow —Ti—O—Ti— + H_2O \quad (4\text{-}8\text{-}6)$$

关于 $TiCl_4$ 水解机理的分析有很多种，但是无论哪一种，水解过程总是通过三个阶段完成：①晶核的形成，溶液中钛离子的络合物通过“氧桥联”或“羟桥联”结合在一起形成最初的晶核；②晶核的成长；③水合 TiO_2 析出。

3. 工艺流程

利用 $TiCl_4$ 水解法制备 TiO_2 微粉工艺流程如图 4-8-1 所示。

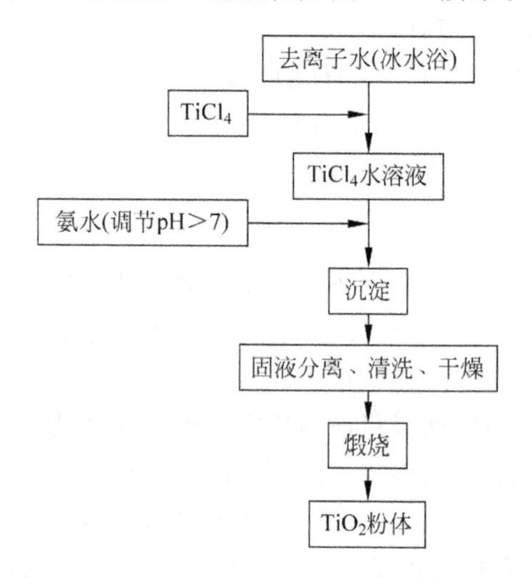

图 4-8-1 四氯化钛水解法制备 TiO_2 粉体工艺流程图

4. 仪器及试剂

仪器：电子天平、冰水浴、水浴锅、电机搅拌、酸度计、通风柜、抽滤装置、恒温烘箱、高温箱式电炉、研钵、瓷坩埚、烧杯、量筒、干燥皿、X 射线衍射仪等。

试剂：$TiCl_4$、$NH_3 \cdot H_2O$、$AgNO_3$ 溶液(0.1M)、无水乙醇。

5. 实验步骤

(1) 配制浓度为 0.8mol/L 的 $TiCl_4$ 水溶液，在冰水浴强烈搅拌下，将 $TiCl_4$ 滴入去离子水中。

(2) 将分析纯氨水缓慢加入步骤(1)配制的 $TiCl_4$ 水溶液中，边加入边搅拌，直至不再产生沉淀为止，调整溶液 pH 值至 7.0，加热至 70℃保温 1h，陈化 24h。

(3) 将沉淀混合溶液置于真空抽滤装置，用去离子水反复冲洗至滤液中不含有氯离子为止(用 0.1M 的 $AgNO_3$ 溶液检验)，最后用无水乙醇洗涤三次。

(4) 将洗净过滤的沉淀转移至干燥皿，置于烘箱中，120℃干燥 1h 后取出，用研钵分散、研细。

(5) 将沉淀分成等量两份分别装入瓷坩埚内，将其中一份于 450℃煅烧 2h，另一份于 750℃煅烧 2h，均自然冷却至室温。

(6) 对不同温度下煅烧所得产物进行 X 射线衍射物相鉴定，对两种实验结果进行分析比较。

6. 四氯化钛($TiCl_4$)试剂的性状及注意事项

(1) 性状：$TiCl_4$ 为无色或微黄色液体，有刺激性酸味，具有较强的腐蚀性。遇空气会强烈发烟。受热或遇水分解放热，放出有毒的腐蚀性烟气。

(2) 操作注意事项：操作要在通风柜中进行，要戴橡胶耐酸碱手套，最好佩戴自吸过滤式防毒面具(全面罩)，穿橡胶耐酸碱服。移液过程中试剂要避免接触空气、潮湿或水，所有器皿要干燥。试剂瓶用后一定要拧紧，密封于干燥处保存。

(3) 急救措施：①皮肤接触：立即脱去污染的衣着，用清洁棉花或布等吸去液体，并用大量流动清水冲洗，就医。②眼睛接触：立即提起眼睑，用大量流动清水或生理盐水彻底冲洗至少 15min，就医。③吸入：迅速脱离现场至空气新鲜处。如呼吸困难，给输氧；如呼吸停止，立即进行人工呼吸，就医。

思考题

1. 本实验所得沉淀物在 450℃和 750℃煅烧所得产物是什么？
2. 实验中水解反应为什么要在冰水浴中进行？

4.9 实验九 直接沉淀法制备 $BaTiO_3$ 纳米粉

1. 实验目的

(1) 了解直接沉淀法制备 $BaTiO_3$ 粉体的原理；

(2) 掌握直接沉淀法制备 $BaTiO_3$ 粉体的方法。

2. 实验原理

钛酸钡纳米粉体的制备方法一直是纳米粉体制备技术中的一个研究热点。目前，合成 $BaTiO_3$ 的方法主要有：固相法、沉淀法、溶胶-凝胶法、水热合成法等。

正如前面所述，固相法制备的新型无机非金属材料粉体颗粒粒径大、分布不均匀，且需要球磨易引入杂质，很难获得高纯化超细化的 $BaTiO_3$ 粉体。而液相法中的溶胶-凝胶法，虽然可以制得粒径小且分散良好的钛酸钡，但其原料价较高，且制备钛酸钡凝胶需高温煅烧后才能转化为钛酸钡粉体，这不仅增加了能耗，而且在高温煅烧过程中往往造成晶粒的长大和颗粒的硬团聚。水热法则需高温、高压的反应条件，对设备要求高，操作控制也较为复杂。沉淀法中的草酸盐共沉淀法是工业上最为普遍应用的一种制备方法，但共沉淀法存在的问题是需要在1000℃以上进行热分解来制备钛酸钡，难以制备小粒径钛酸钡粉体。

直接沉淀技术(direct precipitation)是通过混合含有不同金属离子的溶液，在一定的反应温度和pH值条件下(通常为强碱条件)直接沉淀出具有特定晶体结构的高纯超细粉的一种方法。直接沉淀技术的基本做法是：在混合溶液中加入沉淀剂，溶液中的阳离子和沉淀剂发生化学反应直接生成沉淀物，然后再对沉淀物进行清洗、干燥最终得到所需的产物，不需要经过高温煅烧，从而保证了粉体的小粒径和活性。利用直接沉淀方法合成出的粉体具有高纯的结构、超细陶瓷粉体，该粉体的颗粒尺寸介于30～450nm之间，颗粒形貌近似于球形，尺寸分布范围窄、烧结活性高、成分均匀、稳定并且可控。

直接沉淀法的特点是具有操作简单、产率高、粉料活性高等特点。该方法制备粉体的成分和微粒尺寸可以通过调节所混合溶液中溶剂离子的浓度、比例以及反应温度等进行精确控制。相对于其他常压下的合成方法(如共沉淀法、均匀沉淀法、溶胶-凝胶法)，直接沉淀法无须高温煅烧，避免了晶粒长大和团聚，保持了高活性。相对于水热合成法，直接沉淀法在常压下进行，反应温度一般不高于100℃；而且，无须高温高压的超临界状态，简化了工艺，大大降低了设备要求，使整个制备过程更易操作和控制。因而具有更大的发展前景。

直接合成的条件，关键在于如何实现溶液中形成沉淀的同时化合水的去除和晶相的形成，亦即避免氢氧化物的形成。这里的化合水是指氢氧化物中羟基可以按水的比例脱去水。化合水的去除和晶相的形成是相互关联的。如果去除了沉淀物中的化合水，则削弱了沉淀物与溶剂水之间的相互作用，这样有利于结晶的形成。

强碱性则有利于原料的溶解和粉体颗粒的晶化和析出，减少粉体颗粒之间碰撞而发生团聚。另外，有机溶剂加入水溶液中，可以降低水的表面张力，减弱水溶液中氢键的作用，增强体系对沉淀物中化合水的去除能力，降低氧化物陶瓷粉直接合成所需的温度。同时很多有机溶剂同样具有脱水作用，如果采用醇水混合体系，则可以使氧化物陶瓷粉体的直接合成温度降低至体系沸点之下，从而在常压下实现溶液中的粉体直接合成。

本实验将利用直接沉淀法制备$BaTiO_3$粉体，采用氢氧化钡水溶液作为底液，将钛酸四丁酯的无水乙醇溶液慢慢加入到热的底液中，直接合成晶相钛酸钡纳米氧化物粉体，制备工艺流程见图4-9-1。

3. 工艺流程

以氢氧化钡和钛酸四丁酯为主要原料，利用直接沉淀法制备$BaTiO_3$粉体工艺流程如图4-9-1所示。

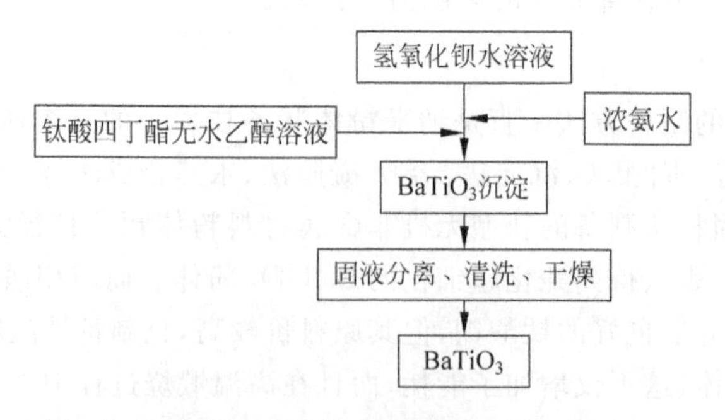

图4-9-1 直接沉淀法制备$BaTiO_3$粉体工艺流程图

4. 仪器及试剂

仪器：电子天平、磁力搅拌装置、电机搅拌、酸度计、恒温水浴、真空抽滤装置、恒温烘箱、烧杯、量筒、移液管、X射线衍射仪等。

试剂：钛酸四丁酯、$Ba(OH)_2 \cdot 8H_2O$、无水乙醇、氨水(质量分数25%)。

5. 实验步骤

(1) 配制浓度为0.4M的氢氧化钡水溶液50mL，加入浓氨水1mL，搅拌均匀并加热到70℃保温，作为底液A。

(2) 配制浓度与氢氧化钡相同的钛酸四丁酯无水乙醇溶液50mL，作为溶液B。

(3) 将溶液B缓慢滴加到溶液A，同时不断剧烈搅拌，反应1～2h，整个过程保持底液A温度大致恒定在70℃。反应结束后，陈化24h。

(4) 将沉淀物转移至抽滤系统过滤，用去离子水清洗，最后用无水乙醇清洗，抽干。

(5) 将洗净抽干的沉淀物转移至干燥皿，置于恒温烘箱100℃干燥2h，得到产物$BaTiO_3$。

(6) 利用XRD对产物进行物相分析和微晶尺寸计算。

思考题

1. 直接沉淀法、共沉淀法和均匀沉淀法的主要特点分别是什么？

2. 直接沉淀法与水热合成法均为反应物直接反应得到的产物，在工艺制备中最大的区别是什么？

3. 为什么直接沉淀法能抑制粉体团聚的产生，并且具有较好的粉体活性？

参考文献

[1] 张立德，牟季美. 纳米材料和纳米结构[M]. 北京：科学出版社，2002.

[2] 黄丽，孙正滨，张金生. 复合材料领域中的纳米技术进展[J]. 复合材料学报，2001，18(3)：1-4.

[3] 孔晓丽，刘勇兵，杨波. 纳米复合材料的研究进展[J]. 材料科学与工艺，2002，10(4)：436-441.

[4] 方道来，朱伟长，晋传贵，等. 铁酸锌纳米晶体材料的制备[J]. 化学研究与应用，1999(2)：138-141.

[5] 朱伟长，晋传贵，何云耕，等. 铁酸镍纳米晶体材料的制备[J]. 无机盐工业，1998，30(6)：3-4.

[6] CHU X F, LIU X Q, MENG G Y P Reparation and Ga Sensitivity Properties of $ZnFe_2O_4$ Semiconductors [J]. Sensors and Actuators B, 1999, 55: 19-22.

[7] 浙江工业大学化材学院. 沉淀法制备催化剂[EB/OL]. [2016-05-31]. http://www.doc88.com/p-9621904171319.html.

[8] 欧延. 均匀沉淀法合成纳米氧化铁[J]. 厦门大学学报(自然科学版)，2004，43(6)：882-885.

[9] 严新，朱雪梅，吴俊方，等. 均匀α-氧化铁纳米粒子的制备及表征[J]. 盐城工学院学报(自然科学版)，2002，15(2)：50-52.

[10] 罗益民，黄可龙，等. 纳米级α-FeOOH细粉的制备与表征[J]. 无机材料学报，1994(2)：239-243.

[11] 杨家玲，张新歌. 氧化锌与氧化铁纳米材料的化学制备[J]. 天津城市建设学院学报，2002，8(4)：235-237.

[12] 樊耀亭，吕秉玲. 透明氧化铁颜料的制备[J]. 现代化工，1996(6)：28-30.

[13] 徐锁平. 超声波-均匀沉淀法制备纳米氧化铁[J]. 涂料工业，2005(2)：31-33.

[14] 王廷吉,周萍华.低 pH 值下尿素水解速度规律及其应用[J].江西化工,1994(1):10-12.
[15] 卿波.尿素均匀沉淀法制备单分散四氧化三钴粉末[D].长沙:中南大学,2007.
[16] 张昭,彭少方,刘栋昌.无机精细化工工艺学[M].北京:化学工业出版社,2013.
[17] 祖庸,刘超锋,李晓娥,等.均匀沉淀法合成纳米氧化锌[J].现代化工,1997(9):33-35.
[18] 辛显双,周百斌,刘双全,等.均匀沉淀法制备纳米氧化锌的工艺条件[J].化学与黏合,2002(5):203-205.
[19] 刘超峰,胡行方,祖庸.以尿素为沉淀剂制备纳米氧化锌粉体[J].无机材料学报,1999,14(3):391-396.
[20] 汤皎宁,龚晓钟,李均钦.均匀沉淀法制备纳米氧化锌的研究[J].无机材料学报,2006,21(1):65-69.
[21] 柏朝晖,王学荣,张希艳.溶胶-凝胶法制备 $BaTiO_3$ 纳米粉体[J].长春理工大学学报(自然科学版),2002,25(4):7-9.
[22] 薛更生,张军利,杨永珍,等.溶胶-凝胶法制备纳米粉体[J].机械管理开发,2001(S2):81-82.
[23] 蔡政,卢文庆,冯悦兵.溶胶-凝胶(Sol-Gel)法制备 $BaTiO_3$ 陶瓷的铁电和介电性质研究[J].南京师大学报(自然科学版),2002,25(1):67-70.
[24] 姚燕燕,陈剑宁,赵鹏.溶胶-凝胶法低温合成钛酸钡纳米晶粉体[J].硅酸盐学报,2004,32(6):57.
[25] 马亚鲁,张彦军,孙小兵.$BaTiO_3$ 超细粉体的溶胶沉淀法制备及其表征[J].硅酸盐通报,2002,21(1):25-28.
[26] 王艳香,孙健,范学运,等.水热合成法制备纳米氧化锌粉[J].人工晶体学报,2008,37(4):866-871.
[27] 张留成,蔡克峰.纳米氧化锌材料的最新研究和应用进展[J].材料导报,2006,20(s1):13-15.
[28] 安崇伟,郭艳丽,王晶禹.纳米氧化锌的制备和表面改性技术进展[J].应用化工,2005,34 (3):142-143.
[29] 辛显双,周百斌,肖芝燕,等.纳米氧化锌的研究进展[J].化学研究与应用,2003,15(5):601-606.
[30] 吕伟,吴莉莉,朱红梅.水热法制备氧化锌纳米棒[J].山东大学学报(工学版),2005,35 (6):1-4.
[31] 王芸,林深,宋旭春.溶剂热法合成氧化锌纳米棒[J].广州化工,2006,34(4):36-37.
[32] 储德韦,曾宇平,江东亮.表面活性剂辅助水热合成氧化锌纳米棒[J].无机材料学报,2006,21(3):571-575.
[33] 余可,靳正国,刘晓新,等.氨水溶液制备 ZnO 纳米晶阵列的研究[J].无机化学学报,2006,22(11):2065-2069.
[34] 信文瑜,姚敬华,杨中民.ZnO 及其掺杂纳米粒子的反相微乳液法合成及表征[J].云南大学学报(自然科学版),2003,25(1):57-60.
[35] 李成海,周立亚,龚福忠.W/O 微乳液在纳米粒子制备中的应用[J].广西化工,2000,29(3):16-19.
[36] 何秋星,刘蕤,杨华,等.微乳液法制备纳米 ZnO 粉体[J].甘肃工业大学学报,2003,29(3):72-75.
[37] 苏良碧,官建国.微乳液及其制备纳米材料的研究[J].化工新型材料,2002,30(9):17-19.
[38] 张萍,周大利,刘恒.微乳液法制备纳米材料[J].四川有色金属,2003,(4):31-33.
[39] 马天,杨金龙,张立明,等.微乳液法制备球形氧化锆粉体及其分散特性的研究[J].无机化学学报,2004,20(2):121-127.
[40] 鲁传华,张彩云,谈珺珺,等.介绍一种简单微乳液的制备及一般性质实验[J].大学化学,2007,22(2):53-55.
[41] 陆彬,张正全.用三角相图法研究药用微乳的形成条件[J].药学学报,2001,36(1):58-62.
[42] 张绍,彭少方,刘栋昌.无机精细化工工艺学[M].北京:化学工业出版社,2002.
[43] 苏勉曾.固体化学导论[M].北京:北京大学出版社,1987.
[44] 姚尧,赵梅瑜,等.固相法合成制备单相 $Ba_2Ti_9O_{20}$ 粉体[J].无机材料学报[J].1998,13(6):808-812.
[45] GROOT ZEVERT W F M,WINNUBST A J A,THEUNISSEN G S A M,et al. Powder Reparation and Compaction Behaviour of Finegrained Y-TZP[J].J Mater Sci,1990,25(8):3449-3455.
[46] 李蔚,高濂,郭景坤.醇-水溶液加热法制备纳米氧化锆粉体[J].无机材料学报,1999,14 (1):161-164.

[47] LI W, GAO L, GUO J Q. Synthesis of Yttria-Stabilized Zirconia Nanoparticles by Heating of Alcohol-Aqueous Salt Solutions [J]. Nano-structured Materials, 1998, 10(6): 1043-1049.
[48] 徐跃萍. Y-TZP 陶瓷超细粉末的制备、烧结动力学及显微结构的研究[D]. 上海: 上海硅酸盐研究所, 1991.
[49] 吴其胜. 醇水加热水热法制备稳定 Y-Ce-ZrO_2 纳米粉体[J]. 硅酸盐学报, 2004, 32(9): 1170-1173.
[50] 邵忠宝, 王伟. 用保护共沉淀法制备纳米 ZrO_2(Y_2O_3)粉体[J]. 材料研究学报, 2002, 16(2): 210-213.
[51] 李报厚, 张登君, 张冠东, 等. 水热法制备 Y_2O_3-CeO_2-ZrO_2 超细陶瓷粉末[J]. 化工冶金, 1997, 18(2): 97-101.
[52] 李蔚, 高濂, 郭景坤. 醇水溶液加热法制备纳米 ZrO_2 粉体[J]. 无机材料学报, 1999, 14(1): 161-164.
[53] 李蔚, 高濂, 郭景坤. 醇-水溶液加热法制备纳米 ZrO_2 粉体及相关问题研究[J]. 无机材料学报, 2000, 15(1): 16-20.
[54] 白利红, 马宏勋, 高春光, 等. 醇-水溶液加热法制备 ZrO_2 气凝胶的研究[J]. 分子催化, 2006, 20(6): 539-544.
[55] 李霞章, 陈志刚, 陈建清, 等. 醇水法制备纳米粉体原理及应用[J]. 硅酸盐通报, 2006: 25(2): 82-85.
[56] 徐春和, 张华, 徐旺生. 醇-水盐溶液加热法制备纳米氧化锆工艺研究[J]. 无机盐工业, 2012, 44(3): 57-59.
[57] 周忠诚, 阮建明, 邹俭鹏, 等. 四氯化钛低温水解直接制备金红石型纳米二氧化钛[J]. 稀有金属, 2006, 30(5): 653-656.
[58] 陈瑞澄. 四氯化钛水解过程的研究[J]. 湿法冶金, 1999(3): 1-7.
[59] 张青红, 高濂, 郭景坤. 四氯化钛水解法制备二氧化钛纳米晶的影响因素[J]. 无机材料学报, 2000, 15(6): 992-998.
[60] 毛日华, 郭存济. 液相反应制备纳米锐钛矿相二氧化钛[J]. 无机材料学报, 2000, 15(4): 761-764.
[61] 张青红, 高濂, 郭景坤. 四氯化钛水解法制备纳米氧化钦超细粉体[J]. 无机材料学报, 2000, 15(1): 21-23.
[62] 侯强, 郭奋. 金红石型纳米二氧化钛制备中的若干影响因素[J]. 北京化工大学学报(自然科学版), 2004, 31(4): 16-18.
[63] 方晓明, 农云军, 杨卓如, 等. 四氯化钛强迫水解制备金红石型纳米二氧化钛[J]. 无机盐工业, 2003, 35(6): 24-26.
[64] FANG CHIA-SZU, CHEN YUWEN. Preparation of Titania Particles Bythermal Hydrolysis of $TiCl_4$ in N_2 propanol Solution [J]. Materials Chemistry and Physics, 2003, 78(3): 739-745.
[65] YANG SHAO, LIU YANHUA, GUO YUPENG, et al. Preparation of Rutile Titania Nanocrystals by Liquid Method at Room Temperature[J]. Material Chemistry and Physics, 2003, 77(2): 501-506.
[66] 齐建全, 李龙土, 王永力, 等. 一种合成纳米级钙钛矿陶瓷粉体的方法: CN1410388 [P]. 2003-04-16.
[67] 齐建全, 李龙土, 王永力, 等. 钛酸钡纳米粉体的溶液直接合成方法[J]. 钛工业进展, 2003, 20(3): 25-27.
[68] 阳鹏飞, 周继承. 直接沉淀法合成钛酸钡粉体的研究[J]. 无机盐工业, 2005, 37(4): 22-23.
[69] 王松泉, 刘晓林, 陈建峰, 等. 直接沉淀法制备纳米钛酸钡粉体的表征与介电性能[J]. 北京化工大学学报(自然科学版), 2004: 31(4): 32-35.
[70] 朱启安, 宋方平, 黄伯清, 等. 液相直接沉淀法制备钛酸钡纳米粉体的研究[J]. 功能材料, 2007, 38(10): 1686-1689.

第5章

材料制备工艺及性能表征实验

新型无机非金属材料试样的制备是以粉体作原料，经配料、粉体预处理、成型和烧成，形成具有一定的强度、物理性质和显微结构的多晶烧结体。本章通过制备典型的新型陶瓷材料试样，掌握新型无机非金属材料的制备工艺，包括不同的成型方法(如干压成型、等静压成型、轧膜成型、热压铸成型、注射成型以及流延成型等)和烧结工艺等。本章除了新型无机非金属材料制备的常规工艺技术，还将该领域中的一些新的技术编入教材，如浸渗掺杂技术、薄膜制备等。

5.1 实验一 ZnO压敏陶瓷材料的制备

1. 实验目的

(1) 了解ZnO压敏陶瓷材料的特性和用途；

(2) 掌握陶瓷材料的常规制备工艺；

(3) 了解压敏电阻主要参数及测试方法。

2. 实验原理及方法

压敏电阻是一种具有非线性伏安特性的电阻器件，主要用于在电路承受过压时进行电压钳位，吸收多余的电流以保护的敏感器件。压敏电阻的电压与电流不遵守欧姆定律，而成特殊的非线性关系。当两端所加电压低于标称额定电压值时，压敏电阻器的电阻值接近无穷大，内部几乎无电流流过，相当于一只关死的阀门；当两端所加电压略高于标称额定电压值时，压敏电阻器将迅速击穿导通，并由高阻状态变为低阻状态，使得流过它的电流激增，而对其他电路的影响变化不大。因此，当过电压出现在压敏电阻的两极间，压敏电阻可以将电压钳位到一个相对固定的电压值，抑制电路中经常出现的异常过电压，从而实现对后级电路的保护。

ZnO压敏电阻具有优良的非线性伏安特性和冲击能量吸收能力，是目前应用最广泛的压敏电阻陶瓷。氧化锌压敏电阻应用原理：压敏电阻与被保护的电器设备或元器件并联使用。当电路中出现雷电过电压或瞬态操作过电压 V_s 时，压敏电阻器和被保护的设备及元器件同时承受 V_s，由于压敏电阻器响应速度很快，它以纳秒级时间迅速呈现优良非线性导电特性，此时压敏电阻器两端电压迅速下降，远远小于 V_s，这样被保护的设备及元器件上实际承受的电压就远低于过电压 V_s，从而使设备及元器件免遭过电压的冲击。

在 ZnO 压敏电阻的配方组成中，添加物原料对 ZnO 压敏电阻非线性结构的形成、耐受冲击电流能力的提高和长期运行稳定性的改善起着决定性作用。对于 ZnO-Bi_2O_3 系列的压敏电阻，Bi_2O_3 主要起液相助烧剂和形成压敏效应的作用，是构成 ZnO 压敏电阻高阻晶界网络骨架结构必不可少的成分。Bi_2O_3 因为其熔点较低在温度较低时就会熔化为液相，从而可使其他添加剂均匀地分布于 ZnO 晶粒和晶界中，而又因为 Bi^{3+} 离子半径远大于 Zn^{2+} 离子，无法进入 ZnO 晶粒，所以在冷却时会偏析于晶界，导致其他氧化物也偏聚于晶界处，提高了晶界势垒，使得 ZnO 压敏电阻的非线性系数提高，从而提高了通流能力。Sb_2O_3 是生成锑锌尖晶石相的主要成分，尖晶石相位于 ZnO 晶粒周围起钉扎作用，在烧结过程中抑制 ZnO 晶粒的长大。适量的 Sb_2O_3 掺杂有助于 ZnO 晶粒均匀发育，可显著提高其击穿电压，降低残压比。

压敏电阻主要参数：①压敏电压(标称电压)：流过试样的直流电流为 1mA 时的电压；②电压比：压敏电阻器的电流为 1mA 时产生的电压值与压敏电阻器的电流为 0.1mA 时产生的电压值之比；③最大限制电压：指压敏电阻器两端所能承受的最高电压值；④泄漏电流(等待电流)：在规定的温度和最大直流电压下，流过压敏电阻器电流等。

本实验采用电子陶瓷块体材料常规制备方法制备 ZnO 压敏陶瓷材料。

3. 工艺流程及要点

1) 工艺流程

制备工艺流程如图 5-1-1 所示。

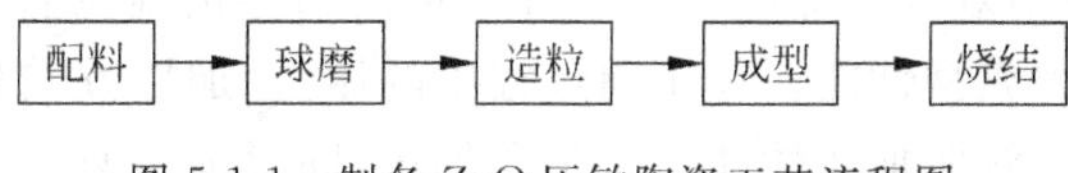

图 5-1-1 制备 ZnO 压敏陶瓷工艺流程图

2) 工艺要点

(1) 配料：配料对材料的性能和以后各道工序影响很大，尽管操作简单，但如粗枝大叶，配料错误，即使以后的工作做得多么细致精确，也于事无补。注意加料的次序，用量较少的原料应夹在两种用量较多的原料中间，防止其粘在球磨筒的筒壁上，或粘在研磨体上，造成坯料混合不均匀，以至于使制品性能受到影响。

(2) 混料(球磨)：要注意混合时的分层，由于原料的密度不同，特别是当含有密度大的原料，料浆又较稀时，更容易产生分层现象。对于这种情况，应在烘干后仔细研磨后进行混合，然后过筛，这样可以减少分层现象。

(3) 粉体预处理：主要目的是改善粉体的物理化学性质，利于后续的成型工序，其主要有预烧和造粒等。造粒的目的是使粉料形成高密度的流动性好的颗粒，粉料能顺利地填满模具的各个角落，成型得到较致密的坯体。从利于烧成和固相反应进行的角度考虑，希望获得超细的原料颗粒，但成型时却不然，尤其对于干压成型来说，粉料越细，比表面积越大，流动性越差，成型时不容易均匀的充满模具，经常出现成型件有空洞、边角不致密、层裂、弹性失效的问题。通常采用造粒工艺解决这一问题。造粒工艺是将磨细的粉料，经过干燥、加胶黏剂，制成具有一定粒度级配、流动性好的粒子(20～80 目)，粒径约为 0.1mm 的颗粒。一般使用的胶黏剂应满足以下要求：要有足够的黏性，以保证良好的成型性和坯体的机械强度；经高温煅烧能全部挥发，坯体中不留或少留胶黏剂残留杂质；工艺简单，没有腐蚀性，对陶瓷性能无不良影响。干压成型造粒常用的胶黏剂是 3wt%～5wt%聚乙烯醇(PVA)水溶液。

常用造粒方法如下：

① 一般造粒法(实验室常用)：在坯料中加入适当的胶黏剂，经混合、过筛，得到一定大小的团粒。

② 加压造粒法：将坯料加入胶黏剂，搅拌混合均匀后经预压成块，然后破碎过筛而成团粒。

③ 喷雾造粒法(工业上采用)：将混合有适量胶黏剂的粉料制成料浆(一般用水)，再用喷雾器喷入造粒塔进行雾化、干燥。

(4) 成型：成型是将坯料加工成为具有一定形状、尺寸和强度的半成品。是制备新型陶瓷的关键工序，新型陶瓷材料部件繁多，形状相差悬殊，所以采用的成型方法是多种多样的，总体来说可归纳为干法成型(如干压、等静压成型等)和湿法成型(如流延、注射成型等)两类。本实验采用实验室最常用的干压成型方法。干压成型是一种陶瓷粉末的成型方法，是利用压力，将干粉坯料在模型中压成致密体的一种成型方法。它在工业陶瓷中已普遍使用，并获得较好效果。干压成型方法：将预处理(造粒)后粉体装入模具，用压机或专用干压成型机以一定压力和压制方式使粉料成为致密坯体。常规干压方法包括单向加压，双向加压(双向同时加压，双向分别加压)。

影响干压成型坯体性能的主要因素：①粉体的性质，包括粒度、粒度分布、形状、含水率等。②添加剂特性及使用效果。好的添加剂可以提高粉体的流动性、填充密度和分布的均匀程度，从而提高坯体的成型性能。③压制过程中的压力、加压方式和加压速度，一般地说，压力越大坯体密度越大，双向加压性能优于单向加压，同时加压速度、保压时间、卸压速度等都对坯体性能也有较大影响。

干压成型的特点：坯体较致密，收缩小，形状准确，生坯无须排胶过程。成型过程简单，生产量大，缺陷少，便于机械化，因此对于成型形状简单、小型的坯体颇为合适。但对于形状复杂、大型的制品采用一般的干压成型就有较大限制，模具造价高，坯体强度低，坯体内部致密性不一致，组织结构的均匀性相对较差等。

(5) 烧结：烧结则是通过高温处理，使成型后的坯体发生一系列的物理化学变化，如固体颗粒相互键联，晶粒长大，气孔率下降，体积收缩，致密度提高，强度增大等，使材料获得预期的显微结构，赋予材料各种物理性能的关键工序。掌握烧成机理、制定合理的烧成制度是十分重要的。

陶瓷烧结是一种相对比较复杂的过程，影响因素很多，主要以下几种：①原始粉体性能(包括粉体粒度和晶格缺陷)：无论固相烧结还是液相烧结，细颗粒由于增加了烧结的驱动力，缩短了原子扩散距离和提高颗粒在液相中的溶解度，从而导致烧结过程加速。晶格缺陷提高粉体活性，促进烧结，降低烧结温度。②添加剂：固相烧结中，外加剂可与主晶相形成固溶体促进缺陷增加；液相中，外加剂能改变液相性质(组成、黏度等)，从而促进烧结。

③烧结温度和保温时间。④烧结气氛；⑤成型方法。

4. 仪器及试剂

仪器：电子天平，行星球磨机、恒温烘箱、干压成型机、硅碳棒箱式电阻炉、蒸发皿、研钵、80目尼龙筛、ϕ10mm的成型模具、MY-4C压敏电阻测试仪、SEM等。

试剂：ZnO、BiO_2、Sb_2O_3、5wt%的聚乙烯醇(聚合度1500)水溶液、无水乙醇等。

5. 实验步骤

(1) 配料：按表5-1-1所示配方配置0.1mol ZnO混合原料。

表5-1-1　ZnO压敏陶瓷配方

原　　料	ZnO	BiO_2	Sb_2O_3
mol%	95	2	3

(2) 球磨：将上述混合原料置于球磨罐中，加无水乙醇为助磨剂，球磨1h。将球磨罐中混合浆料倒入蒸发皿，放入70℃恒温烘箱干燥24h。

(3) 造粒：在混合粉料加入5wt%～8wt%的浓度为5wt%聚乙烯醇(聚合度1500)水溶液，混合均匀，过80目筛。

(4) 成型：用ϕ10mm的成型模具成型，压制成ϕ10mm×(1.5～2)mm的圆片，压力150MPa(表压：2MPa)，恒压30s，缓慢卸压。

(5) 烧结：将干燥好的陶瓷坯体放在垫片上在电炉中以升温速率5℃/min到1200℃，保温2h。

(6) SEM观察ZnO陶瓷断口显微结构。

(7) 被电极：将烧结后的陶瓷圆片磨平，在上下表面均匀地涂覆银浆，烘干后放入箱式电炉中550℃保温1h。

(8) 测量样品的压敏电压(V1mA)、非线性系数(A)、漏电流(I_1)$I_{0.75V1mA}$以及I-V特性。

思考题

1. 试述造粒的目的和主要方法。
2. 干压成型机压力表设定压强为2MPa，陶瓷坯体实际承受压强为多少？
3. 影响陶瓷材料烧成的主要因素有哪些？
4. 如何避免球磨时的分层现象？

5.2　实验二　Ni-Zn铁氧体材料的制备

1. 实验目的

(1) 了解Ni-Zn铁氧体材料的特性和用途；

(2) 掌握制备Ni-Zn铁氧体材料的关键工艺；

(3) 掌握陶瓷材料磁性测试方法和原理。

2. 实验原理及方法

Ni-Zn 系软磁铁氧体材料是应用广泛的高频软磁材料。具有尖晶石结构。相对初始磁导率 μ_a 15～70,矫顽力 238.8～557.2A/m,居里点 350～450℃,电阻率 $5\times10^4\Omega\cdot cm$。由于电阻率高、居里温度高、温度系数低、损耗低、高频特性好等优点,成为高频范围(1～100MHz)应用最广、性能优异的软磁铁氧体材料。

镍锌铁氧体材料的磁导率目前从 15～2000 不等均有应用,常用的材料磁导率在 100～1000。按磁导率分类,可分为高磁导率材料、常规材料和低磁导率材料。磁导率在 1000 以上的习惯上称为高磁导率材料,磁导率在 200～1000 的称为常规材料,磁导率在 200 以下的称为低磁导率材料。通常情况下,材料磁导率越低,适用的频率范围越宽;材料磁导率越高,适用的频率范围越窄。

本实验将采用常规制备电子陶瓷工艺方法制备镍锌铁氧体材料,该方法以氧化物为原料,原料便宜、工艺简单,是目前工业生产中的主要方法,也是镍锌铁氧体传统的制备方法。

3. 工艺流程及要点

1) 工艺流程

工艺流程如图 5-2-1 所示。

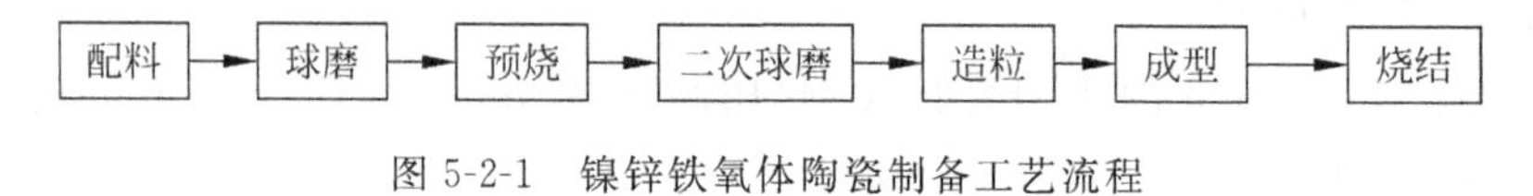

图 5-2-1 镍锌铁氧体陶瓷制备工艺流程

2) 工艺要点

(1) 配方原则:铁氧体软磁材料根据使用场合的不同来选择不同的配方。镍锌铁氧体软磁材料一般在高频范围内使用,Fe_2O_3 的含量应保持在 50moL%左右,ZnO 和 NiO 的摩尔分数比要根据 NiZn 的性能要求而定。ZnO 含量比例大,起始磁导率增高,高频特性变差。反之,ZnO 含量减小,起始磁导率降低,使用频率提高。

(2) 预烧:在高温下,各原料 NiO、ZnO 和 Fe_2O_3 进行固相反应,生成 NiZn 铁氧体,此道工序很重要,会直接影响烧结条件及最终产品的性能。预烧的主要作用在于去除挥发物,因为烧结过程,这些挥发物跑出时,容易形成密闭气孔,导致试样致密度不高。还有一个重要的作用是前驱体进行固相反应,形成需要的化合物。

(3) 二次细磨:目的是将预烧过的陶瓷粉末混匀磨细,为成瓷均匀和性能一致打好基础。同时,加入 CuO 作为添加剂,降低烧结温度,使晶粒更加完整,组织更加致密。

(4) 烧结工艺是制备高性能铁氧体的关键,即使有合理的配方及适宜的掺杂,其微观结构也会因烧结工艺的不同而有明显的差别。升温速率、烧结温度、烧结时间、降温速度以及烧结气氛等因素对铁氧体密度、晶相结构和晶粒尺寸都有一定的影响。要得到密度高、气孔率小、晶界直以及晶粒尺寸均一的烧结体,在烧结过程中必须严格控制升降温模式、烧结温度、保温时间以及平衡气氛,确保烧结过程中固相反应完全。

4. 仪器及试剂

仪器:电子天平、箱式电阻炉、行星球磨机、干压成型机、恒温烘箱、ϕ10mm 的成型模具、蒸发皿、研钵、80 目尼龙筛、反光显微镜、密度测试系统、振动样品磁强计等。

试剂：NiO，ZnO，Fe_2O_3，5wt%的聚乙烯醇（聚合度1500）水溶液、无水乙醇等。

5. 实验步骤

（1）配料：以NiO、ZnO和Fe_2O_3为原料，按照$Ni_{0.5}Zn_{0.5}Fe_2O_4$化学计量配比，称量各原料，置于球磨罐中。

（2）混料（一次球磨）：加无水乙醇为助磨剂，球磨1h。将球磨罐中陶瓷浆料倒入蒸发皿中，放入70℃恒温烘箱干燥24h。

（3）预烧：900℃/2h。

（4）二次球磨：将预烧的粉体加入5wt%CuO置于球磨罐中，加无水乙醇为助磨剂，球磨1h。将球磨罐中混合浆料转移至蒸发皿，放入70℃恒温烘箱干燥24h。

（5）造粒：在混合坯体粉料加入5wt%～8wt%的浓度为5wt%聚乙烯醇（聚合度1500）水溶液，混合均匀，过80目筛。

（6）成型：用ϕ10mm的成型模具成型，压制成ϕ10mm×（1～2）mm的圆片，压力为150MPa（表压2MPa），恒压20s，缓慢卸压。

（7）烧结：将成型好的陶瓷坯体放在垫片上，置于箱式电炉中以升温速率10℃/min分别到1100℃、1200℃及1300℃，保温30min。

（8）采用阿基米德排水法对得到的样品进行密度测试。

（9）利用光学显微镜观察样品显微结构。

（10）利用振动样品磁强计测试样品磁滞回线。

思考题

1. 预烧的目的是什么？
2. 制备Ni-Zn铁氧体材料中，烧成温度对材料显微结构有什么影响？
3. 为什么要进行二次球磨？

5.3　实验三　$BaTiO_3$压电陶瓷材料的制备

1. 实验目的

（1）了解压电效应及压电陶瓷材料的特性及用途；

（2）了解表征压电陶瓷材料性能主要参数；

（3）掌握压电陶瓷材料的制备工艺。

2. 实验原理及方法

压电陶瓷是一种能够将机械能和电能互相转换的功能陶瓷材料，这是一种具有压电效应的材料。所谓压电效应，是指某些介质在力的作用下，产生形变，引起介质表面带电，实现了机械能到电能的转换，这是正压电效应。反之，施加激励电场，介质将产生机械变形，实现电能到机械能的转换，称逆压电效应。压电陶瓷是高智能的新型功能电子材料，随着材料及工艺的不断研究和改良，压电陶瓷的技术应用越来越广。压电材料作为机、电、声、光、热敏感材料，在传感器、换能器、无损检测和通信技术等领域已获得了广泛的应用。除了用于高科技领域，它更多的是在日常生活中为人们服务，为人们创造更美好的生活。

传统的压电陶瓷主要是铅基陶瓷，锆钛酸铅二元系及在二元系中添加第三种 ABO_3（A 表示二价金属离子，B 表示四价金属离子或几种离子总和为正四价）型化合物，虽然具有一系列优异的性能，但是铅基压电陶瓷中氧化铅的含量占原料总质量的 60%～70%，在制备、使用及废弃处理过程中都会给人类和生态环境造成损害。禁止使用铅基压电陶瓷是必然趋势，无铅压电陶瓷和低温压电陶瓷将是发展的方向，因而无铅压电陶瓷的研发就成为目前材料研究的热点之一。钛酸钡陶瓷是发现最早的无铅压电陶瓷材料，也是最先获得应用的压电陶瓷材料。

表征材料压电性能的最重要的参数是压电常数 d_{33}，代表在单位应力的作用下，压电材料能产生的电位移。另外对于大多数的压电陶瓷来说，居里温度 T_c 是另一个重要参数，因为当工作温度高于居里温度 T_c 时，很多压电陶瓷将不再具有压电性。

本实验将采用干压成型法，制备 $BaTiO_3$ 压电陶瓷。

3. 工艺流程及要点

1）工艺流程

工艺流程如图 5-3-1 所示。

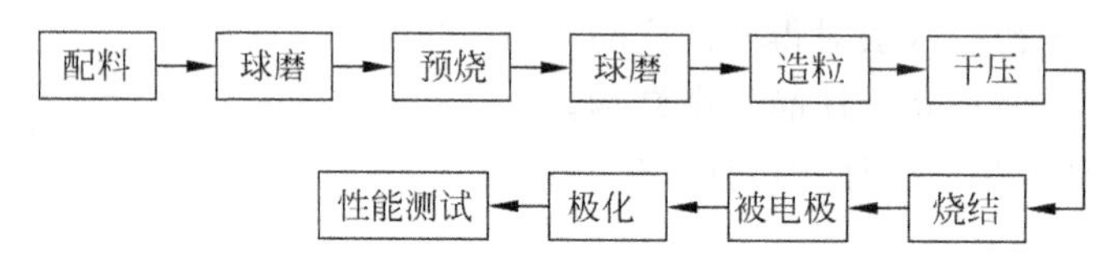

图 5-3-1　压电陶瓷制备工艺流程图

2）工艺要点

（1）配料：配料前需将原料烘干除潮再称取。注意少量的添加剂要放在大料的中间。

（2）预烧：球磨混合后，将粉料进行煅烧即预烧，预烧的目的是：①去除结合水、碳酸盐中的二氧化碳和可挥发物质；②使组成中的氧化物产生热化学反应而形成所希望的固溶体；③此外减少了最后烧成的体积收缩。

（3）人工极化：是指在压电陶瓷上施加直流强电场进行极化，使陶瓷的各个晶粒内的自发极化方向将取向于电场方向，即以强电场使电畴规则排列，使之具有近似于单晶的极性，并呈现出明显的压电效应。在极化电场去除后，电畴基本上保持不变，留下了很强的剩余极化。烧成后的压电陶瓷要经过人工极化处理才具有压电性。极化工艺的三个主要参数是极化电场、极化温度和极化时间，大多数压电陶瓷的极化条件为：①极化温度 100～150℃；②极化电场 2.5～4.5kV/mm；③极化时间 5～20min。

具体参数的确定根据不同材料组成及制品尺寸而定。

4. 仪器及试剂

仪器：电子天平、硅碳棒箱式电阻炉、球磨机、干压成型机、恒温烘箱、ϕ15mm 的成型模具、极化装置、光学显微镜、X 射线衍射仪、准静态 d_{33} 测量仪（ZJ-3A）、阻抗分析仪等。

试剂：二氧化钛（TiO_2）、碳酸钡（$BaCO_3$）、碳酸钴（$CoCO_3$）、碳酸钙（$CaCO_3$）、无水乙醇、5wt%的聚乙烯醇（聚合度 1500）水溶液等。

5. 实验步骤

(1) 烘料：首先将四种原料 $BaCO_3$，TiO_2，$CoCO_3$，$CaCO_3$ 分别放置 180℃的烘箱烘 2h，除去水分。

(2) 配料：按 67.3wt%$BaCO_3$，29.71wt%TiO_2，0.2wt%$CoCO_3$，3.09wt%$CaCO_3$ 进行配料，配置 0.1mol 混合原料。

(3) 球磨：置于球磨罐中，加无水乙醇为助磨剂，球磨 1h。将球磨罐中混合浆料倒入蒸发皿放入 70℃恒温烘箱干燥 24h。

(4) 预烧：将混合粉料放入坩埚中(不加盖，以便碳酸盐分解，CO_2 排出)，在箱式电阻炉中进行预烧，升温速率 3℃/min，1050℃保温 2h，自然冷却至 100℃以下，取出。

(5) 二次球磨：同步骤(3)。

(6) 造粒：将预烧后的粉料放入研钵中，研磨 30min，磨细成微粉，在粉料加入 5wt%～7wt%的浓度为 5wt%聚乙烯醇(聚合度 1 500)水溶液，混合均匀，过 80 目筛。

(7) 成型：用 ϕ15mm 的成型模具成型，压制成 ϕ15mm×(1～2)mm 的圆片，压力为 150MPa(表压 2MPa)，恒压 20s，缓慢卸压。

(8) 烧结：将成型好的陶瓷坯体放在垫片上，置于箱式电炉中以升温速率 5℃/min 到 1290℃，保温 2h 自然冷却至室温，取出。

(9) 利用光学显微镜观察样品显微结构。

(10) 利用 XRD 对样品进行物相分析。

(11) 被电极：将烧结后的陶瓷圆片磨平，在上下表面均匀地涂覆银浆，烘干后放入电炉中 550℃热处理 1h。

(12) 极化：将陶瓷圆片在硅油中进行极化，极化电场温度 100℃，强度为 2.5kV/mm，时间 10min。

(13) 测量样品的压电常数 d_{33} 和机电耦合系数 k_p。

思考题

1. 简述压电陶瓷的制备过程。
2. 对于大多数的压电陶瓷来说，为什么居里温度 T_c 是一个重要参数？
3. 压电陶瓷为何要进行极化处理？极化过程中，为什么在硅油中进行？
4. 在制备 $BaTiO_3$ 压电陶瓷过程中，1050℃进行预烧的目的是什么？

5.4 实验四 NKN 压电陶瓷材料的制备

1. 实验目的

(1) 了解无铅压电陶瓷主要体系；
(2) 掌握 NKN 无铅压电陶瓷的制备工艺；
(3) 掌握等静压成型的工艺。

2. 实验原理及方法

由于传统的压电陶瓷铅基陶瓷在制备、使用及废弃处理过程中都会造成环境污染。无铅压电陶瓷和低温压电陶瓷将是压电陶瓷发展的方向，因而无铅压电陶瓷的研发就成为目前材料研究的热点之一。钛酸钡陶瓷是研究与发展得相当成熟的无铅压电陶瓷材料，虽然具有相对较高的压电常数（d_{33}可达 190pC/N），但是它难以通过掺杂来改变性能以满足不同的需要。另一方面钛酸钡的居里温度仅为 120℃，且在室温附近存在相变，因而工作温度范围狭窄。此外，钛酸钡陶瓷压电性能的温度和时间稳定性欠佳，烧结温度一般在 1 350℃左右，且存在一定的难度。因此钛酸钡陶瓷难以直接取代铅基陶瓷，满足现代社会对压电陶瓷的要求。从最近几年世界范围内无铅压电陶瓷的研发结果及发明专利来看，具有钙钛矿结构的碱金属铌酸盐陶瓷体系和钛酸铋钠陶瓷体系是人们关注的热点，也是最有可能取代铅基压电陶瓷的材料体系。另一方面从陶瓷制备技术的角度讲，对于很多无铅压电陶瓷来说，由于其组成成分或晶体结构的特殊性，传统的陶瓷制备技术难以得到高性能的陶瓷。因此，近年来采用热压法（HP）、活性模板法（RTGG）以及放电等离子烧结（SPS）制备高性能无铅压电陶瓷也是一个研究的热点和方向。

碱金属铌酸盐是一种很有潜力的无铅压电陶瓷，$KNbO_3$ 的 Curie 温度为 435℃，随着温度下降，$KNbO_3$ 依次发生如下相变：435℃时，$KNbO_3$ 由立方结构的顺电相转变为四方结构的铁电相；温度降到 225℃，四方结构铁电相转变为正交结构的铁电相。$KNbO_3$ 陶瓷烧结工艺要求严格，且易碎裂。室温时 $NaNbO_3$ 是反铁电体，存在复杂的结晶相变，具有强电场诱发的铁电性。$NaNbO_3$-$KNbO_3$ 体系和 $PbZrO_3$-$PbTiO_3$ 体系相似，反铁电体 $NaNbO_3$ 和铁电体 $KNbO_3$ 可以形成完全固溶体，结构为压电陶瓷中常见的钙钛矿结构。研究发现：在 $NaNbO_3$-$KNbO_3$ 体系中，当 Na/K 的物质的量比接近 0.5 时，有较好的压电性能，类似于 $PbZrO_3$-$PbTiO_3$ 体系的准同型相界。但是，由于 Na 和 K 容易挥发，$Na_{0.5}K_{0.5}NbO_3$（NKN）陶瓷很难烧结致密，一般采用热压、放电等离子、等静压等烧结方法，才能够获得致密的 NKN 陶瓷，但其制备生产成本较高，材料尺寸大小受到限制，因此，一直有人尝试利用常压烧结制备 NKN 陶瓷。

本实验采用干压、等静压二次成型常压烧结制备无铅 NKN 压电陶瓷。

3. 工艺流程及要点

1）工艺流程

工艺流程如图 5-4-1 所示。

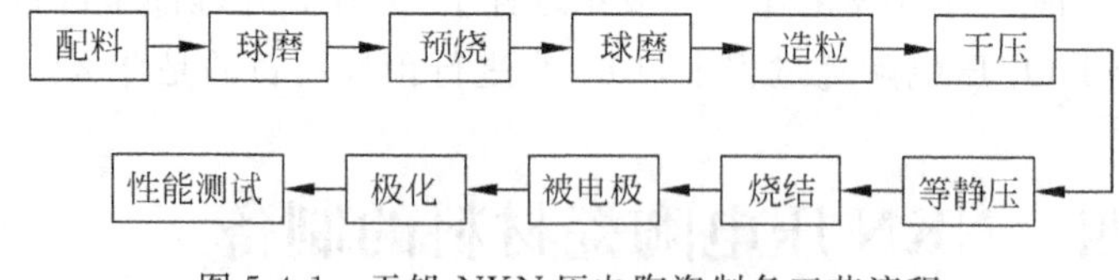

图 5-4-1 无铅 NKN 压电陶瓷制备工艺流程

2）工艺要点

（1）配料：配料前需将原料烘干再称取。

（2）预烧：预烧的目的是：①去除结合水、碳酸盐中的二氧化碳和可挥发物质；②使组成中的氧化物产生热化学反应而形成所希望的固溶体；③减少了最后烧成的体积收缩。预烧温度要选的稍高一些，使得能够发生完全反应。但太高的温度，会使粉料不容易研磨，且一些易挥发氧化物(如 Na、K 的化合物)容易挥发造成比例失调。

(3) 成型：首先采用干压成型法得到 NKN 生坯，再将生坯进行等静压成型。进行等静压处理的目的是使其密度均匀。

等静压技术是一种利用密闭高压容器内制品在各向均等的超高压压力状态下成型的超高压液压先进设备。即将制品放置到密闭的容器中，用流体(水、油)作传递介质来获得均匀的各向同性静压力施加到弹性模具表面，对粉末压缩成型的方法。可以利用等静压腔体对陶瓷粉末直接成型，也可以将已经成型的样品进行二次成型使其密度均匀。

等静压技术按成型和固结时的温度高低，分为冷等静压、温等静压、热等静压三种不同类型。等静压工作原理为帕斯卡定律：在密闭容器内的介质(液体或气体)压强，可以向各个方向均等地传递。

等静压技术具有以下特点：①等静压成型的制品密度高，一般要比单向和双向模压成型高 5%～15%。热等静压制品相对密度可达 98.9%～99.09%。因而烧成收缩小，不易变形。②压坯的密度均匀一致。在干压成型中，无论是单向，还是双向压制，都会出现压坯密度分布不均现象。这种密度的变化在压制复杂形状制品时，往往可达到 10%以上。③制作长径比不受限制，这就有利于生产棒状、管状细而长的产品。④等静压成型工艺，可以少用或不用黏结剂，简化了制造工序。⑤等静压成型可较方便地提高成型压力，而且压力效果比其他干法好。

等静压安全事项如下：

① 在没有加油前，不可操作等静压压力机。油泵严禁空转。

② 等静压压力机有损坏或有漏油情况时，不可操作。

③ 液压站上的溢流阀用于液压系统最高限压保护，以保证系统安全。其压力设定值出厂时已经调好，不可随意调动。

④ 设备加压及保压时，必须关上防护门。有条件的可实现远程操作。

(4) 烧结：NKN 陶瓷在 800℃以上会出现 Na_2O、K_2O 挥发的问题，尤其是在更高温度下，挥发更大。通常采用以下措施：①制得高活性的粉体，在较低的温度下实现致密化烧结，减少挥发。②合理制定烧结制度，对烧结气氛(应为氧化气氛)和升温速率、烧结温度和时间进行最优化设计；另外在烧结时还应采取一定的措施，例如通常使用双坩埚套用，密闭烧结，以防止挥发。以及在烧结过程中，放置“气氛片”或合适的气氛粉体进行深埋试块，可以产生 Na_2O、K_2O 气氛，在配料中加入过量的 Na_2O、K_2O 也是常用的方法。

4. 仪器及试剂

仪器：电子天平、球磨机、干压成型机、手动等静压机、恒温烘箱、ϕ15mm 成型模具、箱式电阻炉、研钵、80 目尼龙筛、极化装置、SEM、X 射线衍射仪、准静态 d_{33} 测量仪(ZJ-3A)、RT-6000 铁电分析仪(Sawyer-Tower 电路)等。

试剂：五氧化二铌(Nb_2O_5)、碳酸钠(Na_2CO_3)、碳酸钾(K_2CO_3)、无水乙醇、5wt%的聚乙烯醇(聚合度 1 500)水溶液等。

5. 实验步骤

(1) 烘料：首先将三种原料 Nb_2O_5、Na_2CO_3 和 K_2CO_3 分别放置 180℃的烘箱烘 2h，除

去水分。

(2) 配料：按按 NKN 陶瓷的化学式 $Na_{0.5}K_{0.5}NbO_3$ 进行配料，配置 0.1mol NKN 混合原料。

(3) 置于球磨罐中，加无水乙醇为助磨剂，球磨 1h。将球磨罐中陶瓷浆料倒入蒸发皿放入 70℃恒温烘箱干燥 24h。

(4) 预烧：将混合粉料(稍压制成一块体，有助于反应进行，压力过大为后续粉碎造成困难)放入箱式电阻炉，以升温速率 3～5℃/min 到 750℃，保温 2h，自然冷却至 100℃以下，取出。不加盖，以便碳酸盐分解时放出 CO_2 的排出。

(5) 造粒：将预烧后的粉料放入研钵中，研磨 30min，磨细成微粉，在粉料加入 5～8wt%的浓度为 5wt%聚乙烯醇(聚合度 1500)水溶液，混合均匀，过 80 目筛。

(6) 成型：用 ϕ15mm 的模具成型，压制成 ϕ15mm×(1～2)mm 的圆片，压力为 120MPa(表压 2MPa)，恒压 20s，缓慢卸压。制成的坯体在 200MPa 压力下进行冷等静压处理。

(7) 烧结：将干燥好的陶瓷坯体放在垫片上，并加入气氛片，双坩埚套用密闭烧结，在电炉中以升温速率 5℃/min 到 1060℃，保温 1h 自然冷却室温，取出。

(8) 利用 SEM 观察样品显微结构。

(9) 利用 XRD 对样品进行分析

(10) 被电极：将烧结后的陶瓷圆片磨平，在上下表面均匀地涂覆银浆，烘干后放入电炉中 550℃热处理 1h。

(11) 极化：将陶瓷圆片在硅油中进行极化，极化电场温度 100℃，强度为 2.5kV/mm，时间 10min。

(12) 测量样品的压电常数 d_{33} 和电滞回线。

思考题

1. 等静压成型的特点有哪些？与干压成型有什么区别？
2. 在本实验的成型工序中，先干压成型，之后又进行冷等静压处理，其目的是什么？
3. 在制备 NKN 陶瓷过程中，为什么先要 750℃进行预烧？
4. 为防止高温金属离子挥发，通常采取哪些措施？

5.5 实验五 PTC 陶瓷材料的制备

1. 实验目的

(1) 了解 PTC 效应及 PTC 陶瓷材料的用途；

(2) 掌握 PTC 陶瓷材料的制备工艺；

(3) 掌握陶瓷材料轧膜成型方法。

2. 实验原理及方法

PTC(positive temperature coefficient)热敏电阻是一种具有温度敏感性的半导体电阻，在一定的温度(居里温度)时，它的电阻值呈阶跃性的增高。PTC 陶瓷热敏电阻主要是以钛酸钡为基，通过有目的的掺杂一些化学价较高的元素部分地替代晶格中钡离子或钛离子，得到了一定数量自由电子，使其具有较低的电阻及半导特性。

纯的 $BaTiO_3$ 陶瓷是一种良好的绝缘材料，室温下电阻率约为 $10^{12}\,\Omega\cdot cm$，不具有 PTC 电阻特性。但通过一些途径，可以将 $BaTiO_3$ 陶瓷的电阻率降低到 $10^4\,\Omega\cdot cm$ 以下，呈现出半导体性质，并且当温度上升到它的居里温度 $T_c=120$℃左右时，其电阻率将急剧上升，变化达5～8个数量级(图5-5-1)，这种现象称为 PTC 效应。PTC 钛酸钡陶瓷因其独特的电热物理性能，作为一种重要的基础控制元件，在电子信息、自动控制、生物技术、能源和交通领域都得到了广泛的应用。目前，它已发展成为铁电陶瓷领域的三大应用领域之一，仅次于铁电陶瓷电容器和压电陶瓷。

$BaTiO_3$ 陶瓷是否具有 PTC 效应，完全由其晶粒和晶界的电性能所决定。纯 $BaTiO_3$ 具有较宽的禁带，常温下电子激发很少，其室温下的电阻率为 $10^{12}\,\Omega\cdot cm$，已接近绝缘体，不具有 PTC 电阻特性。将 $BaTiO_3$ 电阻率降到 $10^4\,\Omega\cdot cm$ 以下，使其成为半导体的过程称为半导化。

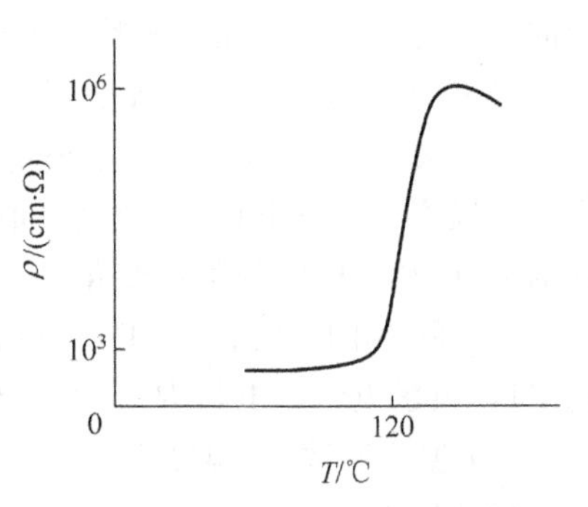

图5-5-1　PTC 电阻率-温度特征

$BaTiO_3$ 半导化的途径主要有两方面。一是在还原气氛中烧结，使之产生氧缺位。在强制还原以后，需要在氧化气氛下重新热处理，才能得到较好的 PTC 特性，电阻率为 $1\times10^3\,\Omega\cdot cm$。二是掺入施主杂质，施主杂质的选择：离子半径与 Ba^{2+} 半径相近，化合价高于二价的离子，如 La^{3+}，Y^{3+}，Ce^{3+}，Dy^{3+}，Sm^{3+}，Ga^{3+}，Sb^{3+} 等置换 Ba^{2+}；或者选取离子半径与 Ti^{4+} 半径相近，化合价高于四价的离子，如 Nb^{5+}，Sb^{5+}，Ta^{5+}，置换 Ti^{4+}。可以获得电阻率为 $10^3\sim10^5\,\Omega\cdot cm$ 的 N 型半导体。

在 PTC 陶瓷生产中常引入的添加剂及作用如下：

(1) 施主掺杂半导化剂：使晶体充分半导化。

(2) 居里点移峰剂：将钛酸钡的温度突跳点移到使用要求的温度附近。常用移动元素及其对居里点的移动效应见表5-5-1。

表5-5-1　常用移动元素及其对居里点的移动效应

加入元素		取代位置	取代极限/mol%	移动量/℃
等价加入	Pb	A	100	+3.7
	Sr	A	100	−3.7
	Ca	A	21	先+后−
	Zr	B	100	−5.3
	Sn	B	100	−8.0
	SiO_2	B	<0.5	+6
高价加入	La	A	>15	−18
	Y_2O_3	A	>2	+2.5
	Bi	A	0.6	+18
	Nb	B	14	−26
低价加入	Fe_2O_3	B	>2.5	−40
	Ag_2O	A	>0.2	−25

(3) 使晶界适度绝缘的添加剂：PTC 效应产生的必要条件。

(4) 形成玻璃相吸收杂质的添加剂：净化主晶格，使晶体半导化得以实现。

PTC 热敏电阻有三大特性：

(1) 电阻-温度特性(阻温特性，R-T 特性)：在规定电压下，PTC 热敏电阻的零功率电阻值与电阻本体温度之间的关系。

(2) 电压-电流特性(伏安特性，V-I 特性)：加在热敏电阻引出端的电压与达到热平衡的稳态条件下的电流之间的关系。

(3) 电流-时间特性(电流时间特性，I-T 特性)：热敏电阻在施加电压过程中，电流随时间的变化特性。开始加电压瞬间的电流称为起始电流，平衡时的电流称为残余电流。

PTC 热敏电阻主要参数如下：

(1) 额定零功率电阻 R_{25}：环境温度 25℃条件下测得的零功率电阻值。零功率电阻，指在某一温度下测量 PTC 热敏电阻值时，加在 PTC 热敏电阻上的功耗极低，低到因其功耗引起的 PTC 热敏电阻的阻值变化可以忽略不计。

(2) 最小电阻 $R_{\min}$：指 PTC 热敏电阻可以具有的最小的零功率电阻值。居里温度对应的 PTC 热敏电阻的电阻 $R_{T_c}=2\times R_{\min}$。

(3) 温度系数 α：温度变化导致的电阻的相对变化。温度系数越大，PTC 热敏电阻对温度变化的反应越灵敏。$\alpha=(\lg R_2-\lg R_1)/(T_2-T_1)$。

随着世界电子元件市场不断从传统的消费类电子产品向信息化电子产品转移，迫切要求各种电于元件不断向微小型化、片式化、集成化，并向着高精度和高可靠性、低功耗化等方向发展。通信技术的高速发展和 SMT 技术的普及，更进一步促进了电子元件的片式化，其需求不断增加。作为不可缺少的一分子陶瓷 PTCR 元件，其片式化也势在必行。轧膜成型是一种非常成熟的薄片瓷坯成型工艺，曾大量用以轧制瓷片电容及独石电容、电阻、电路基片等瓷坯，有着易操作、成本低、效率高、劳动强度小、污染小等优点，是适合作为片式 PTC 元件的成型方法之一。

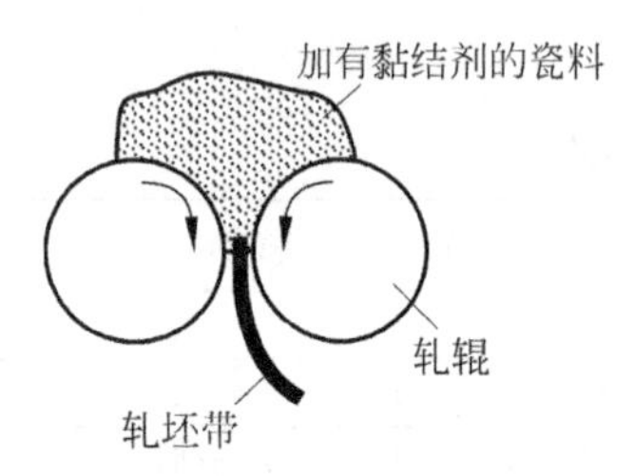

图 5-5-2　轧膜成型示意图

轧膜成型是在粉料中混合一定量的有机黏结剂通过一对辊子碾压，形成片状坯体的成型工艺(图 5-5-2)。陶瓷轧膜机主要是由两个相向滚动的轧辊构成，当轧辊转动时，放在轧辊之间的瓷料不断受到挤压，使瓷料中的每个粒子都能均匀地覆盖一薄层有机黏结剂。在轧辊不停地挤压下，泥料中的气泡不断被排除，水分不断被蒸发，最后轧出所需厚度的薄片或薄膜，再由冲片机冲出所需尺寸的坯体。从陶瓷轧膜机的成型过程来看，除了成型出薄膜以外，还起着练泥的作用。轧膜成型常分粗轧和精轧两部分，粗轧之目的是挤去泥料中的气泡及挥发适当的黏结剂，精轧之目的是为控制所需要薄膜尺寸厚度。在众多的陶瓷成型工艺中，轧膜成型是一种成熟的薄片瓷坯成型法，通常用来轧制 0.05～1mm 的坯片，该方法制得的膜片厚度均匀、致密光洁，且坯带具有较好的柔韧性。只在厚度和前进方向受压，宽度方向受力较小，坯料和黏结剂不可避免地会出现定向排列，制品干燥和烧结时横向收缩大，易出现变形和开裂。坯体性能也会出现各向异性。

通常轧膜成型陶瓷粉料与有机黏结剂的比为 100∶(25～30)。有机黏结剂为 PVA 水溶液(PVA：20wt%，水：70wt%，无水乙醇：10wt%)；此外，外加15wt%的甘油作为增塑剂。

本实验将通过轧膜成型制备PTC陶瓷。

3. 工艺流程及要点

1) 工艺流程

工艺流程如图5-5-3所示。

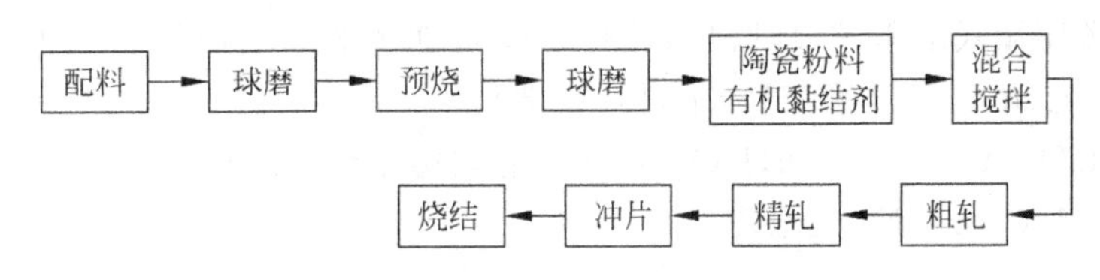

图5-5-3 PTC陶瓷材料制备工艺流程图

2) 工艺要点

烧成工艺条件(烧结温度、保温时间、升降温速度、烧成气氛等)对晶界势垒的建立和势垒高度等会产生强烈的影响，而晶界势垒的高度又将决定着材料的PTC特性，所以在制备PTC陶瓷材料中，烧成是关键工艺之一。

(1) 烧结温度：烧结温度对PTC陶瓷的半导体化、PTC特性、耐压特性等有巨大的影响。材料在最佳烧结温度±20℃温度范围内，才能被充分地半导体化。烧结温度在此温度范围以上，材料就不能半导体化而成为绝缘体，在此温度范围以下则未成瓷，也无使用价值。严格控制PTC器件的烧结温度范围，才能建成晶界处的势垒，产生PTC特性。

(2) 升温阶段：轧膜成型制备的坯片含有较多的有机黏结剂和水分，在升温阶段的初期采取较缓的速度可将之排除，即排塑，就是在一定的温度下，除了使在成型过程中所加入的黏结剂全部挥发跑掉以外，还使坯件具有一定的机械强度。在从1150℃升至最高烧结温度的高温段，坯片将收缩成瓷，后期晶粒出现并长大，液相的出现(Al、Si和Ti约在1240℃形成液相)和材料的半导化也主要发生在这一温区，故这一阶段是影响材料性能的关键升温区。常规工艺是在此温区适当地快速升温，避免高温液相未形成均匀分布前晶粒的不均匀长大，减少晶粒生长的差异，提高材料性能。为了获得室温阻值较低的片式PTCR，升温阶段在液相开始大量出现的温度附近进行一段时间的保温，可进一步降低试样的室温阻值，其原因在于该保温过程有助于物质的快速传递，利于晶粒的均匀长大和施主元素进入晶格，使晶粒充分实现半导化。

(3) 降温速度：在烧成阶段的降温期间，空气中的氧气沿着孔隙和晶界渗入陶瓷内部，发生再氧化反应，从而导致了阻挡层的建立，使材料具有PTC特性。在给定的烧结温度和保温时间条件下，过快或过慢地降温都会影响样品的PTC特性。因此，在从烧结温度到1000℃的降温区间，必须使炉内有充足的氧气，这会有助于晶界的再氧化过程，从而提高PTC特性。实验表明，当降温速度过快时，晶界处的再氧化不充分，会影响材料的PTC特性，甚至使材料无PTC现象。采取高温区间慢降温和低温区间快降温的措施有助于获得较理想的PTC特性。

(4) 保温时间：在烧结温度适当的保温能使半导化离子尽可能地置换出主晶相中的钡离子或钛离子，有助于充分实现晶粒半导化、降低室温阻值。但并非保温时间越长越有利，随着保温时间进一步延长，虽然电阻温度系数和升阻比均有提高，但材料电阻率将增大，不利于低阻化的实现，此外过分延长保温时间还有可能造成晶粒大小不均匀生长、晶粒粗大、晶界密度减小等类似于烧结温度过高所造成的影响。综合考虑，在保证材料完成半导化的前提下，保温时间应适当缩短。但保温时间过短则晶界处的再氧化过程不充分，PTC 特性较差。

(5) 烧成气氛：当在氧气充足的条件下进行烧结陶瓷材料才具有 PTC 特性。

4. 仪器及试剂

仪器：硅碳棒箱式电阻炉、球磨机、轧膜成型机、冲片机、恒温烘箱、电子天平、密度测试系统、光学显微镜、*R*-*T* 测试系统(华中科技大学)。

试剂：$BaTiO_3$、$Y(NO_3)_3 \cdot 6H_2O$、50wt%硝酸锰溶液、SiO_2、PVA 水溶液(15wt%～20wt%，聚合度 1500)、甘油、无水乙醇。

5. 实验步骤

(1) 配料：按表 5-5-2 所示配方配置 0.1mol PTC 混合原料。

表 5-5-2 PTC 陶瓷配方

原　料	$BaTiO_3$	$Y(NO_3)_3$	$Mn(NO_3)_2$	SiO_2
mol%	98	0.5	0.07	1.5

(2) 先称出 $BaTiO_3$ 和 $Y(NO_3)_3$ 置于球磨罐中，加无水乙醇为助磨剂，球磨 1h。将球磨罐中陶瓷浆料倒入干燥皿放入 70℃恒温烘箱干燥 24h。

(3) 预烧：将混合粉料放入箱式电阻炉，以升温速率 5℃/min 到 1150℃，保温 1h，自然冷却至 100℃以下，取出。

(4) 加入所需 SiO_2 和 $Mn(NO_3)_2$，球磨混合 1h(无水乙醇为助磨剂)，将球磨罐中陶瓷浆料倒入干燥皿放入 70℃恒温烘箱干燥 24h。

(5) 成型：将上述陶瓷粉料过 60 目筛，加入约 30wt%的黏结剂(本实验为 18wt%的聚乙烯醇(PVA)水溶液)、15wt%甘油和去离子水，混合均匀后，混炼成塑性料团后置于轧膜机两轧辊间反复轧炼，待达到一定均匀度、致密度、光洁度及柔韧性时取下，膜的厚度为 0.5mm，将膜坯冲成直径为 10mm 的圆形薄片。

(6) 排塑、烧结：将干燥好的陶瓷坯片放在垫片上在电炉中以 3℃/min 的升温速率至 500℃，保温 60min，再以 5℃/min 的升温速率升至 1350℃，保温 30min，以降温速率 5℃/min 降至 1250℃，1℃/min 降至 1100℃，保温 30min，使烧结件充分氧化。

(7) 体积密度测试。

(8) 显微结构观察。

(9) 在烧结后的瓷片两面丝网印刷银电极浆料，烧渗工艺为 550℃时保温 30min。

(10) *R*-*T* 特性测试。

思考题

1. 在配方中添加 $Y_2(NO_3)_3$、$Mn(NO_3)_2$ 和 SiO_2 的作用各是什么？
2. 制备 PTC 材料中，在降温过程中为何要在 1100℃时保温 0.5h?

3. 在制备 PTC 陶瓷过程中，为什么首先要将 $BaTiO_3$ 与 Y_2O_3 进行预烧？
4. 为什么烧成工艺是制备 PTC 材料的关键工艺？
5. 轧膜成型分粗轧和精轧，其各主要目的是什么？

5.6　实验六　Al_2O_3 陶瓷材料的制备

1. 实验目的

(1) 了解 Al_2O_3 陶瓷材料特性及用途；
(2) 掌握 Al_2O_3 陶瓷材料制备工艺；
(3) 掌握陶瓷热压铸成型工艺；
(4) 掌握利用 DAT-TG 制定排蜡制度。

2. 实验原理

氧化铝陶瓷具有机械强度高、硬度高、耐化学腐蚀、高频介损小、绝缘电阻高和热稳定性好等优良性能，而且其原料来源广泛，价格相对便宜，在电子、机械、纺织、汽车、化工、冶金等领域得到了广泛的应用，它是应用最早最广泛的工程结构陶瓷之一。

氧化铝为离子键化合物，具有较高的熔点(2050℃)，纯氧化铝陶瓷的烧结温度高达1800～1900℃。由于烧成温度高，制备成本高。因此，在保证氧化铝陶瓷使用性能的前提下，有效降低其烧结温度，一直是人们研究的热点之一。

在性能允许的前提下，人们常常采用各种方法降低烧结温度。其中以下三种方法应用比较普遍。

(1) 尺寸效应。采用超细高纯氧化铝粉体原料，提高反应活性。

(2) 采用一些新的烧结方法，降低 Al_2O_3 陶瓷的烧结温度，并且改善其各方面性能。这其中包括热压烧结、热等静压烧结、微波加热烧结、微波等离子体烧结等。普通烧结的动力是表面能，而热压烧结除表面能外还有晶界滑移和挤压蠕变传质同时作用，总接触面增加极为迅速，传质加快，从而可降低烧成温度和缩短烧成时间。

(3) 添加烧结助剂。添加剂一般分为两种：①与氧化铝基体形成固溶体。TiO_2，Cr_2O_3，Fe_2O_3，Mn_2O_3 等变价氧化物，晶格常数与 Al_2O_3 接近。这些添加剂大多含有变价元素，能够与 Al_2O_3 形成不同类型的固溶体，变价作用增加了 Al_2O_3 的晶格缺陷，活化晶格，使基体易于烧结。②添加剂本身或者添加剂与氧化铝基体之间形成液相。通过液相加强扩散，在较低的温度下，就能使材料实现致密化烧结。常用的有高岭土、SiO_2、MgO、CaO 和 BaO 等。传统体系：MgO-Al_2O_3-SiO_2 系和 CaO -Al_2O_3-SiO_2 系。通过加入烧结助剂，除了能够降低 Al_2O_3 陶瓷的烧结温度，还可以获得希望的显微结构，如细晶结构，片晶结构等。

Al_2O_3 的成型方法主要有干压成型、热压铸成型、注浆成型和注射成型等多种。在电真空和纺织领域用的 Al_2O_3 陶瓷零部件大都采用热压铸成型工艺制造。

热压铸成型是将瓷料和熔化的蜡类搅拌混合均匀成为具有流动性料浆，用压缩空气把加热熔化的料浆压入金属模腔，是料浆在模具内冷却凝固成型的一种方法。热压成型是生产特种陶瓷较为广泛的一种生产工艺，其基本原理是利用石蜡受热熔化和遇冷凝固的特点，将无可塑性的瘠性陶瓷粉料与热石蜡液均匀混合形成可流动的浆料(蜡浆),在一定压力下注入金属模具中成型,冷却待蜡浆凝固后脱模取出成型好的坯体。坯体经适当修整,埋入吸附剂中加热进行排蜡处理,然后再排蜡坯体烧结成最终制品。陶瓷热压铸成型是一种经济的近净尺寸成型技术。它可以成型形状复杂、尺寸精度和表面光洁度高的陶瓷部件。非常适合具有大型、异性尺寸的陶瓷制品。与陶瓷注射成型相比,热压铸成型具有模具损耗小、操作简单及成型压力低等优点。

本实验采用热压铸成型制备95wt%氧化铝陶瓷。

3. 工艺流程及要点

1) 工艺流程

工艺流程如图5-6-1所示。

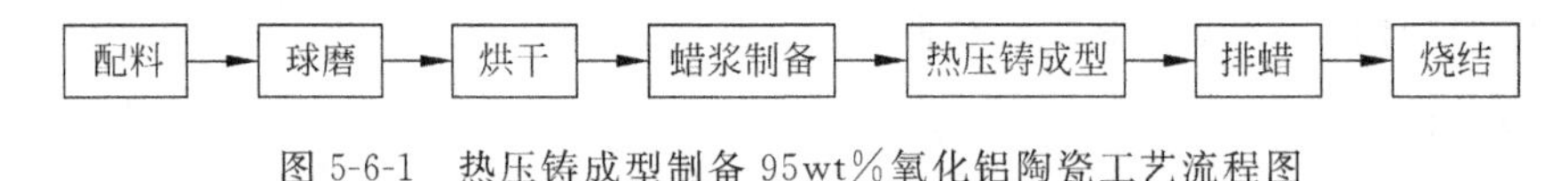

图5-6-1　热压铸成型制备95wt%氧化铝陶瓷工艺流程图

2) 工艺要点

(1) 球磨:热压注成型用的粉料为干粉料,因此球磨采用干磨。干磨时,加入1wt%~3wt%的助磨剂(如油酸),防止颗粒黏结,提高球磨效率。粉料的细度也需进行控制,一般说来,粉料越细,比表面越大,则需用的石蜡量就要多,细颗粒多蜡浆的黏度也大,流动性降低,不利于注入磨具。若颗粒太大,则蜡浆易于沉淀不稳定。因此,对于粉料来说最好要有一定的颗粒级配。在工艺上一般控制万孔筛的筛余不大于5wt%,并要全部通过0.2mm孔径的筛。试验证明,若能进一步减少大颗粒尺寸,使其不超过60μm,并尽量减少1~2μm细颗粒,则能制成性能良好的蜡浆和产品。

(2) 蜡浆的制备:通常蜡浆石蜡含量为12wt%~20wt%。蜡浆粉料的含水量应控制在0.2wt%以下。粉料在与石蜡混合前需在100℃烘箱中烘干,以去除水分,否则水分会阻碍粉料与蜡液完全浸润,导致黏度增大,甚至无法调成均匀的浆料。热料倒入蜡浆中,充分搅拌。

(3) 热压铸成型:除泡后的蜡浆倒入热压铸机料桶,空气压力下将热浆压入冷钢模中,快速冷凝成型。蜡浆的温度通常在65~85℃,在一定温度范围内浆温升高则浆料黏度减小,可使浆料易于充满金属模具。浆温若过高坯体体积收缩加大,表面容易出现凹坑。浆温和坯体大小、形状和厚度有关。形状复杂、大型的、薄壁的坯体要用温度高一些的浆料来压注,一般浆温控制在70~80℃之间。模具温度通常为15~30℃,成型压力通常为0.4~0.7MPa。

(4) 排蜡:由于在热压铸成型中含大量的石蜡(12wt%~20wt%)作为有机载体,因而烧结前必须将坯体内有机物排除,即进行排蜡。传统的排蜡方法是将成型出的陶瓷坯体埋入疏松惰性的粉料,也称吸附剂,它在高温下稳定,且不易与坯体黏结,一般用煅烧的Al_2O_3、MgO和SiO_2粉料,然后按一定升温速率加热,当达到一定温度时,石蜡开始熔化,并向吸附剂中扩散,随着温度的升高和时间的延长,坯体中有机物逐渐减少直至完全排出。排蜡时升温速率须缓,因为坯体受热软化后强度低,易发生变形,另一方面,这一时期坯体内尚未形成气孔通道，挥发的小分子会因无法排除而在坯体内产生较高压力，坯体产生鼓泡、肿胀、开裂、分层、变形等各种缺陷。在排蜡过程中，除了使在成型过程中所加入的黏结剂全部挥发跑掉以外，还使坯体具有一定的机械强度。因此制定升温速率和最高温度是排蜡的关键。

4. 仪器及试剂

仪器：硅钼棒箱式电阻炉、球磨机、真空除泡机、热压铸成型机、恒温烘箱、电子天平、成型模具、密度测试系统、AG-IC20KN 电子万能试验机。

试剂：α-Al_2O_3、$CaCO_3$、SiO_2、黏土、石蜡、油酸。

5. 实验步骤

(1) 配料：按照表 5-6-1 配方进行称料，称料前各原料需烘干。

表 5-6-1 95wt%氧化铝陶瓷配方

原　料	Al_2O_3	$CaCO_3$	SiO_2	黏　土
wt%	93.5	3.27	1.28	1.95

(2) 混料(球磨)：干磨，置于球磨罐中，加入 1wt%～3wt%的油酸为助磨剂，球磨 2h，将球磨好的料放入 120℃恒温烘箱干燥 24h，去除水分。

(3) 蜡饼的制备：称取 14wt%的石蜡，加热熔化成蜡液，将干燥的粉料和 0.5wt%的表面活性剂加入蜡浆中，充分搅拌，凝固后制成蜡饼待用。

(4) 真空除泡：将蜡饼加热熔化成蜡浆，加入少许除泡剂进行真空除泡。

(5) 成型：将蜡浆倒入热压铸机中的浆料桶，将模具的进浆口对准注机出浆口，脚踏压缩机阀门，压浆装置的顶杆把模具压紧，同时压缩空气进入浆桶，把浆料压入模内。维持短时间后，停止进浆，把模具打开，将硬化的坯体取出，用小刀削去注浆口注料，修整后得到合格的生坯。

(6) 排蜡：将成型出的生坯埋入吸附剂中，以升温速率 5℃/min 升至 300℃，保温 30min，再以升温速率 5℃/min 升至 1100℃，保温 1h。

(7) 烧结：将排蜡后好的陶瓷素坯放入坩埚，在电炉中以升温速率 10℃/min 升至 1100℃，再以升温速率 5℃/min 升至 1650℃，保温 1h。

(8) 体积密度测试。

(9) 抗弯强度测试。

思考题

1. 排蜡制度是如何制定的？
2. 排蜡埋粉用的吸附剂通常是什么材料？其作用是什么？
3. 热压铸成型有什么特点，适合成型哪类陶瓷制品？
4. 简述热压铸成型制备 Al_2O_3 工艺过程。
5. 降低 Al_2O_3 陶瓷烧结温度的主要途径有哪些？

5.7 实验七 ZrO_2 陶瓷材料的制备

1. 实验目的

(1) 了解 ZrO_2 陶瓷材料的特性及用途；

(2) 掌握 ZrO_2 陶瓷材料制备工艺；

(3) 掌握陶瓷材料注射成型方法。

2. 实验原理

氧化锆陶瓷具有高韧性、高强度、耐高温、耐磨性、耐腐蚀、优异的隔热性能及热膨胀系数接近于金属等优点，因此被广泛应用于结构陶瓷领域。另外，氧化锆陶瓷具有敏感的电性能，是近几年来发展的新材料，主要应用于各种传感器、第三代燃料电池和高温发热体等。而且 ZrO_2 材料高温下具有导电性及晶体结构存在氧离子缺位的特性，可制成各种功能元件。

在常压下纯 ZrO_2 有三种晶系：单斜氧化锆（m-ZrO_2，常温稳定型），四方氧化锆（t-ZrO_2，1193～1200℃）和立方氧化锆（c-ZrO，熔点 2670℃），三种晶型存在于不同的温度范围，并可以相互转化。ZrO_2 四方相与单斜相之间的转变是马氏体相变，由于四方相转变为单斜相时有 3%～5%的体积膨胀和 7%～8%的切应变。因此，纯 ZrO_2 制品往往在生产过程(从高温到室温的冷却过程)中会发生 t-ZrO_2 转变为 m-ZrO_2 的相变，并伴随着体积变化而产生裂纹，甚至碎裂，因此无多大的工程价值。但是，当加入适当的稳定剂，可以降低 c-ZrO_2转变为 t-ZrO_2 与 t-ZrO_2 转变为 m-ZrO_2 的相变温度，使高温稳定的 c-ZrO_2 和 t-ZrO_2 也能在室温下稳定或亚稳定存在。当加入的稳定剂足够多时，高温稳定的 c-ZrO_2 可以一直保持到室温不发生相变。

通常添加的稳定剂为 CaO、MgO、Y_2O_3、CeO_2 或其他稀土氧化物。这些氧化物的阳离子半径与 Zr^{4+} 很相近(差异小于 12%)，因此在 ZrO_2 中固溶度很大，可以形成立方相的置换型固溶体。

(1) 全稳定化 ZrO_2(fully stabilized zirconia，FSZ)：当稳定剂足够多，立方相就以亚稳态保持到室温，而不再发生相变，这种 c-ZrO_2 称为全稳定化 ZrO_2(c 相)。

(2) 部分稳定化 ZrO_2(partially stabilized zirconia，PSZ)：当稳定剂较少时，不足以使得所有的 c 相保持的室温。c→t，甚至 c→t→m 的相变过程仍会发生，得到(c＋t)、(c＋t＋m)或者(t＋m)相的 ZrO_2，这种氧化锆叫做部分稳定化 ZrO_2(c、m、t 相都可能有)。

(3) 四方 ZrO_2 多晶体(tetragonal zirconia polycrystals，TZP)：当进一步减少稳定剂的加入量，使几乎所有的 t 相亚稳到室温，称为四方氧化锆多晶体(t 相)。

根据稳定剂的种类和加入量，可以制备不同类型的 ZrO_2 固溶体：全稳定化 ZrO_2(FSZ)、部分稳定化 ZrO_2(PSZ)和四方 ZrO_2 多晶体(TZP)。ZrO_2-CaO、ZrO_2-MgO、ZrO_2-Y_2O_3、ZrO_2-CeO_2 相图如图 5-7-1 所示。

氧化锆发生马氏体相变时伴随着体积和形状的变化，能吸收能量，减缓裂纹尖端应力集中，阻止裂纹的扩展，提高陶瓷韧性。因此氧化锆相变增韧陶瓷的研究和应用得到迅速发展。利用 ZrO_2 四方相转变成 ZrO_2 单斜相的马氏体相变来实现增韧机理：

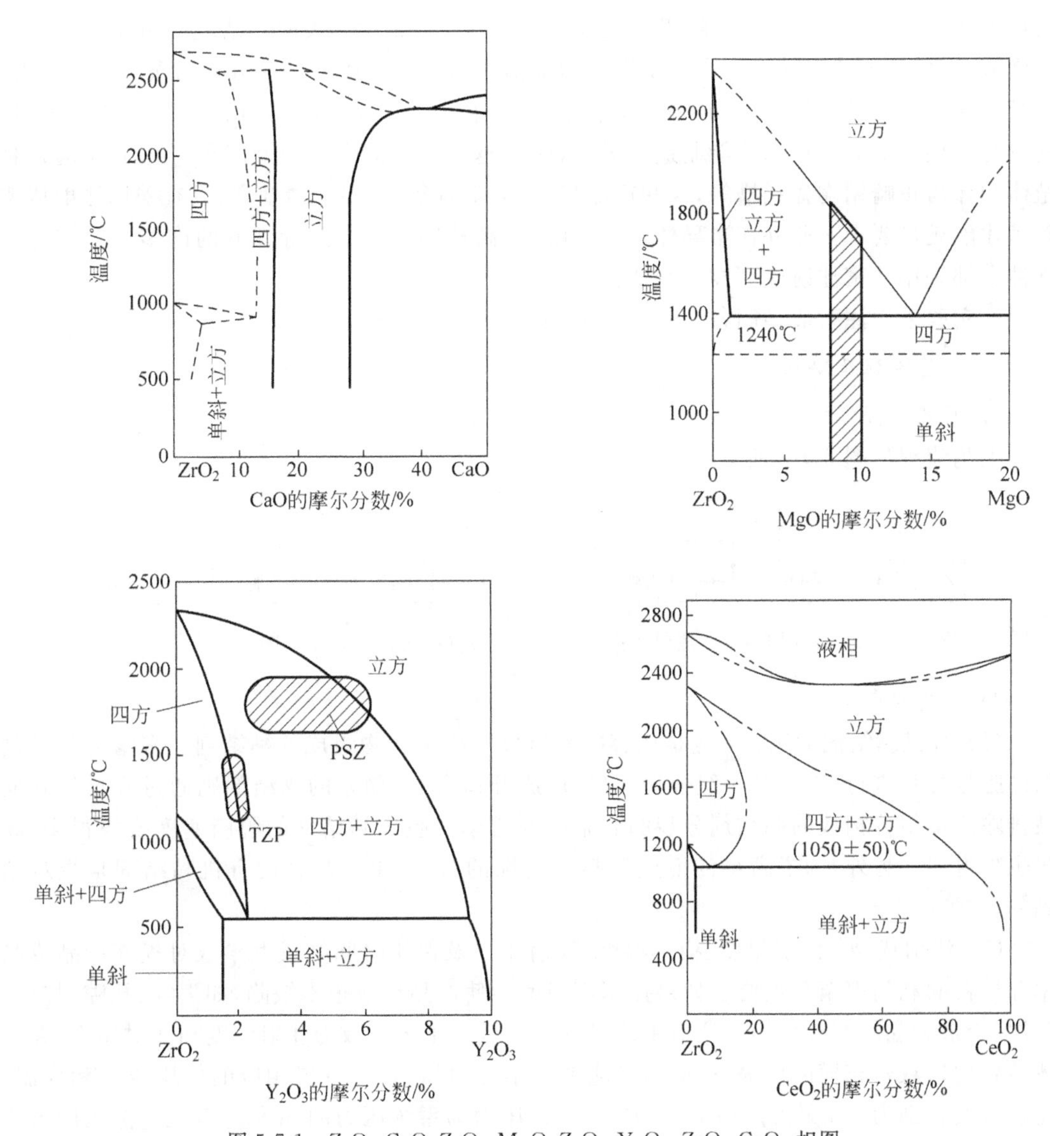

图 5-7-1　ZrO_2-CaO、ZrO_2-MgO、ZrO_2-Y_2O_3、ZrO_2-CeO_2 相图

(1) 在裂尖相变引起的体积膨胀造成的应力本身就有闭合裂尖的作用。

(2) 裂尖的断裂能量有一部分被用于诱发相变。

(3) 裂纹尖端区的膨胀受到周围基体材料的反作用,因此颗粒受到压应力,当裂尖扩展到颗粒上时,这种压应力对裂尖的扩展也有阻碍作用。

ZrO_2 陶瓷材料的制备方法有干压成型、等静压成型、注浆成型、热压铸成型、流延成型、注射成型、塑性挤压成型、胶态凝固成型等。其中使用最广泛的是注射成型与干压成型。

注射成型于 20 世纪 70 年代末 80 年代初开始应用于陶瓷零部件的成型。该方法通过添加大量有机物来实现瘠性物料的塑性成型,即将陶瓷粉料与热塑性有机载体混合造粒后,将其加入注射机中注射进模具型腔,经充填保压,然后冷却脱模。陶瓷注射成型是现有陶瓷成型技术中高精度和高效率的成型方法之一。其突出的优点包括:①成型过程机械化和自动化程度高;②可净尺寸成型各种复杂形状的陶瓷零部件,使烧结后的陶瓷产品无须进行机加工或少加工；③成型出的陶瓷产品具有极高的尺寸精度和表面光洁度。由于这些独特的优势，陶瓷注射成型技术在高精度和高附加值的新产品制造上显示出无比强大的生命力，如光纤通信上光纤连接器用的 ZrO_2 陶瓷插针(外径 1.25mm，内孔仅 125μm，长 10mm)，目前只有采用注射成型技术才能制造。另外，应用越来越多的生物陶瓷产品，如 ZrO_2 陶瓷种植体和牙齿正畸用陶瓷托槽等，这些产品尺寸小、形状复杂，要求精度高，只有采用注射成型技术才能满足要求。此外在半导体、汽车、电子、高档钟表和国防等领域的许多精密陶瓷零部件也都采用精密注射成型技术制造。

本实验采用注射成型制备 ZrO_2-$3Y_2O_3$ 陶瓷。

3. 工艺流程及要点

1) 工艺流程

工艺流程如图 5-7-2 所示。

图 5-7-2 注射成型制备 ZrO_2-$3Y_2O_3$ 陶瓷工艺流程图

2) 工艺要点

(1) 有机黏结剂的选择：应是相容的多组分有机聚合物组成的黏结剂。多组分黏结剂的脱脂是分步进行，首先某一组分被移出，形成开口气孔，剩余的黏结剂则通过开口气孔而被排除。多组分构成的黏结剂分步的脱脂速度比单一组成黏结剂的脱脂速度要快得多，缺陷也少得多。另外，为了满足注射成型料流动性的要求，单一品种的有机黏结剂是很难达到的。

(2) 注射成型：注射温度、模具温度、注射压力及保压时间等成型参数对提高产品成品率和材料的利用率至关重要。如果控制不当就会使产品形成很多缺陷，如裂纹、孔隙、焊缝、分层、粉末和黏结剂分离等。注射工艺过程中关键的工艺参数为注射温度和注射压力，在熔体达到均匀致密充模的前提下，应尽可能地减小注射压力，并设置相应的保压压力和模温。注射参数分别为：注射温度(155±5)℃；注射压力为系统压力的 60%～70%；保压压力为系统压力的 55%左右；模温(55±5)℃。保压时间会影响熔体的倒流，保压时间越短则模腔压力降低得越快，最终使模腔压力越低。高保压压力和长保压时间对于成型坯体的性质和坯体表面质量均更为有利。

(3) 脱脂：脱脂是通过加热及其他物理化学方法将成型体内的有机物排除的过程，是注射成型中最困难和最重要的因素。陶瓷注射成型的黏结剂量较多，一般占生坯体积的 40%以上，脱脂只能是渐进的，否则就会导致开裂冲泡、坍塌变形等缺陷产生。目前脱脂方法基本上可分为热脱脂、溶剂脱脂、虹吸脱脂、溶解萃取脱脂、催化脱脂及水基萃取脱脂等。

热脱脂是一种发展较早的脱脂方法，是指将成型坯体加热到一定温度，使黏结剂蒸发或者分解生成气体小分子，气体分子通过扩散或渗透方式传输到成型坯体表面。它的原理是基于有机物分子的挥发和裂解。热脱脂过程十分缓慢，对厚壁产品更是如此，脱脂时间与制品厚度平方成正比。热脱脂适合比较小的精密陶瓷部件，适合于热脱脂的有机载体通常是石蜡、有机酸和聚烯烃的混合物。慢的热分解可以使注射成型部件的有机载体完全排除而不产生宏观或者微观上的缺陷。

4. 仪器及试剂

仪器：硅碳棒箱式电阻炉、硅钼棒箱式电阻炉、双棍混炼机、陶瓷注射成型机、恒温烘箱、电子天平、成型模具、密度测试系统、AG-IC20KN电子万能试验机、全自动显微/维氏硬度计(TuKon2500)。

试剂：ZrO_2 超细粉(含3mol% Y_2O_3)、聚丙烯PP、石蜡PW(熔点57℃)、硬脂酸SA。

5. 实验步骤

(1) 将平均粒径为0.3μm的 ZrO_2 超细粉(含3mol% Y_2O_3)，聚丙烯PP、石蜡PW及硬脂酸SA，按照如表5-7-1所示配方配置。

表5-7-1 ZrO_2 注射成型混合物料的组成 wt%

ZrO_2	PW	PP	SA
88	6.5	4.5	1

(2) 用双棍混炼机进行陶瓷粉体和有机黏结剂的混合，混料温度160℃；

(3) 造粒，将混炼后的混合料粉碎成粒状(喂料)；

(4) 注射充模，将颗粒状喂料放入注射成型机料筒中加热熔融，在温度160℃，压力25MPa下注入模具充满模腔，待冷却凝固后脱模，得到5mm×6mm×50mm的 ZrO_2 陶瓷生坯试条；

(5) 脱脂：将成型出的 ZrO_2 生坯试条埋入吸附剂氧化铝粉中，放入硅碳棒炉中，室温150～300℃升温速率为10℃/h，300～500℃升温速率20℃/h。500～1100℃升温速率2℃/min，1100℃保温2h；

(6) 烧成，将脱脂后的素坯试条放入氧化锆坩埚，在硅钼棒炉中以10℃/min的升温速率进行烧结至1550℃，保温2h；

(7) 体积密度测试；

(8) 抗弯强度、断裂韧性以及硬度测试。

思考题

1. 简述热压铸成型与注射成型的特点及其各优缺点。
2. 为什么 ZrO_2 陶瓷需要稳定化？如何稳定化？稳定后有几种类型？
3. 简述氧化锆陶瓷增韧的机理。

5.8 实验八 AlN陶瓷流延基片的制备

1. 实验目的

(1) 了解氮化铝材料的用途；

（2）了解添加剂的作用；

（3）掌握陶瓷流延成型工艺；

（4）掌握利用 DAT-TG 制定排胶制度。

2. 实验原理及方法

氮化铝（AlN）是一种具有六方纤锌矿结构的共价晶体，理论密度为 3.26g/cm³。氮化铝陶瓷是以氮化铝（AlN）为主晶相的陶瓷。具有优良的热、电、力学性能。热导率约 320W/m·K，接近 BeO 和 SiC，是 Al_2O_3 的 5 倍以上；热膨胀系数与 Si 和 GaAs 匹配；抗折强度高于 Al_2O_3 和 BeO 陶瓷；介电常数低，约为 8.8；绝缘性高，体电阻率大于 $10^{14}\Omega\cdot cm$。随着电子元件小型化、集成化的迅速发展，要求所用基片和封装材料具有良好的导热性能。常用的高导热陶瓷基片材料主要包括 Al_2O_3、SiC、BeO、BN 和 AlN 等。其中 AlN 以高的热导率，与硅相近的热膨胀系数和优异的机电性能受到人们的重视，成为目前最有希望的一种高导热陶瓷基片封装材料。

氮化铝属于共价化合物，熔点高，原子自扩散系数小，因此，纯的 AlN 粉末在通常的烧结温度下很难烧结致密，而致密度不高的材料又很难具有较高的热导率。通常可以通过引入助烧结剂的途径降低烧结温度，获得致密的高性能 AlN 陶瓷。除了致密度外，影响 AlN 陶瓷热导率的另一个因素是杂质含量，尤其是氧含量。由于 AlN 对氧有强烈的亲和力，部分氧会固溶入到 AlN 的点阵中，从而形成铝空位。产生的铝空位散射声子，降低了声子的平均自由程，从而导致热导率下降。因此，要制备高热导率的氮化铝陶瓷，在烧结工艺中必须解决两个问题：第一是降低烧结温度；第二是在高温烧结时，要尽量避免氧原子溶入氮化铝的晶格中。AlN 常用助烧结剂是某些稀土金属氧化物和碱土金属氧化物，如 Y_2O_3，CaO，Dy_2O_3 等，有两方面的作用：一是降低烧结温度，形成低熔物相，实现液相烧结，促进坯体致密化。二是去除 AlN 晶格氧，与 AlN 中的氧杂质反应，使晶格完整化，进而提高热导率。

陶瓷基片的成型方法主要有轧膜、干压和流延，而采用流延法制作基片的优越之处在于：连续操作、生产效率高、自动化程度高、组织结构均匀、产品质量好、适宜工业生产等。现代电子元器件的微型化、集成化、低噪声和多功能化的发展趋势进一步加速，导致许多新型封装技术的相继问世。它的主要特点是无引线（或短引线）、片式化、细节距和多引脚。新型封装技术与片式元件表面组装技术相结合，开创了新一代微组装技术，作为微组装所用的陶瓷基片产业也因此迅速发展起来。而流延法正是适应这一需要发展起来的现代陶瓷成型方法。除用于高集成度的集成电路封装和衬底材料的基片外，流延陶瓷产品还广泛应用于薄膜混合式集成电路、可调电位器、片式电阻及多种传感器的基片载体材料。因此，采用流延法制作 AlN 基片的成型方法有着重要的应用前景。

流延成型是利用陶瓷泥浆在刮刀作用下在平面上延展形成陶瓷片状坯体的成型工艺，如图 5-8-1 所示。首先将微细陶瓷粉料与溶剂、增塑剂、黏结剂和分散剂等按适当配比混合制成具有一定黏度的混合料浆，料浆从流延机装料斗流出，经由刮刀口，形成表面光滑、厚度均匀附着于输送带上的薄层，经干燥制成具有良好韧性的坯片。然后根据成品的尺寸和形状需要对生坯带作冲切、层合等加工处理，制成待烧结的毛坯成品。特别适合成型 0.2～3mm 厚度的片状陶瓷制品。本实验将用流延法制备 AlN 陶瓷基片。

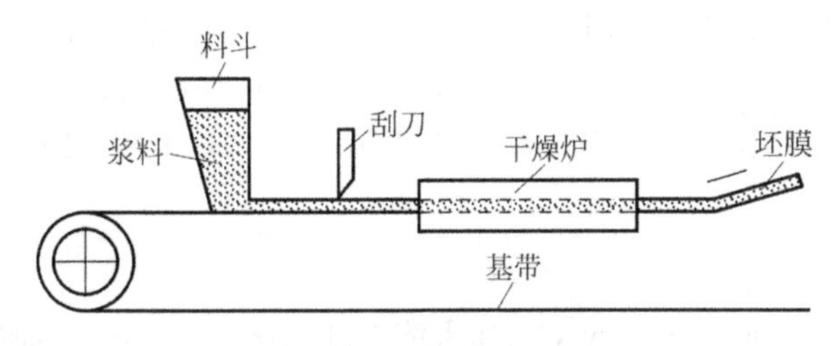

图 5-8-1 流延成型示意图

3. 工艺流程及工艺要点

1) 工艺流程

工艺流程如图 5-8-2 所示。

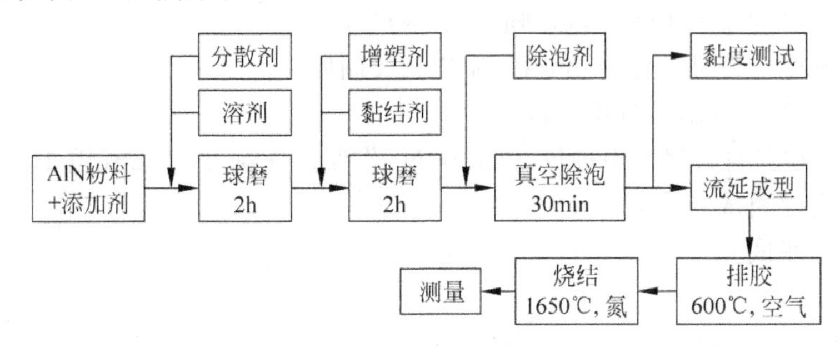

图 5-8-2 流延法制备 AlN 陶瓷基片工艺流程图

2) 工艺要点

(1) 浆料的制备：浆料的制备分为非水基与水基两种，由于氮化铝粉末的亲水性强，为了减少氮化铝的氧化，尽量避免与水接触，通常采用非水基流延。首先是在无机粉料中加入溶剂和分散剂进行第一次混磨，目的在于使可能聚成团块的活性粉粒在溶剂中充分分散悬浮，各种添加物达到均匀分布。混磨后，再加入黏结剂和增塑剂进行第二次混磨，以期这些高分子物质均匀分布及有效地吸附于粉粒之上，形成稳定的流动性良好的浆料。然后加入除泡剂进行真空搅拌。

(2) 流延：浆料通过料槽经刮刀流在基带上，基带应该是干净、平滑、不渗透。流延坯带的厚度与刮刀和基带间的高度、基带速度、浆料黏度、浆料槽液面高度及干燥收缩有关。对于不同厚度的流延坯带，对浆料黏度要求不同，通常流延浆料的黏度范围为 0.5～2.5Pa·s。

(3) 排胶：由于流延坯带中含有大量的有机成分，烧结前需要进行排胶，即将坯带中有机物通过加热分解排除。排胶的温度通常在 550～650℃完成，在空气中进行。如果是陶瓷基片与金属共烧多层坯片，还应考虑到金属不被氧化。如 AlN 陶瓷与金属 W 制备的低温共烧多层 AlN 陶瓷基片，由于 W 在温度高于 300℃将被氧化，叠片排胶过程必须在还原气氛中进行。

(4) 烧结：通常采用叠烧，坯片之间用烧结时不与坯片发生反应的细沙(如高纯刚玉沙等)隔开，防止烧结后基片间发生黏结。由于 AlN 陶瓷在空气中烧结易氧化，高于 800℃将被氧化生成氧化铝，因此 AlN 的烧结是在真空石墨炉中进行，流动 N_2 保护。

4. 仪器及试剂

仪器：箱式电阻炉、真空石墨炉、球磨机、真空除泡机、流延机、恒温烘箱、电子天平、密度测试系统、热分析仪、真空理工 PIT-1 型交流量热法常数测量系统。

试剂：AlN(平均粒度 2μm)、Dy_2O_3、无水乙醇、丁酮、环己酮、正丁醇、三油酸甘油酯、聚乙烯醇缩丁醛(PVB)、增塑剂为邻苯二甲酸二丁酯、除泡剂(辛醇、乙醇、正丁醇及乙二醇的混合物)。

5．实验步骤

(1) 在 AlN 粉中添加 6wt% Dy_2O_3，加入溶剂环己酮/正丁醇、三油酸甘油酯，进行第一次球磨 2h。

(2) 再加入黏结剂聚乙烯醇缩丁醛(PVB)和增塑剂为邻苯二甲酸二丁酯，进行第二次球磨 2h，制得浆料加入除泡剂进行真空除泡。

(3) 流延：调节流延机刮刀高度，基带速度，将浆料倒入流延机装料斗，流延成型。

(4) 待流延出的坯带干燥后，切割成所需的尺寸。

(5) 对流延生坯带进行综合热分析，制定排胶制度。

(6) 排胶：600℃/2h，空气中进行。

(7) 烧成：在真空石墨炉中进行，以流动 N_2 作保护气氛，1650℃保温 1h。

(8) 体积密度测试。

(9) 热导率测试。

思考题

1．用流延法制备 AlN 基片，可以用水系制备浆料吗？为什么？

2．在烧结过程中为何要流动氮气做保护？

3．影响流延基片厚度的因素主要有哪些？

4．流延浆料的制备过程中为什么采用两次球磨，而不一次完成？

5．陶瓷基板的主要性能要求有哪些？哪些材料可以作为陶瓷基板材料？

5.9 实验九　浸渗掺杂技术制备黑色氧化锆陶瓷

1．实验目的

(1) 了解浸渗技术在陶瓷制备中的应用；

(2) 掌握利用液相前驱体浸渗技术制备黑色氧化锆陶瓷的工艺过程；

(3) 掌握陶瓷材料孔隙率的测试。

2．实验原理及方法

二氧化锆由于具有优良力学、热学、电学以及其存在独特的相变效应和高温氧离子导电现象而在高温结构材料、高温光学元件、氧敏元件、燃料电池等方面有着广泛的应用和研究。近年来，随着人们对装饰品需求的高速发展，黑色 ZrO_2 陶瓷以其优异的机械性能、鲜艳的颜色、金属光泽及无过敏作用等特点，成为高档装饰的新宠材料，如高档表链、手链、手机外壳等。因此，黑色氧化锆陶瓷的研究开发具有广阔的市场前景。普通黑色陶瓷的制备一般是将色料或着色剂加入到陶瓷坯体或釉料中，通过高温烧成而获得。

液相前驱体浸渗(liquid precursor infiltration)是一种可以实现高均匀度掺杂、表面改性、制备复合材料及梯度材料的工艺。该工艺首先需要制备含有连通孔隙结构的坯体,然后将其置入含有改性组元的液相前驱体中,则液相在毛细作用下沿孔隙结构渗入坯体内部。通过控制浸渗参数,如时间、温度、压力、坯体孔隙率、后续干燥制度和循环浸渗次数等,调控浸渗引入组元的量与分布,从而对材料组成和性能进行调控,实现从表面改性到均匀掺杂等各种材料的制备。

液相前驱体浸渗技术具有以下优点:

(1) 制备梯度材料和均匀掺杂等材料。由于外来组元是从坯体表面逐步进入内部的,浸渗工艺可以很容易地实现深度连续可控的表面改性以及梯度材料的制备。浸渗时使用的坯体材料为具有均匀多孔结构的陶瓷坯体,因此只要在保证完全浸渗的前提下(例如足够长的浸渗时间),就可以让前驱体中的组元在坯体中实现纳米级均匀分布,从而实现高均匀度的掺杂。

(2) 工艺简便,与陶瓷领域中的传统混合工艺不同,它不是在粉末阶段配料时引入外来组元,而是在坯体阶段。因此该方法具有相当大的灵活性。通过调整浸渗用液相的成分还可以很方便地调整材料的化学组成。因此该工艺在批量试验、调控材料成分方面,具有其他方法不可比拟的高效性和简便性。

坯体厚度、溶液浓度对浸渗效果具有决定性的作用。通常情况下,较厚的坯体以及较高浓度溶液不利于浸渗过程中的孔隙结构的填充以及气体排出。若要制备均匀掺杂的材料,使用薄的坯体或者采用低浓度的溶液引入外来组元。此外,因为不同材料成分不一样,使用的前驱体的种类、含量也不同,具有不同的流动特性。因此对于每一个浸渗掺杂的实例,都要具体分析。如通过浸渗向 Al_2O_3 中引入 ZrO_2,就需要用浓溶液反复浸渗 5 次以上才能达到 10wt%,对于 ZTA 仍然是较低的 ZrO_2 含量。但是如果要制备半透明氧化铝陶瓷,MgO 的引入量只有 0.05wt%~0.1wt%,只需要用低浓度溶液浸渗一次即可。因此若要使用浸渗制备材料,首先应该研究不同种溶液的流动性,并对浸渗过程做出相应的调整。本实验将利用浸渗掺杂技术制备黑色氧化锆陶瓷。

3. 工艺流程

工艺流程如图 5-9-1 所示。

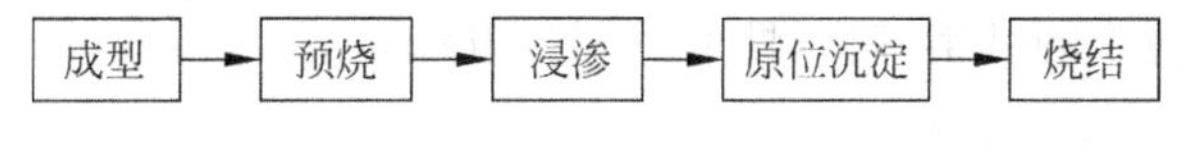

图 5-9-1　浸渗掺杂技术制备黑色氧化锆陶瓷工艺流程图

4. 仪器及试剂

仪器:箱式电阻炉、球磨机、干压成型机、恒温烘箱、电子天平、ϕ10mm 的成型模具、密度测试系统、JXA-8230(JEOL 公司)型超级电子探针显微分析仪。

试剂:ZrO_2-3Y、$Fe(NO_3)_3 \cdot 9H_2O$、$Co(NO_3)_2 \cdot 6H_2O$、$Ni(NO_3)_3 \cdot 6H_2O$、50wt%硝酸锰溶液、5wt%的聚乙烯醇(聚合度 1500)水溶液、无水乙醇。

5. 实验步骤

(1) 着色剂浸渗液的配制:分别用去离子水配制浓度为 0.7mol/ L 的硝酸铁、硝酸钴、硝酸镍和硝酸锰溶液，按照(Fe_2O_3)：(CoO)：(NiO)：(MnO_2)= 43wt%：7.5wt%：19.5wt%：30wt%，取上面配制好的硝酸铁、硝酸钴、硝酸镍和硝酸锰溶液，混合于烧杯中，置磁力搅拌装置搅拌 20min 待用。

(2) 成型：采用干压成型，直径为 10mm，厚度约 1mm 的坯体，800kg 保压 20s。

(3) 预烧：将坯体以 5℃/min 的速率升温至 1000℃，保温 1h。

(4) 冷却至室温取出立即进行称量，得到重量 M_1，以避免长时间放置后吸收空气中的水分带来的质量误差。然后测量其厚度、直径，通过几何法来估算出孔隙率。

(5) 将预烧后的坯体在步骤(1)配制的混合溶液中浸渗 4h。

(6) 浸渗后将样品取出，迅速用饱和浸液的绸布擦拭样品表面多余附着的溶液，晾干(原位沉淀：取出浸渗后将样品，迅速用饱和浸液的绸布擦拭样品表面多余附着的溶液，将其置于氨水溶液中浸渗 10min 进行原位沉淀处理)。

(7) 将样品放入烘箱中在 100℃干燥 2h 后，以 5℃/min 的速率升温至 800℃，保温 0.5h。冷却至室温取出立即对样品进行称量得到 M_2，然后通过(M_2-M_1)/M_2 可以算出浸渗引入着色剂的量(如果浸渗量没有达到预定的量，可重复步骤(5))。

(8) 烧结：放入箱式炉中进行烧结，以 5℃/min 的速率升温至 1500℃，保温 2h。

(9) 体积密度测试。

(10) 利用电子探针测试浸渗掺杂的均匀性。

思考题

1. 简述浸渗掺杂技术，通常利用浸渗掺杂技术制备哪类材料？
2. 如何实现高均匀度的掺杂？主要通过调控哪些参数？

5.10 实验十 溶胶-凝胶法制备 TiO_2 薄膜

1. 实验目的

(1) 熟悉溶胶-凝胶法制备薄膜的基本原理、过程；

(2) 了解 TiO_2 薄膜的基本结构、性能及制备方法。

2. 实验原理

溶胶-凝胶法(sol-gel 法，简称 S-G 法)是指无机物或金属醇盐经过溶液、溶胶、凝胶而固化，再经热处理而成的氧化物或其他化合物固体的方法。其初始研究可追溯到 1846 年，Ebelmen 等用 $SiCl_4$ 与乙醇混合后，发现在湿空气中发生水解并形成了凝胶，这一发现当时未引起化学界和材料界的注意。直到 20 世纪 30 年代，Geffcken 等证实用这种方法，可以制备氧化物薄膜，引起了材料科学界的极大兴趣和重视。80 年代以来，溶胶-凝胶技术在玻璃、氧化物涂层、功能陶瓷粉料，尤其是传统方法难以制备的复合氧化物材料、高临界温度(T_c)氧化物超导材料的合成中均得到成功的应用。

相比于其他方法，sol-gel 法制备薄膜不需要 PVD 和 CVD 那样复杂昂贵设备，具有工艺简便、设备要求低以及适合于大面积制膜，而且薄膜化学组成比较容易控制，能从分子水平上设计、剪裁等特点，特别适于制备多组元氧化物薄膜材料。溶胶-凝胶法制膜的一般工艺过程如图 5-10-1 所示。

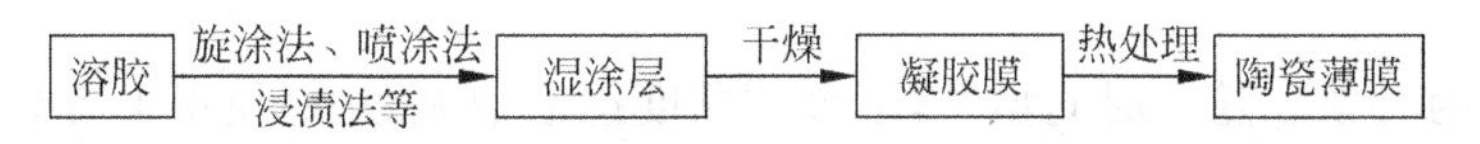

图 5-10-1 溶胶-凝胶法制备陶瓷薄膜过程

在溶胶凝胶技术中，陶瓷薄膜制备过程有三个关键环节：①溶胶制备；②凝胶形成；③凝胶层向陶瓷薄膜的转化。

溶胶(sol)是由液体中分散了尺寸为 1～100nm 胶体粒子(基本单元)而形成的体系，凝胶(gel)是由亚微米孔和聚合链相互连接的结实网络而组成。

溶胶(或溶液)的稳定性直接影响均匀程度，在溶液中加入螯合剂(如柠檬酸)，通过螯合剂对溶液中阳离子的螯合作用，防止阳离子水解，从而提高了溶液稳定性，改善材料性能。

湿凝胶膜是由固态网络和含液相孔组成，在干燥过程中，首先凝胶表面覆盖的液相蒸发，固相暴露出来。由于液相润湿固相，液相趋于覆盖固相表面并产生毛细管作用。随着液相不断蒸发，凝胶在毛细管作用下发生收缩，其坚硬程度增大，固态网络变得结实。凝胶强度增加到毛细管作用不能使其收缩时，表面液相弯曲面向凝胶内部推进。

凝胶膜在热处理时，在较低温度下薄膜内的微孔倒塌，随着温度升高薄膜内大孔倒塌。在陶瓷薄膜形成过程中，首先凝胶膜经分解、氧化及固相反应等一系列过程在基片上形成氧化物晶核，表面扩散使核生长形成一系列多晶小岛；多晶岛长大使邻近岛结合形成网络，随着成膜次数增多，填充空洞继续生长，形成连续多晶陶瓷薄膜。这一过程如图 5-10-2 所示。

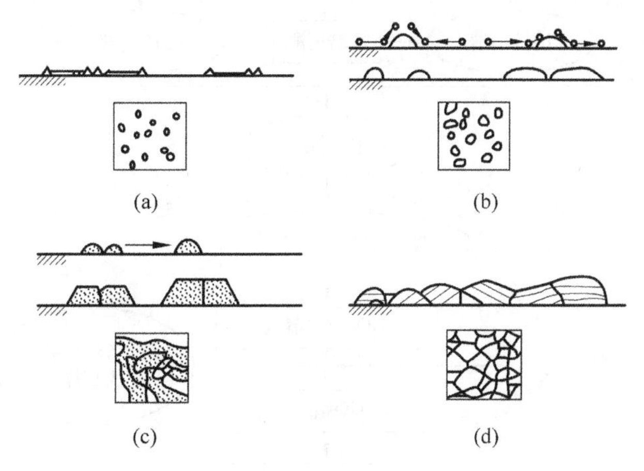

图 5-10-2 陶瓷薄膜的形成过程

(a) 成核；(b) 核的生长；(c) 岛的接合；(d) 连续陶瓷薄膜

溶胶-凝胶法中影响薄膜质量的参数很多，主要有以下几个方面：

(1) 前驱溶胶的质量。研究显示前驱溶胶的质量对于薄膜的致密度、晶格取向、结晶过程等有着重大的影响。

(2) 络合物的选择。由于不同的络合物(即螯合剂)对溶液中阳离子的螯合作用不同，因而络合物的选择直接影响阳离子的水解速度，从而间接影响了溶胶的稳定性。

(3) 前驱溶胶的 pH 值。溶胶的 pH 值也是通过对溶胶中离子的水解速度的影响来影响溶胶质量。

(4) 溶剂中水的量。如果水过多,水解很快,溶胶很快就水解掉了;反之,溶胶就很难水解。

(5) 溶胶的时效。随着时间增长,溶胶的黏度逐渐增大,从而使得更容易沉积成较厚的薄膜,最终导致薄膜微观结构的不均一。同时,溶胶的时效还能够对薄膜的表面形貌造成重大影响。

(6) 薄膜的厚度。薄膜厚度如果过大,薄膜就在热处理中较易出现裂纹;而若厚度过小,则可能会影响同相粒子以及各相粒子之间的相互作用,从而影响薄膜的性质。

尽管溶胶-凝胶薄膜工艺已在许多领域获得日益广泛的应用,但目前这种方法仍存在一些问题有待进一步解决。首先,sol-gel 法所用的金属醇盐等有机化合物价格昂贵,使得陶瓷薄膜的生产应用成本较高,因而难以普遍代替有机膜应用于工业生产中。其次,陶瓷薄膜的制备过程时间较长,目前尚缺乏有效方法来缩短制备时间。此外,陶瓷薄膜本身具有脆性,在制取和应用过程中容易发生断裂和损坏,制得的陶瓷薄膜中存在一定的缺陷(如龟裂现象)。

3. 工艺流程

溶胶-凝胶法制备薄膜大体上有三个阶段:溶胶配制、薄膜涂覆和热处理。本实验利用 sol-gel 法制备锐钛矿相 TiO_2 薄膜,工艺流程如图 5-10-3 所示。

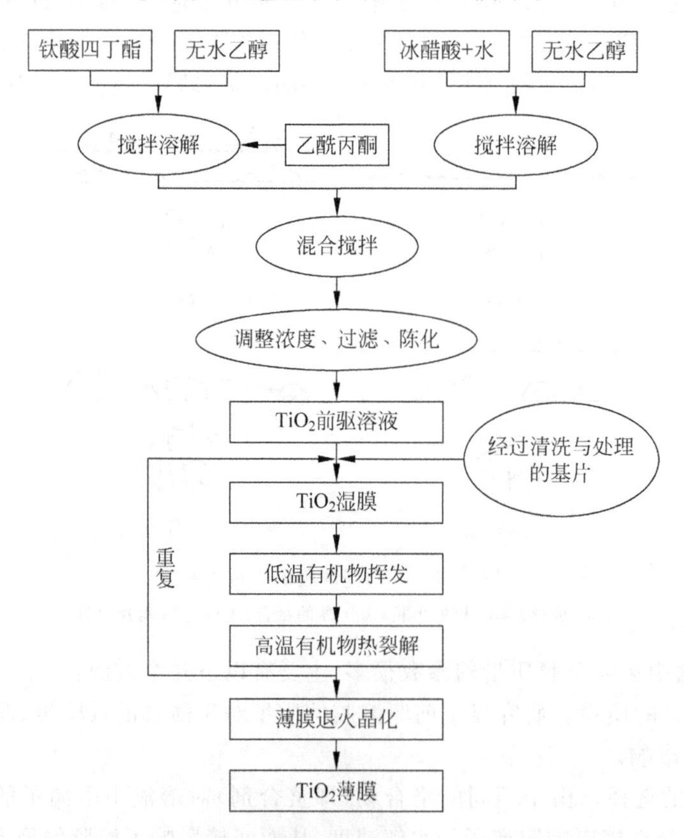

图 5-10-3 溶剂-凝胶法制备 TiO_2 薄膜工艺流程

4. 仪器及试剂

仪器：电子天平、超声清洗机、磁性搅拌器、恒温烘箱、均胶机、快速热处理炉。

试剂：钛酸四丁酯($Ti(OC_4H_9)_4$)、乙酰丙酮($C_5H_8O_2$)、无水乙醇、乙酸。

5. 实验步骤

1) 溶胶配置(钛酸四丁酯与无水乙醇的物质量比为1∶40)

采用钛酸四丁酯($Ti(OC_4H_9)_4$)为制备TiO_2薄膜的前驱体，与水作用发生分级水解，总反应方程可简化为

$$Ti(OC_4H_9)_4 + 4H_2O \longrightarrow Ti(OH)_4 + 4C_4H_9OH$$

水解后胶体粒子进一步缩聚，缓慢地形成溶胶，并能在较长时间内保持稳定。溶胶-凝胶形成过程相当复杂，与水、催化剂、醇溶剂量有很大关系。

采用乙醇为溶剂，乙酰丙酮为络合剂，乙酸提供酸性环境，按一定配比将上述原料液相混合，配成黄色透明溶液，室温下充分搅拌，放置一定时间，即可获得稳定的溶胶。

(1) 按照物质的量比1∶2～3用电子天平分别称量钛酸四丁酯和乙酰丙酮于烧杯1中，加入乙醇，搅拌0.5h。

(2) 将一定量的去离子水、乙酸置于烧杯2中，用量与原称量$Ti(OC_4H_9)_4$的物质的量比分别为3∶1和1.5～3∶1，在烧杯2中加入与烧杯1相同量的乙醇。

(3) 将上述两烧杯溶液混合，继续搅拌1h。用乙醇调节浓度，再搅拌1h，得到最终溶胶前驱体。密封静置72h之后即可涂覆薄膜。

(4) 记录溶液配制之详细参数于表5-10-1中。

表5-10-1　样品取量记录表

试剂原料		取量					备注
名称	化学式	g/mL	mol	g/mol	g	mL	
钛酸四丁酯	$Ti(OC_4H_9)_4$						
乙酰丙酮	$C_5H_8O_2$						
乙醇1	C_2H_5OH						
乙酸	CH_3COOH						
水	H_2O						
乙醇2	C_2H_5OH						

2) 薄膜涂覆

用均胶机在清洗干净的石英玻璃基片上涂覆配置好的溶胶，具体过程如图5-10-4所示。将溶胶滴到基片上，涂覆过程分为时间上连续的两步：首先匀胶台以500r/min慢速旋转6s，使溶胶均匀分布在基片表面并将多余的溶胶甩离衬底表面；接下来跃升到4000r/min转速下工作30s。TiO_2溶胶曾吸收空气中的水分迅速转变为凝胶，在基片上形成光滑、均匀的凝胶膜。

3) 热处理

对涂覆好的薄膜进行热处理的时候分为三个步骤：

(1) 用烘箱在较低温度(80～150℃)保温20min，使凝胶膜中的溶剂挥发；

(2) 用快速热处理炉在200～300℃保温5min，使凝胶膜中的有机成分分解；

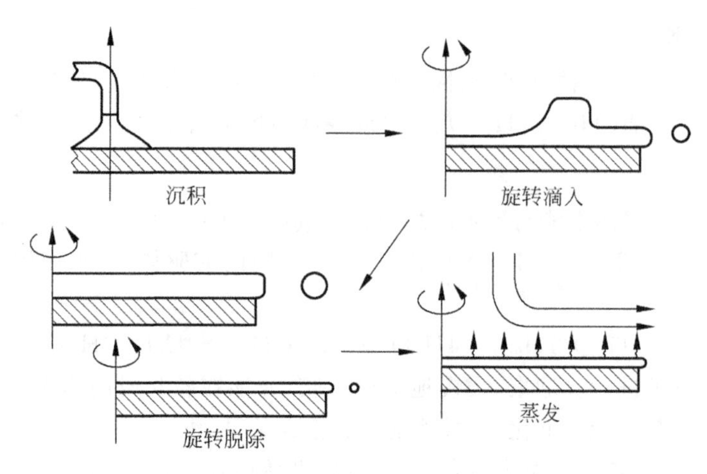

图 5-10-4　旋转涂覆法示意图

(3) 用快速热处理炉在结晶温度(450～500℃)保温 3min,使薄膜结晶。经热处理之后,即得到我们所制备的 TiO_2 薄膜。

4) 样品微结构及性能分析

(1) 相分析及结构组成：XRD、XPS；

(2) 微结构确定：扫描电镜(SEM)、原子力显微镜(AFM)；

(3) 性能分析：吸收光谱测试。

思考题

1. 利用 sol-gel 法制备陶瓷粉体与薄膜在制备工艺上有何共性和个性？

2. 本实验中 TiO_2 薄膜以石英玻璃薄膜基底,能否用硅片代替？为什么？

5.11　实验十一　溶胶-凝胶法制备 $CoFe_2O_4$ 薄膜

1. 实验目的

(1) 进一步熟悉掌握溶胶-凝胶法制备薄膜材料的基本原理和过程；

(2) 了解磁性氧化物薄膜材料的基本结构以及磁性能；

(3) 了解磁性薄膜分析表征的方法。

2. 实验原理

$CoFe_2O_4$ 为典型的反尖晶石结构晶体,它又称为钴铁氧体(cobalt ferrite),是一类十分重要的铁氧体磁性材料。该类薄膜可以通过脉冲激光沉积、磁控溅射、离子束沉积、溶胶凝胶法、电镀法等多种方法进行制备。

本实验利用溶胶凝胶法制备 CFO 薄膜,以硝酸钴($Co(NO_3)_2 \cdot 6H_2O$)和硝酸铁($Fe(NO_3)_3 \cdot 9H_2O$)为起始原料,以乙二醇独甲醚作为溶剂,柠檬酸为螯合剂,然后加入少量的甲酰胺作为成膜控制剂,配制的溶胶按照最后的化学计量式 $CoFe_2O_4$ 来计算各种成分的原料配比。

3. 工艺流程

工艺流程如图 5-11-1 所示。

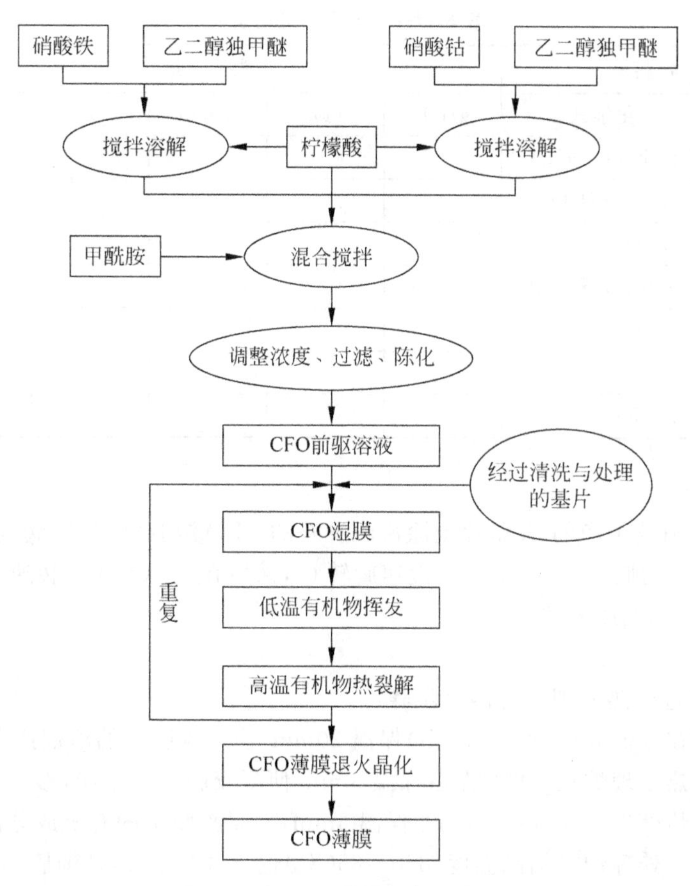

图 5-11-1　CFO 薄膜制备工艺流程

4. 仪器与试剂

仪器：电子天平、磁性搅拌器、超声清洗机、恒温烘箱、均胶机、快速热处理炉。

试剂：硝酸铁 $Fe(NO_3)_3 \cdot 9H_2O$、硝酸钴 $Co(NO_3)_2 \cdot 6H_2O$、柠檬酸 $C_6H_8O_7 \cdot H_2O$、乙二醇独甲醚。

5. 实验步骤

1) 溶胶配置(溶胶浓度：0.1mol/L 或 0.2mol/L)

(1) 按照物质的量比 2∶1 用电子天平称量两份柠檬酸 $C_6H_8O_7 \cdot H_2O$ 分别置于烧杯 1 和烧杯 2 中。

(2) 称量一定量硝酸铁 $Fe(NO_3)_3 \cdot 9H_2O$ 置于烧杯 1 中，用量与原烧杯 1 中柠檬酸的物质的量比为 1∶2，并且迅速加入适量的乙二醇独甲醚，置于搅拌器上进行搅拌溶解 0.5h。

(3) 称量一定量硝酸钴 $Co(NO_3)_2 \cdot 6H_2O$ 置于烧杯 2 中，用量与原烧杯 2 中柠檬酸的物质的量比为 1∶2，加入适量的乙二醇独甲醚，进行搅拌溶解 0.5h。

(4) 将上述两烧杯溶液混合，继续搅拌 1h。滴加适量甲酰胺，用乙二醇独甲醚调节浓度,并再搅拌 1h,得到最终溶胶前驱体。密封静置 72h 之后即可涂覆薄膜。

(5) 记录溶液配制之详细参数于表 5-11-1 中。

表 5-11-1 样品取量记录表

试剂原料		取量					备注
名称	化学式	g/mL	mol	g/mol	g	mL	
硝酸铁	$Fe(NO_3)_3 \cdot 9H_2O$						
柠檬酸 1	$C_6H_8O_7 \cdot H_2O$						
乙二醇独甲醚 1	$C_3H_6O_2$						
硝酸钴	$Co(NO_3)_2 \cdot 6H_2O$						
柠檬酸 2	$C_6H_8O_7 \cdot H_2O$						
乙二醇独甲醚 2	$C_3H_6O_2$						
甲酰胺	CH_3NO						

2) 薄膜涂覆

用均胶机在清洗干净的 Si 基片上涂覆配置好的 CFO 溶胶,将溶胶滴到基片上,涂覆过程仍为两步:首先匀胶台以 500r/min 慢速旋转 6s,然后在 4000r/min 转速下工作 30s,在基片上形成光滑、均匀的凝胶膜。

3) 热处理

对此类薄膜进行热处理分为四个步骤:

(1) 用烘箱在较低温度(80～150℃)保温 20min,使凝胶膜中的溶剂挥发;

(2) 用快速热处理炉在 200℃左右保温 5min,使凝胶膜充分干燥,形成干凝胶;

(3) 用快速热处理炉在 350～450℃保温 5min,使凝胶膜中的有机成分彻底裂解;

(4) 用快速热处理炉在结晶温度(650～850℃)退火 3～5min,使薄膜结晶。

经热处理之后,即得到我们所制备的 CFO 薄膜。

4) 样品微结构及性能分析

(1) 相分析及结构组成:XRD、XPS;

(2) 微结构确定:扫描电镜(SEM)、原子力显微镜(AFM);

(3) 性能分析:磁滞回线测试(VSM)。

思考题

1. 简述甲酰胺在本实验中的作用。
2. 简述振动样品磁强计(VSM)的测试原理。

参考文献

[1] 华南工学院,南京化工学院,等. 陶瓷工艺学[M]. 北京:中国建筑工业出版社,1981.

[2] 翁俊梅,姜胜林,许毓春,等. Bi_2O_3 和 Sb_2O_3 的预复合对 ZnO 压敏电阻性能的影响[J]. 电子元件与材料,2012,31(10):12-15.

[3] 徐庆,陈文,袁润章. ZnO 籽晶对 ZnO- Bi_2O_3-TiO_2- Sb_2O_3 系陶瓷微观结构和压敏性能的影响[J]. 中国有色金属学报,2000(s1):69-72.
[4] 李盛涛,刘辅宜. 改善 ZnO 压敏元件温度特性的研究[J]. 压电与声光,1997,19(4):231-234.
[5] 孔慧,刘宏玉,蒋冬梅,等. 高能球磨法制备高电位梯度的 ZnO 压敏电阻[J]. 电子元件与材料,2007,26(1):11-13.
[6] 吴振红,方建慧,徐东,等. 叠烧对 ZnO 压敏电阻中 Bi_2O_3 挥发的控制[J]. 电子元件与材料,2009,28(3):7-9.
[7] 朱德如,刘先松,胡锋,等. 镍锌铁氧体材料的特性、工艺与添加改性[J]. 磁性材料及器件,2011,42(5):9-12.
[8] 关小蓉,张剑光,朱春城,等. 锰锌、镍锌铁氧体的研究现状及最新进展[J]. 材料导报,2006,20(12):109-112.
[9] 杨宗宝,刘颖力,宋小沛,等. 烧结温度对镍锌功率铁氧体磁性能的影响[J]. 磁性材料及器件,2005,36(5):29-31.
[10] 杜巍,张怀武,何欢. 预烧温度和烧结温度对功率镍锌铁氧体磁性能的影响[J]. 磁性材料及器件,2007,38(5):46-48.
[11] 胡军,严密,包大新,等. 准低烧结温度条件下制备的高磁导率 NiZn 铁氧体[J]. 功能材料,2005,36(6):853-855.
[12] 郑亚林,徐光亮,赖振宇,等. Cu 含量对 N-i Cu-Zn 铁氧体烧结性能的影响[J]. 压电与声光,2007,29(6):707-709.
[13] 张利民,张波萍,李敬锋,等. 无铅压电陶瓷铌酸钾钠的常压烧结及其电学性能[J]. 硅酸盐学报,2007,35(1):1-5.
[14] 彭春娥,李敬锋. 无铅压电陶瓷材料的应用及研究进展[J]. 新材料产业,2005(3):45-51.
[15] 赁敦敏,肖定全. 铌酸盐系无铅压电陶瓷的研究与进展[J]. 功能材料,2003,34(6):615-618.
[16] 肖定全. 关于无铅压电陶瓷及其应用的几个问题[J]. 电子元件与材料,2004,23(11):62-65.
[17] 张利民,张波萍,李敬锋,等. $K_{0.5}Na_{0.5}NbO_3$ 压电陶瓷放电等离子烧结的制备工艺[J]. 稀有金属材料与工程,2005,34(S1):994-997.
[18] 莫以豪,李标荣. 半导体陶瓷及敏感元件[M]. 上海:上海科学技术出版社,1983.
[19] 齐健全,吴音,章少华,等. $BaTiO_3$ 陶瓷烧结过程晶粒长大新机制:中国硅酸盐学会 2003 年学术年会论文摘要集[C]. 北京,2003.
[20] 张子清,肖鸣山. 制造工艺对 PT C 陶瓷性能的影响[J]. 电子元件与材料,1983:5.
[21] 李保国. 成型工艺对 PT C 陶瓷电性能的影响[J]. 电子元件与材料,1988(5):1-3.
[22] 刘欢,龚树萍,周东祥. 片式 $BaTiO_3$ 基 PTCR 瓷片的制备及烧结工艺的研究[J]. 压电与声光,2005,27(3):267-269.
[23] 雅菁,刘志锋,周彩楼,等. 陶瓷注射成型的关键技术及其研究现状[J]. 材料导报,2007,21(1):63-67.
[24] 黄勇,何锦涛,马天. 氧化锆陶瓷的制备及其应用[J]. 稀有金属快报,2004,23(6):11-17.
[25] 谢志鹏,罗杰盛,李建保. 陶瓷注射成型研究进展[J]. 陶瓷科学与艺术,2003:37(5):16-18.
[26] 谢志鹏,杨金龙,黄勇. 陶瓷注射成型有机载体的选择及相容性研究[J]. 硅酸盐通报,1998(3):8-12.
[27] 颜鲁婷,司文捷,苗赫濯. CIM 中最新脱脂工艺的进展[J]. 材料科学与工程,2001,19(3):108-112.
[28] 吴音,司文捷,苗赫濯. 陶瓷注射成型脱脂方法对 ZrO_2 陶瓷性能的影响[J]. 稀有金属材料与工程,2005,34(9):1477-1480.
[29] 周和平,刘耀诚,吴音. 氮化铝陶瓷的研究与应用[J]. 硅酸盐学报,1998,26(4):517-522.
[30] 吴音,周和平. AlN 基片流延浆料黏度的研究[J]. 现代技术陶瓷,1996(3).
[31] 吴音,缪卫国,周和平. 低温共烧多层 AlN 陶瓷基片[J]. 材料研究学报,1998(2):139-143.

[32] 刘志平，张金利，靳正国. 流延法制备氮化铝陶瓷基板[J]. 稀有金属材料与工程，2008，37(S1)：399-42.

[33] 吴音，缪卫国，周和平. 影响 AlN 陶瓷热导率的本征氧缺陷[J]. 硅酸盐学报，1997，25(6)：675-678.

[34] 吴音，缪卫国，周和平. 流延法制备低温烧结的高热导率 AlN 基片[J]. 无机材料学报，1996(4)：606-610.

[35] 刘冠伟，谢志鹏，吴音. 浸渗掺杂技术在制备半透明氧化铝陶瓷中的应用[J]. 无机材料学报，2013，28(4)：375-380.

[36] 刘冠伟，谢志鹏，吴音. 液相前驱体浸渗技术调控陶瓷材料组成和特性的研究进展[J]. 无机材料学报，2011，26(11)：1121-1128.

[37] 王峰，谢志鹏，孙加林，等. 液相前驱体浸渗工艺引入添加剂制备透明多晶氧化铝陶瓷[J]. 硅酸盐学报，2012：40(06)：811-815.

[38] 崔晓莉，江志裕. 纳米 TiO_2 薄膜的制备方法[J]. 化学进展，2002，14(5)：325.

[39] 余家国，赵修建，赵青南. TiO_2 纳米薄膜的溶胶-凝胶工艺制备和表征[J]. 物理化学学报，2000，16(09)：792-797.

[40] 范崇政，肖建平，丁延伟. 纳米 TiO_2 的制备与光催化反应研究进展[J]. 科学通报，2001，46(4)：265-273.

[41] 潘晓燕，马学鸣. 纳米 TiO_2 的应用[J]. 自然杂志，2001，23(1)：29-33.

[42] 林元华，姜庆辉，何泓材. 多铁性氧化物基磁电材料的制备及性能[J]. 硅酸盐学报，2007(S1).

[43] 严富学，赵高扬，刘和光. 溶胶-凝胶法制备钴铁氧体薄膜及温度对其磁性的影响[J]. 电子显微学报，2010，29(5)：420-424.

[44] 王丽，刘锦宏，李发伸. 溶胶-凝胶法与微波燃烧法制备 $CoFe_2O_4$ 纳米颗粒的比较研究[J]. 磁性材料及器件，2005，36(6)：30-32.

[45] 张月萍，宋平新，宋小会. $CoFe_2O_4$ 纳米颗粒的制备及其磁学性能[J]. 人工晶体学报，2014，43(12)：3118-3123.

第6章 综合性研究型实验

作为材料学学生，除了要具有扎实的理论知识和基本的实验动手能力外，还必须要有独立分析问题、解决实际问题和创新思维的能力。另外，针对新型陶瓷材料制备技术日新月异的发展，学生必须跟上发展步伐，掌握最新的实验技能技术。为此，本教材在完成前面实验的基础上，安排了本章的综合性研究型实验。学生要经历如下几方面的训练：根据实验目标获取所需信息→设计实验方案→制备选定材料与样品→表征所制备材料的成分、结构、性能→综合整理所获得资料、撰写报告→口头报告所取得的成果并相互讨论等，使学生在教学实验过程中得到参与科研的亲身体验。

6.1 实验目的

(1) 培养学生的知识获取、信息处理及知识的综合运用能力；

(2) 培养学生提出问题、分析问题及解决问题的能力；

(3) 培养学生的大胆质疑、敢于探索、勇于创新的能力。

6.2 实验特征

(1) 涉及学科前沿，实验内容为新型无机非金属材料领域的最新研究成果或研究的最前沿课题。把科研工作的新进展、国际上研究领域的最新内容及时补充到实验教学中，使教学内容得到补充和更新，具有前沿性、挑战性和新颖性，将使学生置身于一个材料研究工作者的地位研究科研课题，从中得到创新思维的训练。学生有一种置身国家科技前沿的感觉，可促进他们更加关心国家高科技发展，增加他们投身科学研究的意愿。

(2) 体现高度综合性，从开始选题到最后的数据处理和论文撰写都需要用到很多已学的知识，实验内容涉及本课程的综合知识或与本课程相关的多门课程知识的实验。综合性实验的综合特征除了实验内容的综合性以外，还体现在实验方法的多元性、实验手段的多样性，对学生的知识、能力和素质的综合培养。培养学生对知识的综合能力和对综合知识的应用能力。通过本实验，学生可获得全面训练，除了巩固基本操作技术外，还培养了学生把所学理论知识和已掌握的实验基本技能运用到实践当中的能力。

(3) 实验设计的自主性，实验结果的未知性，实验方法和手段的探索性等。本章实验是在教师指导下，学生针对某一选定研究目标所进行的具有研究、探索性质的实验，在教师的指导下由学生自行设计实验方案，选择实验方法和实验仪器，拟定实验步骤，加以实现并对实验结果进行分析处理的实验。学生自己主持课题，对学生来说是富有挑战意义的，通过这样的实验方式，充分发挥了学生个人主观能动性，提高学生积极性。学生能够从实验中学会发现问题、分析问题和解决问题的能力。大大培养学生独立解决实际问题的能力、科研能力以及在实验研究中严谨的态度、求实的作风以及大胆探索创新的精神。

(4) 培养学生团队配合精神。由于实验是分组实验，实验需要一组人配合完成，可加强同学间的协作。在分组实验的过程中，学生也可体验到团队合作的重要性，只有分工合理，并且每个人都能及时完成自己的任务，才能保证整个实验的进度。

(5) 将丰富的科研资源转化为教学资源。材料制备很重要的一项是对所得的样品进行表征和性能测试，证明所得的样品是否达到了预期的结果。实验依托实验室各种先进仪器设备，使学生耳目一新，了解无机材料的基本表征方法及物理性能测试方法，接触到当前国际上最先进的仪器设备。

6.3 实验内容

本章选择本实验室的一些最新科研成果的部分内容作为本课程综合性研究型实验。例如，因其较高的强度、优越的抗断裂强度和良好的美学效果，氧化锆(ZrO_2)陶瓷材料的研究越来深入。近年来，ZrO_2 陶瓷及其复合陶瓷在口腔医学领域的应用范围越来越广。为此，本章选取新型陶瓷与精细工艺国家重点实验室在研的科技部科技支撑项目“口腔修复用氧化锆基陶瓷材料研发”的部分内容作为本课程实验内容。本实验将针对 ZrO_2 作为生物陶瓷的应用，采用不同方法的粉体制备工艺、掺杂元素、成型、烧结工艺，对制备出的粉体进行粒度分析，考察其微观组织，表征相应物理性能(抗弯强度、硬度、断裂韧性、老化性能、透光率等)。设立实验项目如下：

(1) 氧化镱和氧化钇共稳定氧化锆陶瓷材料老化性能研究。

(2) 相结构对 ZrO_2 陶瓷透光度的影响。

(3) 相成分对 ZrO_2 陶瓷机械性能和老化性能的影响。

再如，液相前驱体浸渗技术是一种可以实现高均匀度掺杂、表面改性、制备复合材料及梯度材料的新工艺。实验选取新型陶瓷与精细工艺国家重点实验室的国家自然科学基金项目“基于溶液浸渗调控结构陶瓷组成与特性的基础和应用研究”的部分内容作为本课程实验的内容。实验将针对浸渗技术制备不同陶瓷材料，考察其微观组织，表征相应物理性能。设立实验项目如下：

(1) 利用溶液浸渗技术制备彩色氧化锆陶瓷。

(2) 浸渗掺杂技术制备钇稳定氧化锆陶瓷等。

结合本领域的发展，可供选择的综合实验包括以下专题：

1) ZrO_2 陶瓷材料制备及表征

(1) 针对作为氧敏功能原件或结构陶瓷等应用,采用不同的粉体制备工艺、掺杂元素、成型、烧结工艺,考察其微观组织,表征相应力学、电学等性能,提出优化方案。如 Y_2O_3 掺杂 ZrO_2 陶瓷材料的交流复阻抗研究等。

(2) 针对作为结构陶瓷应用,采用不同的粉体制备工艺、掺杂元素和工艺、成型、烧结工艺,考察其微观组织,表征相应力学性能。如浸渗掺杂技术制备钇稳定氧化锆陶瓷等。

2) $BaTiO_3$ 陶瓷材料制备及表征

(1) 针对作为半导体(如热敏电阻)应用,采用不同的粉体制备工艺、掺杂元素、成型、烧结工艺,考察其微观组织,表征相应电学等性能,提出优化方案。如施受主掺杂对 $BaTiO_3$ 基 PTC 陶瓷材料性能的影响等。

(2) 针对介电等功能应用,采用不同的粉体制备工艺、掺杂元素、成型、烧结工艺,考察其微观组织,表征相应电学等性能,提出优化方案。如掺杂元素对钛酸钡陶瓷介电性能的影响等。

3) Al_2O_3 陶瓷材料制备及表征

针对结构陶瓷的应用,采用不同的粉体制备工艺、助烧剂体系、成型、烧结工艺,制备出 Al_2O_3 陶瓷材料,考察其微观结构,测试表征相应的力学性能,并提出优化方案。如低温烧结 Al_2O_3 陶瓷的研究等。

4) AlN 陶瓷材料制备及表征

针对高导热陶瓷基片的应用,采用不同的粉体制备工艺、助烧剂体系、成型、烧结工艺,制备出 AlN 陶瓷材料,考察其微观结构,测试表征相应的力学性能,并提出优化方案。如低温烧结 AlN 陶瓷的研究等。

5) 透明陶瓷材料的制备及表征

针对透明陶瓷用于防弹汽车的窗、坦克的观察窗、轰炸机的轰炸瞄准器和高级防护眼镜等应用,采用不同制备工艺,制备高透明度、高强度、高硬度、耐磨损、耐划伤透明陶瓷,考察其微观组织,表征相应性能。如透明 Al_2O_3 陶瓷材料的制备与性能测试等。

6.4 实验模式

学生以小组进行实验,2～4 人一组。在教师指导下,由学生独立设计实验内容、制定实验方案、完成实验操作、整理分析实验数据、最后撰写出准论文形式的综合实验报告。首先学生根据自己的兴趣,选择研究专题(实验内容),搜集阅读相关的文献资料,在综合文献基础上拟订实验方案,通过小组讨论,制定实验方案,在与指导教师充分讨论基础上形成《实验方案设计报告》。学生按照实验方案进行实验,实验过程中根据实验的进程调整实验方案,最后制备出材料和样品、进行数据分析处理和答辩撰写论文。实验的进度由学生自己掌控,实验时间完全开放,学生可以通过预约随时进实验室进行实验。在性能测试表征阶段,有些需要利用一系列的大型仪器才能完成,如利用 XRD 进行物相分析和微晶尺寸的计算,利用 SEM 进行材料微观结构观察,利用激光粒度仪进行粉体粒度分析以及一些力学和电磁学等性能的测试,以上表征测试将依托学院实验室各种先进仪器设备,向学生开放。

实验中鼓励学生在此实验中的勇于探索、大胆创新;允许失败,但必须对失败原因进行分析。通过这样开放式的教学方式，可充分发挥学生个人主观能动性，提高他们独立分析问题和解决问题的能力。

6.5 考核内容与方式

(1) 实验小组提交“实验方案”书面材料及 PPT 课堂讨论；

(2) 撰写论文形式实验报告及小组论文答辩；

(3) 附实验总结和原始实验记录。

教师根据实验小组的整体实验设计、每个分步实验的设计、课题进展情况、实验结果报告、答辩展示情况和实验时间等进行整体综合评价，没有标准答案。教师并不是以实验结果的有无或成果的多寡作为评判实验成败的依据，只要有创意，实验思路明晰，操作无误，无结果但失误分析准确到位，仍有可能是优秀的实验报告。

参考文献

[1] 陈国华，刘贵仲. 提高材料科学与工程专业毕业设计质量的探索与实践[J]. 设计艺术研究，2007，26(5)：102-103.

[2] 扈曼，邓北星，马晓红，等. 科研成果转化为实验教学内容的探索与实践[J]. 实验技术与管理，2012，29(10)：21-23.

[3] 吴音，龚江宏，唐子龙. 无机非金属材料实验教学的研究与探索[J]. 实验技术与管理，2011，28(6)：257-258.

[4] 李学慧，张萍，刘军. 浓缩科研成果融入基础实验教学[J]. 实验技术与管理，2003，20(3)：56-58.

[5] 胡弼成，尹岳. 高校科研成果与课程资源[J]. 江苏高教，2006(2)：69-71.

[6] 王金发，戚康标，张以顺，等. 强化共享平台建设促进教学与科研相互转化[J]. 实验室研究与探索，2009，28(4)：216-217.

[7] 吴洪富. 教学与科研关系的研究范式及其超越[J]. 高教探索，2012(2)：19-24.

[8] 白冰. 从教学改革视角看教学与科研的关系[J]. 重庆与世界月刊，2012，29(2)：57-58.

[9] 胡焕焕. 高校教学与科研关系研究综述[J]. 大学(学术版)，2011(8)：68-69.

[10] 龚月姣，张军，张永民. 教学与科研相结合——研究型大学本科教育的使命[J]. 计算机教育，2011(24)：1-4.

[11] 孔养涛. 如何有效协调发展高校教学与科研工作[J]. 新课程研究(教师教育)，2012(1)：32-34.

[12] 胡胜亮，王延忠，林奎，等. 科研成果向创新性实验教学的转化与实践[J]. 实验室科学 2012，15(3)：170-172.

[13] 程堂仁，张金凤，赵楠. 研究型综合实验与大学生能力培养的关系研究[J]. 中国林业教育，2005(2)：69-71.

[14] 湖南农业大学. 开设综合性、设计性和研究创新性实验项目的管理办法：2007[S/OL]. http://www2.hunau.edu.cn/ndjwc/news/news_view.asp?newsid=641.

附　　录

附录 A　部分氢氧化物沉淀物沉淀和溶解时所需的 pH 值

氢氧化物	开始沉淀时的 pH 初浓度[M^{n+}]		沉淀完全时 pH (残留离子浓度) $<10^{-5}$ mol/L	沉淀开始溶解的 pH	沉淀完全溶解时的 pH
	1mol/L	0.01mol/L			
$Sn(OH)_4$	0	0.5	1	13	15
$TiO(OH)_2$	0	0.5	2.0	—	—
$Sn(OH)_2$	0.9	2.1	4.7	10	13.5
$ZrO(OH)_2$	1.3	2.3	3.8	—	—
HgO	1.3	2.4	5.0	11.5	—
$Fe(OH)_3$	1.6	2.2	3.2	14	—
$Al(OH)_3$	3.3	4.0	5.2	7.8	10.8
$Cr(OH)_3$	3.8	4.9	6.8	12	14
$Be(OH)_2$	5.2	6.2	8.8	—	—
$Zn(OH)_2$	5.4	6.4	8.0	10.5	12～13
Ag_2O	6.2	8.2	11.2	12.7	—
$Fe(OH)_2$	6.5	7.5	9.7	13.5	—
$Co(OH)_2$	6.6	7.6	9.2	14.1	—
$Ni(OH)_2$	6.7	7.7	9.5	—	—
$Cd(OH)_2$	7.2	8.2	9.7	—	—
$Mn(OH)_2$	7.8	8.6	10.4	—	—
$Mg(OH)_2$	9.4	10.4	12.4	14	—
$Pb(OH)_2$	6.4	7.2	8.7	10	13
$Ce(OH)_4$	0.3	0.8	1.5	—	—
$Cu(OH)_2$	4.2	5.2	6.7	—	—
$La(OH)_3$	7.8	8.4	9.4	—	—
$Y(OH)_3$	6.7	7.3	8.3	—	—

附录 B　金属离子变成氢氧化物沉淀 pH 值

金 属 离 子	适合沉淀的 pH 值	最佳沉淀的 pH 值
Fe^{3+}，Sn^{2+}，Al^{2+}	4	7
Cu^{2+}，Zn^{2+}，Cr^{3+}，Be^{2+}	6	9
Fe^{2+}	7	10
Cd^{2+}，Ni^{2+}，Co^{2+}，Cu^{2+}(浓)	8	11
Ag^{+}，Mn^{2+}，Hg^{+}	9	12

附录 C　氢氧化钡在 100g 水中的溶解度

温度/℃	10	20	30	40	50	60	80
质量/g	2.48	3.89	5.59	8.22	13.12	20.94	101.4

附录 D　常用酸碱溶液相对密度及溶质质量分数和溶解度表(20℃)

HCl 质量分数/%	相对密度 d_4^{20}	溶解度/ $g\cdot(100mLH_2O)^{-1}$	HCl 质量分数/%	相对密度 d_4^{20}	溶解度/ $g\cdot(100mLH_2O)^{-1}$
1	1.0032	1.003	22	1.1083	24.38
2	1.0082	2.006	24	1.1187	26.85
4	1.0181	4.007	26	1.1290	29.35
6	1.0279	6.167	28	1.1392	31.90
8	1.0376	8.301	30	1.1492	34.48
10	1.0474	10.47	32	1.1593	37.10
12	1.0574	12.69	34	1.1691	39.75
14	1.0675	14.95	36	1.1789	42.44
16	1.0776	17.24	38	1.1885	45.16
18	1.0878	19.58	40	1.1980	47.92
20	1.0980	21.96			
H_2SO_4 质量分数/%	相对密度 d_4^{20}	溶解度/ $g\cdot(100mLH_2O)^{-1}$	H_2SO_4 质量分数/%	相对密度 d_4^{20}	溶解度/ $g\cdot(100mLH_2O)^{-1}$
1	1.0051	1.005	15	1.1020	16.53
2	1.0118	2.024	20	1.1394	22.79
3	1.0184	3.055	25	1.1783	29.46
4	1.0250	4.100	30	1.2185	36.56
5	1.0317	5.159	35	1.2599	44.10
10	1.0661	10.66	40	1.3028	52.11

续表

H_2SO_4 质量分数/%	相对密度 d_4^{20}	溶解度/ $g\cdot(100mLH_2O)^{-1}$	H_2SO_4 质量分数/%	相对密度 d_4^{20}	溶解度/ $g\cdot(100mLH_2O)^{-1}$
45	1.3476	60.64	91	1.8195	165.6
50	1.3951	69.76	92	1.8240	167.8
55	1.4453	79.49	93	1.8279	170.2
60	1.4983	89.90	94	1.8312	172.1
65	1.5533	101.0	95	1.8337	174.2
70	1.6105	112.7	96	1.8355	176.2
75	1.6692	125.2	97	1.8364	178.1
80	1.7272	138.2	98	1.8361	179.9
85	1.7786	151.2	99	1.8342	181.6
90	1.8144	163.3	100	1.8305	183.1

游离 SO_3 质量分数/%	相对密度 d_4^{20}	溶解度/ $g\cdot(100mLH_2O)^{-1}$	游离 SO_3 质量分数/%	相对密度 d_4^{20}	溶解度/ $g\cdot(100mLH_2O)^{-1}$
1.54	1.860	2.8	10.07	1.900	19.1
2.66	1.865	5.0	10.56	1.905	20.1
4.28	1.870	8.0	11.43	1.910	21.8
5.44	1.875	10.2	13.33	1.915	25.5
6.42	1.880	12.1	15.95	1.920	30.6
7.29	1.885	13.7	18.67	1.925	35.9
8.16	1.890	15.4	21.34	1.930	41.2
9.43	1.895	17.7	25.65	1.935	49.6

HNO_3 质量分数/%	相对密度 d_4^{20}	溶解度/ $g\cdot(100mLH_2O)^{-1}$	HNO_3 质量分数/%	相对密度 d_4^{20}	溶解度/ $g\cdot(100mLH_2O)^{-1}$
1	1.0036	1.004	65	1.3913	90.43
2	1.0091	2.018	70	1.4143	98.94
3	1.0146	3.044	75	1.4337	107.5
4	1.0201	4.080	80	1.4521	116.2
5	1.0256	5.128	85	1.4686	124.8
10	1.0543	10.54	90	1.4826	133.4
15	1.0842	16.26	91	1.4850	135.1
20	1.1150	22.30	92	1.4873	136.8
25	1.1469	28.67	93	1.4892	138.5
30	1.1800	35.40	94	1.4912	140.2
35	1.2140	42.49	95	1.4932	141.2
40	1.2463	49.85	96	1.4952	143.5
45	1.2783	57.52	97	1.4974	145.2
50	1.3100	65.50	98	1.5008	147.1
55	1.3393	73.66	99	1.5056	149.1
60	1.3667	82.00	100	1.5129	151.3

续表

CH_3COOH 质量分数/%	相对密度 d_4^{20}	溶解度/g·(100mLH_2O)$^{-1}$	CH_3COOH 质量分数/%	相对密度 d_4^{20}	溶解度/g·(100mLH_2O)$^{-1}$
1	0.9996	0.9996	65	1.0666	69.33
2	1.0012	2.002	70	1.0685	74.80
3	1.0025	3.008	75	1.0696	80.22
4	1.0040	4.016	80	1.0700	85.60
5	1.0055	5.028	85	1.0689	90.86
10	1.0125	10.13	90	1.0661	95.95
15	1.0195	15.29	91	1.0652	96.93
20	1.0263	20.53	92	1.0643	97.92
25	1.0326	25.82	93	1.0632	98.88
30	1.0384	31.15	94	1.0619	99.82
35	1.0483	36.53	95	1.0605	100.7
40	1.0488	41.95	96	1.0588	101.6
45	1.0534	47.40	97	1.0570	102.5
50	1.0575	52.88	98	1.0549	103.4
55	1.0611	58.36	99	1.0524	104.2
60	1.0642	63.85	100	1.0498	105.0

HBr 质量分数/%	相对密度 d_4^{20}	溶解度/g·(100mLH_2O)$^{-1}$	HBr 质量分数/%	相对密度 d_4^{20}	溶解度/g·(100mLH_2O)$^{-1}$
10	1.0723	10.7	45	1.4446	65.0
20	1.1579	23.2	50	1.5173	75.8
30	1.2580	37.7	55	1.5953	87.7
35	1.3150	46.0	60	1.6787	100.7
40	1.3772	56.1	65	1.7675	114.9

HI 质量分数/%	相对密度 d_4^{20}	溶解度/g·(100mLH_2O)$^{-1}$	HI 质量分数/%	相对密度 d_4^{20}	溶解度/g·(100mLH_2O)$^{-1}$
20.77	1.1578	24.4	56.78	1.6998	96.6
31.77	1.2962	41.2	61.97	1.8218	112.8
42.7	1.4480	61.9			

NH_3 质量分数/%	相对密度 d_4^{20}	溶解度/g·(100mLH_2O)$^{-1}$	NH_3 质量分数/%	相对密度 d_4^{20}	溶解度/g·(100mLH_2O)$^{-1}$
1	0.9939	9.94	16	0.9362	149.8
2	0.9895	19.79	18	0.9295	167.3
4	0.9811	39.24	20	0.9229	184.6
6	0.9730	58.38	22	0.9164	201.6
8	0.9651	77.21	24	0.9101	218.4
10	0.9575	95.75	26	0.9040	235.0
12	0.9501	114.0	28	0.8980	251.4
14	0.9430	132.0	30	0.8920	267.6

续表

NaOH 质量分数/%	相对密度 d_4^{20}	溶解度/ $g\cdot(100mLH_2O)^{-1}$	NaOH 质量分数/%	相对密度 d_4^{20}	溶解度/ $g\cdot(100mLH_2O)^{-1}$
1	1.0095	1.010	26	1.2848	33.40
2	1.0207	2.041	28	1.3064	36.58
4	1.0428	4.171	30	1.3279	39.84
6	1.0648	6.389	32	1.3490	43.17
8	1.0869	8.695	34	1.3696	46.57
10	1.1089	11.09	36	1.3900	50.04
12	1.1309	13.57	38	1.4101	53.58
14	1.1530	16.14	40	1.4300	57.20
16	1.1751	18.80	42	1.4494	60.87
18	1.1972	21.55	44	1.4685	64.61
20	1.2191	24.38	46	1.4873	68.42
22	1.2411	27.30	48	1.5065	72.31
24	1.2629	30.31	50	1.5253	76.27
KOH 质量分数/%	相对密度 d_4^{20}	溶解度/ $g\cdot(100mLH_2O)^{-1}$	KOH 质量分数/%	相对密度 d_4^{20}	溶解度/ $g\cdot(100mLH_2O)^{-1}$
1	1.0083	1.008	28	1.2695	35.55
2	1.0175	2.035	30	1.2905	38.72
4	1.0359	4.1144	32	1.3117	41.97
6	1.0544	6.326	34	1.3331	45.33
8	1.0730	8.584	36	1.3549	48.78
10	1.0918	10.92	38	1.3769	52.32
12	1.1108	13.33	40	1.3991	55.96
14	1.1299	15.82	42	1.4215	59.70
16	1.1493	19.70	44	1.4443	63.55
18	1.1688	21.04	46	1.4673	67.50
20	1.1884	23.77	48	1.4907	71.55
22	1.2083	26.58	50	1.5143	75.72
24	1.2285	29.48	52	1.5382	79.99
26	1.2489	32.47			
Na_2CO_3 质量分数/%	相对密度 d_4^{20}	溶解度/ $g\cdot(100mLH_2O)^{-1}$	Na_2CO_3 质量分数/%	相对密度 d_4^{20}	溶解度/ $g\cdot(100mLH_2O)^{-1}$
1	1.0086	1.009	12	1.1244	13.49
2	1.0190	2.038	14	1.1463	16.05
4	1.0398	4.159	16	1.1682	18.50
6	1.0606	6.364	18	1.1905	21.33
8	1.0816	8.653	20	1.2132	24.26
10	1.1029	11.03			

附录 E 部分常见物质的溶解性表

物质名称	OH^-	NO_3^-	Cl^-	SO_4^{2-}	S^{2-}	SO_3^{2-}	CO_3^{2-}	SiO_3^{2-}	PO_4^{3-}
H^+		溶、挥	溶、挥	溶	溶、挥	溶、挥	溶、挥	难	溶
NH_4^+	溶、挥	溶	溶	溶	溶	溶	溶	—	溶
K^+	溶	溶	溶	溶	溶	溶	溶	溶	溶
Na^+	溶	溶	溶	溶	溶	溶	溶	溶	溶
Ba^{2+}	溶	溶	溶	难	—	微	难	难	难
Ca^{2+}	微	溶	溶	微	—	难	难	难	难
Mg^{2+}	难	溶	溶	溶	—	微	微	难	难
Al^{3+}	难	溶	溶	溶	—	—	—	难	难
Mn^{2+}	难	溶	溶	溶	难	难	难	难	难
Zn^{2+}	难	溶	溶	溶	难	难	难	难	难
Cr^{3+}	难	溶	溶	溶	—	—	—	难	难
Fe^{2+}	难	溶	溶	溶	难	难	难	难	难
Fe^{3+}	难	溶	溶	溶	—	—	—	难	难
Sn^{2+}	难	溶	溶	溶	难	—	—	—	难
Pb^{2+}	难	溶	微	微	难	难	难	难	难
Cu^{2+}	难	溶	溶	溶	难	溶	—	难	难
Hg^{2+}	—	溶	溶	溶	难	难	—	—	难
Ag^+	—	溶	难	微	难	难	难	难	难

注：① 本表指20℃时在水中的溶解性；

② "溶"表示那种物质可溶于水，"难"表示难溶于水，"微"表示微溶于水，"挥"表示那种物质具有挥发性，"—"表示那种物质不存在或遇到水分解。

附录 F 用氨水(在铵盐存在下)或氢氧化钠沉淀的金属离子

试剂	可定量沉淀的离子	沉淀不完全的离子	留在溶液中的离子
氨水(在铵盐存在下)①	Al^{3+}、Be^{2+}、Bi^{3+}、Ce^{2+}、Cr^{3+}、Fe^{3+}、Ga^{3+}、Hf^{4+}、Hg^{2+}、In^{3+}、Mn^{4+}、Nb^{5+}、Sb^{3+}、Sn^{4+}、Ta^{5+}、Th^{4+}、Ti^{4+}、$UO_2{}^{2+}$、V^{4+}、Zr^{4+}、稀土元素离子	Mn^{2+}、(加 Br_2 或 H_2O 使氧化后可析出沉淀)，Pb^{2+}(有 Fe^{3+} 和 Al^{3+} 时刻共沉淀析出)，Fe^{2+}(氧化后可析出沉淀)	$[Ag(NH_3)_2]^+$、$[Cd(NH_3)_4]^{2+}$、$[Co(NH_3)_6]^{2+}$(土黄色)、$[Cu(NH_3)_4]^{2+}$(深蓝色)、$[Ni(NH_3)_4]^{2+}$(蓝色) $[Zn(NH_3)_4]^{2+}$
氢氧化钠(过量)②	Ag^+、Au^+、Bi^{3+}、Cd^{2+}、Co^{2+}、Cu^{2+}、Fe^{3+}、Hf^{4+}、Hg^{2+}、Mg^{2+}、Ni^{2+}、Th^{4+}、Ti^{4+}、$UO_2{}^{2+}$、Zr^{4+}、稀土元素离子	Ca^{2+}、Sr^{2+} 和 Ba^{2+} 的碳酸盐沉淀。Nb^{5+} 和 Ta^{5+} 部分溶解	Al^{3+}、Cr^{3+}、Zn^{2+}、Pb^{2+}、$Sn^{2+,4+}$、Be^{2+}、Ge^{4+}、Ga^{3+}(以上两性元素的含氧酸根离子)、SiO_3^{2-}、WO_4^{2-}、MoO_4^{2-} 等

注：① 通常加入 NH_4Cl，其作用为：a)可使溶液 pH 控制在 8～10，避免 $Mg(OH)_2$ 沉淀的部分溶解；b)减少氢氧化物沉淀对其他金属离子的吸附，利用小体积沉淀法更有利减少吸附；c)有利于胶体的凝聚。

② 必须加过量 NaOH，也可采用小体积沉淀法。

附录 G　筛子的目数和孔径对照表

目数(mesh)	微米(μm)	目数(mesh)	微米(μm)
2	8000	100	150
3	6700	115	125
4	4750	120	120
5	4000	125	115
6	3350	130	113
7	2800	140	109
8	2360	150	106
10	1700	160	96
12	1400	170	90
14	1180	175	86
16	1000	180	80
18	880	200	75
20	830	230	62
24	700	240	61
28	600	250	58
30	550	270	53
32	500	300	48
35	425	325	45
40	380	400	38
42	355	500	25
45	325	600	23
48	300	800	18
50	270	1000	13
60	250	1340	10
65	230	2000	6.5
70	212	5000	2.6
80	180	8000	1.6
90	160	10 000	1.3

注：① 目数：每平方英寸上的孔数目，一般来说，目数×孔径(微米数)＝15 000；

② 由于存在开孔率的问题，也就是因为编织网时用的丝的粗细的不同，不同的国家的标准也不一样，目前存在美国标准、英国标准和日本标准三种，我国使用的是美国标准，即可用上面给出的公式计算。

附录H 元素周期表

原子序数 —— 92 U —— 元素符号
元素名称 —— 铀
注*的是人造元素
5f26d17s2 —— 外围电子层排布，括号指可能的电子层排布
238.0 —— 相对原子质量(加括号的数据为该放射性元素半衰期最长同位素的质量数)

非金属　金属　过渡元素

族 周期	I A 1	II A 2	III B 3	IV B 4	V B 5	VI B 6	VII B 7	VIII 8	9	10	I B 11	II B 12	III A 13	IV A 14	V A 15	VI A 16	VII A 17	0 18	电子层	0族电子数
1	1 H 氢 1.008																	2 He 氦 4.000	K	2
2	3 Li 锂 6.941	4 Be 铍 9.012											5 B 硼 10.81	6 C 碳 12.01	7 N 氮 14.01	8 O 氧 16.00	9 F 氟 19.00	10 Ne 氖 20.18	L K	8 2
3	11 Na 钠 22.99	12 Mg 镁 24.31											13 Al 铝 26.98	14 Si 硅 28.09	15 P 磷 30.97	16 S 硫 32.06	17 Cl 氯 35.45	18 Ar 氩 39.95	M L K	8 8 2
4	19 K 钾 39.10	20 Ca 钙 40.08	21 Sc 钪 44.96	22 Ti 钛 47.87	23 V 钒 50.94	24 Cr 铬 52.00	25 Mn 锰 54.94	26 Fe 铁 55.85	27 Co 钴 58.93	28 Ni 镍 58.69	29 Cu 铜 63.55	30 Zn 锌 65.41	31 Ga 镓 69.72	32 Ge 锗 72.64	33 As 砷 74.92	34 Se 硒 78.96	35 Br 溴 79.90	36 Kr 氪 83.80	N M L K	8 18 8 2
5	37 Rb 铷 85.47	38 Sr 锶 87.62	39 Y 钇 88.91	40 Zr 锆 91.22	41 Nb 铌 92.91	42 Mo 钼 95.94	43 Tc 锝 [98]	44 Ru 钌 101.1	45 Rh 铑 102.9	46 Pd 钯 106.4	47 Ag 银 107.9	48 Cd 镉 112.4	49 In 铟 114.8	50 Sn 锡 118.7	51 Sb 锑 121.8	52 Te 碲 127.6	53 I 碘 126.9	54 Xe 氙 131.3	O N M L K	8 18 18 8 2
6	55 Cs 铯 132.9	56 Ba 钡 137.3	57-71 La～Lu 镧系	72 Hf 铪 178.5	73 Ta 钽 180.9	74 W 钨 183.8	75 Re 铼 186.2	76 Os 锇 190.2	77 Ir 铱 192.2	78 Pt 铂 195.1	79 Au 金 197.0	80 Hg 汞 200.6	81 Tl 铊 204.4	82 Pb 铅 207.2	83 Bi 铋 209.0	84 Po 钋 [209]	85 At 砹 [210]	86 Rn 氡 [222]	P O N M L K	8 18 32 18 8 2
7	87 Fr 钫 [223]	88 Ra 镭 [226]	89-103 Ac～Lr 锕系	104 Rf 𬬻* [261]	105 Db 𬭊* [262]	106 Sg 𬭳* [266]	107 Bh 𬭛* [264]	108 Hs 𬭶* [277]	109 Mt 鿏* [268]	110 Ds 𫟼* [281]	111 Rg 𬬭* [272]	112 Uub * [285]	……							

镧系	57 La 镧 138.9	58 Ce 铈 140.1	59 Pr 镨 140.9	60 Nd 钕 144.2	61 Pm 钷 [145]	62 Sm 钐 150.4	63 Eu 铕 152.0	64 Gd 钆 157.3	65 Tb 铽 158.9	66 Dy 镝 162.5	67 Ho 钬 164.9	68 Er 铒 167.3	69 Tm 铥 168.9	70 Yb 镱 173.0	71 Lu 镥 175.0
锕系	89 Ac 锕 [227]	90 Tb 钍 232.0	91 Pa 镤 231.0	92 U 铀 238.0	93 Np 镎 [237]	94 Pu 钚 [244]	95 Am 镅* [243]	96 Cm 锔* [247]	97 Bk 锫* [247]	98 Cf 锎* [251]	99 Es 锿* [252]	100 Fm 镄* [257]	101 Md 钔* [258]	102 No 锘* [259]	103 Lr 铹* [262]

注：
相对原子质量录自2001年国际原子量表，并全部取4位有效数字。

人民教育出版社化学室